JMPによる多変量データ活用術

3訂版

廣野 元久 著

KAIBUNDO

（注）

JMP®，SAS® およびその他の SAS Institute Inc. の製品名またはサービス名は SAS Institute Inc. の登録商標です。これらの商標はすべて SAS Institute Inc. の米国および各国における登録商標または商標です。® は米国の登録商標を示します。

Microsoft，Windows は米国 Microsoft Corporation の米国およびその他の国における登録商標です。

JUSE-StatWorks は株式会社日本科学技術研修所の日本および各国における登録商標です。

目　次

はじめに　vii

1章　データ分析と JMP *1*

　　[1.1] データの見方・考え方 *1*
　　[1.2] JMP の分析メニュー *4*
　　[1.3] データ分析の活用指針 *11*
　　[1.4] データと測定の尺度 *13*

2章　モニタリング ―データの可視化によるデータの性質の評価 *15*

　　[2.1] モニタリングの手順 *15*
　　[2.2] 一変量の分布 *16*
　　[2.3] 二変量の関係 (1) ―共に量的変数の場合 *31*
　　[2.4] 二変量の関係 (2) ―共に質的変数の場合 *47*
　　[2.5] 二変量の関係 (3) ―量質混合の場合 *59*
　　[2.6] 多変量の関係 *68*

3章　主成分分析（PCA）... *75*

　　[3.1] 2 変数による主成分分析 *75*
　　[3.2] 3 変数による主成分分析 *84*
　　[3.3] 主成分分析の活用指針 *95*
　　[3.4] 主成分分析の実際 *98*
　　[3.5] 適用上の問題 *123*

4章　対応分析（CA）... *129*

　　[4.1] クロス集計表から対応分析へ *129*
　　[4.2] 対応分析の活用指針 *137*
　　[4.3] 対応分析の実際 *140*

5章 クラスター分析（CLUST） 149

[5.1] 1次元のクラスター分析 149
[5.2] クラスター分析の活用指針 159
[5.3] クラスター分析の実際 161
[5.4] 高度な手法（正規混合分布法と自己組織化マップ） 167

6章 判別分析（DISC） 173

[6.1] 2変数の判別分析 173
[6.2] 多変量の判別分析 175
[6.3] 判別分析の活用指針 185
[6.4] 判別分析の実際 187
[6.5] 高度な手法（ロジット分析） 194

7章 パーティション（RP）―決定分析 209

[7.1] いろいろな分類アルゴリズム 209
[7.2] JMP によるパーティショニング 213
[7.3] パーティションの活用指針 219
[7.4] パーティションの実際 221

8章 重回帰分析（MRA） 233

[8.1] 重回帰分析と線形結合 233
[8.2] 回帰診断 245
[8.3] 重回帰モデルによる予測 258
[8.4] 重回帰分析の活用指針 259
[8.5] 重回帰分析の実際 262
[8.6] 高度な手法（コンジョイント分析） 270

9章 グラフィカルモデリング（GM） 281

[9.1] 偏相関，疑似相関に関する基礎知識 281
[9.2] グラフィカルモデリングとは 287
[9.3] グラフィカルモデリングの実際 294

参考文献　309
索引　311

目　次　iii

《操作の目次》

1章　データ分析と JMP
【操作 1.1】JMP の起動とデータファイルの読込み　*7*
【操作 1.2】JMP の終了　*11*

2章　モニタリング
【操作 2.1】"一変量の分布"　*17*
【操作 2.2】棒グラフのオプション　*18*
【操作 2.3】ヒストグラムのデータ区間変更　*20*
【操作 2.4】ヒストグラムオプション　*23*
【操作 2.5】ラベル表示と分析からの除外　*24*
【操作 2.6】Box-Cox 変換　*30*
【操作 2.7】標準化と標準化後のヒストグラム　*34*
【操作 2.8】"二変量の関係"　*37*
【操作 2.9】相関係数の表示　*39*
【操作 2.10】回帰直線の描画　*42*
【操作 2.11】残差の検討　*46*
【操作 2.12】カテゴリの並べ替え　*49*
【操作 2.13】モザイク図とクロス集計表　*50*
【操作 2.14】出力した統計量の桁数の変更　*51*
【操作 2.15】計算式の活用による変数の追加　*55*
【操作 2.16】By 機能による層別された 2 変数の分析　*56*
【操作 2.17】バブルチャート　*58*
【操作 2.18】2 群の平均の差の検定　*59*
【操作 2.19】ロジット回帰分析　*62*
【操作 2.20】ロジット回帰モデルの逆推定　*64*
【操作 2.21】層別散布図とマーカー　*69*
【操作 2.22】相関係数行列，散布図行列と外れ値分析　*72*

3章　主成分分析（PCA）
【操作 3.1】線形結合の計算式　*81*
【操作 3.2】主成分の計算　*82*
【操作 3.3】3 次元散布図　*90*
【操作 3.4】3 次元散布図からの主成分分析の実行　*92*
【操作 3.5】標準化した主成分分析など　*92*
【操作 3.6】バリマックス回転　*94*
【操作 3.7】主成分分析　*101*

iv

【操作 3.8】主成分の保存と因子負荷量　*101*
【操作 3.9】主成分の回転と保存　*106*
【操作 3.10】データテーブルの転置　*109*
【操作 3.11】グラフにラベルの追加　*114*
【操作 3.12】外れ値を除外して確率楕円を描く　*114*

4 章　対応分析（CA）

【操作 4.1】対応分析の実行―その 1　*130*
【操作 4.2】対応分析の実行―その 2　*135*
【操作 4.3】多重対応分析の実行　*143*
【操作 4.4】バート表と多重対応分析　*147*

5 章　クラスター分析（CLUST）

【操作 5.1】階層的クラスター分析　*161*
【操作 5.2】非階層的クラスター分析　*164*
【操作 5.3】正規混合分析法　*169*
【操作 5.4】自己組織化マップ　*171*

6 章　判別分析（DISC）

【操作 6.1】三次元散布図と 2 群の判別　*176*
【操作 6.2】判別関数の作成と判別状況の確認　*180*
【操作 6.3】判別分析の実行　*181*
【操作 6.4】判別関数と D^2 の散布図　*185*
【操作 6.5】群平均の要約テーブルの作成　*188*
【操作 6.6】テーブルの転置と群平均の重ね合わせプロット　*188*
【操作 6.7】サブセットの作成　*190*
【操作 6.8】多重ロジット判別　*197*
【操作 6.9】プロファイルの表示　*200*
【操作 6.10】シェアチャートの作成　*203*
【操作 6.11】交互作用プロファイルと予測　*203*
【操作 6.12】等高線図の作成　*204*
【操作 6.13】対数線形モデル　*206*
【操作 6.14】最適ポイントの探索　*207*
【操作 6.15】確率応答の探索　*207*

7 章　パーティション（RP）

【操作 7.1】パーティションのプラットフォームの起動　*213*
【操作 7.2】「化粧品」の読み込み　*223*

目　次　v

【操作 7.3】パーティションツリーの表示変更　*226*

8 章　重回帰分析（MRA）

【操作 8.1】重回帰分析の実行　*236*

【操作 8.2】重回帰分析の変数選択　*240*

【操作 8.3】診断統計量の保存と L-SR プロット　*249*

【操作 8.4】個体の除外と分析のやり直し　*249*

【操作 8.5】PLS の実行　*255*

【操作 8.6】ニューラルネットワークの実行　*258*

【操作 8.7】重回帰モデルの予測　*258*

【操作 8.8】95％ 信頼区間の追加　*259*

【操作 8.9】交互作用項の追加　*264*

【操作 8.10】仮想商品のデザイン　*271*

【操作 8.11】テーブルの連結　*274*

《活用術の目次》

1 章　データ分析と JMP

【活用術 1.1】JMP 変量の役割　*11*

2 章　モニタリング

【活用術 2.1】リンク機能 ―ヒストグラムの活用　*17*

【活用術 2.2】外れ値のラベル表示と処理　*24*

【活用術 2.3】その他の統計量　*26*

【活用術 2.4】変数変換の指針　*30*

【活用術 2.5】Box-Cox 変換の係数 λ　*31*

【活用術 2.6】記述統計の散布図　*36*

【活用術 2.7】"二変量の関係"で必要な統計指標　*38*

【活用術 2.8】残差の仮定　*43*

【活用術 2.9】残差などの性質　*43*

【活用術 2.10】モザイク図の見かた　*49*

【活用術 2.11】グラフ上での点推定　*65*

3 章　主成分分析（PCA）

【活用術 3.1】固有ベクトルと因子負荷量の性質　*89*

【活用術 3.2】主成分の解釈　*98*

【活用術 3.3】相関と主成分分析　*107*

【活用術 3.4】主成分分析は相関構造の分解　*109*

【活用術 3.5】第 1 主成分　*111*

【活用術 3.6】行方向の標準化　*112*

【活用術 3.7】主成分分析の外れ値分析　*116*

【活用術 3.8】交絡　*119*

【活用術 3.9】分散共分散からの主成分分析　*122*

【活用術 3.10】相関係数行列と固有ベクトル　*123*

4 章　対応分析（CA）

【活用術 4.1】対応分析の対象となるデータ　*130*

【活用術 4.2】対応分析によるカテゴリの並べ替え　*132*

【活用術 4.3】対応分析による外れ値　*136*

【活用術 4.4】布置の読み方　*137*

【活用術 4.5】対称性　*139*

【活用術 4.6】総合的指標　*139*

【活用術 4.7】分析をスタートさせる分割表の選択　*148*

5 章　クラスター分析（CLUST）

【活用術 5.1】標準化とクラスター分析　*151*

【活用術 5.2】変数変換とクラスター分析　*157*

【活用術 5.3】主成分得点のクラスター分析　*164*

6 章　判別分析（DISC）

【活用術 6.1】判別分析の変数選択指針　*183*

【活用術 6.2】マルチアンサから得られた変数の関連性　*196*

9 章　グラフィカルモデリング（GM）

【活用術 9.1】V 字合流　*290*

【活用術 9.2】Dempster の定理　*291*

【活用術 9.3】共分散選択の指針　*292*

【活用術 9.4】モデル選択のための逸脱度基準　*292*

はじめに

　本書は，JMP を使ったデータ分析，とくに多変量データ分析を学ぶ人を対象とした活用書の 3 訂版です。今日の人工知能やデータアナリティックの熱烈なブームにも対応した JMP のバージョンアップにより，メニューやコマンドだけでなく，出力が大幅にパワーアップしました。多変量データ解析はソフトウェアなしには話が進みません。宿命とはいえ，ソフトウェアの進化と共に本の内容もそれに合わせる必要があります。もはや 2 訂版では JMP の進化に対応できなくなり，10 年ぶりに改訂を行いました。基本コンセプトは初版のまま，JMP というソフトウェアを使って，多変量データをどのように料理するか，著者のノウハウが満載のレシピになっています。この意味で，書名は変わらず『JMP による多変量データ活用術』です。3 訂版でも，科学的アプローチに基づいた多変量データの活用術を読者が身につけることを目的にしています。旧版と変わらず，以下の 3 点を原則に，例題を用意しています。読者のみなさんは，提供された例題について JMP を使って，著者以上の分析品質に挑戦してほしいと思います。

1. 分析に使うデータは，JMP のデータファイルとして読者に提供します。具体的には，JMP と海文堂出版のホームページからダウンロードできます。
2. 例題の 1 つ 1 つの値は加工したもので，真実の値ではないかも知れませんが，日常のテーマに対して意味のあるデータの提供を心がけました。
3. 通り一遍の分析の危険性を指摘し，応用力がつくデータ分析を紹介するよう心がけました。

　JMP を持っていない読者でも，JMP のホームページにアクセスして，JMP デモ版を利用すれば，JMP ユーザと同様に，本書の例題や練習問題により，多変量データ分析の醍醐味を体験できます。ぜひ JMP デモ版と共に本書を活用してください。

著者は JMP V3（バージョン 3）時代からのユーザです。Mac で動く V3 を初めて目にしたときの衝撃は，いまでも忘れられません。その後，長きにわたり，仕事で JMP を使ってデータ分析を行ってきました。

また，2000 年当時，慶応義塾大学湘南藤沢キャンパス（SFC）では，片岡正昭先生が中心になって，JMP によるデータ分析の画期的な授業が行われており，著者は，その教科書である『データ分析入門』に強い感銘を覚えました。著者が SFC で「データ分析入門」と「統計解析」および「多変量データ分析」の授業を受け持つことになり，「多変量データ分析」の授業でも JMP を利用することを思いつきました。そのための資料を作成し授業に臨んだのですが，常々，教科書の必要性を感じていました。初版は，そのときの資料が基になっています。

ところで，書名にある多変量データは，どのような目的で分析されるのでしょうか。多変量データの分析を実務（経営課題，市場調査，新製品開発，品質管理など）に役立てるために，以下の 5 つの観点で目的をまとめることができます。

（1）現象や構造の縮約と単純化

経営課題，商品満足度の計量あるいは工学的因果関係といった複雑な現象や結果を単純な構造に縮約することが目的にあります。これにより，現象や結果の解釈が容易になることが期待されます。たとえば，商品やブランドの知覚マップやポジショニング戦略が容易になるかも知れません。主な分析手法として主成分分析や因子分析，あるいは対応分析が挙げられます。

（2）分類や層別による差異

データに基づいて，客観的に類似のものをまとめたり，異質なものを層別したりすることが目的にあります。統計的な分類ルールを作ることにより，企業の勝ち組や負け組の判断，ヒット商品とそうでない商品の層別や差異が発見できるかも知れません。主な分析手法としてクラスター分析や判別分析が挙げられます。

（3）予測

1 つあるいはそれ以上の項目に基づいて，売上や嗜好などを予測することを

目的にします。予測に用いるモデル式は，因果関係を解釈できることが望ましいのですが，予測するだけであれば因果関係がはっきりしなくてもよい場合もあります。いずれにせよ，モデルの予測精度には気を配ることが大切となります。主な分析手法として，**決定分析**や**重回帰分析**が挙げられます。

（4）仮説の検証と検定

因果関係が想定される問題において，原因と想定される項目が本当に目的とする項目に影響を与えているのか探索的にモデル化することが目的です。感覚的に想定される因果関係を統計仮説に基づいて検定し，その確証を得ることが大切です。主な分析手法として**グラフィカルモデリング**が挙げられます。

（5）因果関係の把握と制御

因果関係が把握できる問題において，原因項目をある値に設定して，結果を安定な値に制御することが目的です。物理化学的な関係を簡単な線形結合でモデル化します。工学や医学の分野では古くから適用されている方法に**実験計画法**があります。科学的調査分野では，**コンジョイント分析**が利用されます。

以上，多変量データの分析目的と主な手法を紹介しました。

次に，本書の章立てと，その狙いについて話します。本書の 3 章以降は，**仮説探索的データ分析**から始まり**仮説検証的データ分析**に続く構成，すなわち次頁の表に示す流れになっています。

いずれの分析目的であれ，事前分析としてのデータのモニタリングが重要です。モニタリングとは，データのスクリーニングや変数変換など，データを可視化して，データの性質を評価することが目的です。2 章では，一変量，二変量を中心に，グラフィカルなデータ探索の紹介を心がけました。

多変量データの縮約や構造単純化の手法として中心的なものが主成分分析です。主成分分析については，応用例を含め 3 章で多めに頁をとり，因子分析はその中のオプションとして扱っています。これは，JMP の分析メニューに準拠したものです。4 章では，対応分析を紹介します。類似の手法として，数量化理論Ⅲ類や双対尺度法などがありますが，目的や使いかたは同じです。ここまでが，「（1）現象や構造の縮約と単純化」が目的のステージです。

多変量データ分析の使用目的による分類と扱うデータ

	手法・掲載章	種類	ファイル名
アイデア創出・仮説探索	3章	S:サンプル	Big Class
		U:ユーザ提供	電子部品A
現状認識		U:ユーザ提供	部下の上司評価
	主成分分析	U:ユーザ提供	理想の恋人
(1) 現象や構造の縮約と単純化		U:ユーザ提供	食の好み
・合成指標の発見		U:ユーザ提供	選挙データ2001
（量的データ）		U:ユーザ提供	主成分数値
	4章	S:サンプル	Car Poll
（質的データ）	対応分析	U:ユーザ提供	8人の好物
		U:ユーザ提供	プリンタ評価
分類・層別	5章	S:サンプル	Big Class
	クラスター分析	U:ユーザ提供	カップアイスの印象
(2) 分類や層別による差異		U:ユーザ提供	理想の恋人
・潜在的な群の抽出		U:ユーザ提供	選挙データ2001
・既存の群の特徴抽出	6章	S:サンプル	Big Class
・判別ルールの作成		U:ユーザ提供	部品調達
・判別ルールによる予測		U:ユーザ提供	デジタルカメラ
	判別分析	U:ユーザ提供	色差と嗜好
		U:ユーザ提供	商品購入重要度
		U:ユーザ提供	重送
		U:ユーザ提供	フレームの嗜好
対策立案・仮説検証	7章	S:サンプル	Car Poll
	決定分析	U:ユーザ提供	化粧品
(3) 予測		S:サンプル	Iris
・要因の制御	8章	U:ユーザ提供	色差と嗜好
・効果の影響度	重回帰分析	U:ユーザ提供	多重共線性
		U:ユーザ提供	商品使用満足度2
(5) 因果関係の把握と制御	（コンジョイント分析）	ファイル無し	（FAXの選好度）**
(4) 仮説の検証と検定	9章		（IC工程）*
・因果の同定			（市販乳の外観イメージ）*
	グラフィカルモデリング	JMP未対応*	（降水日）*
			（従業員満足度）*
			（商品使用満足度）*

　5章では，分類項目がない場合の，教師なし分類法といわれるクラスター分析の紹介です。クラスター分析は，データマイニングでも有効な道具として紹介されていますが，非常に多くのバリエーションがあります。本書では，代表的な方法について，その考えかたを紹介します。6章では，分類項目がある場合の，教師あり分類法といわれる判別分析とロジット回帰分析を取り上げます。ロジット回帰分析もデータマイニングの重要な手法といわれていますが，医療，薬学や工学分野では，以前から利用されていました。JMPのロジット回帰分析は，原因項目に質的なものと量的なものを混合しても分析でき，変数選

択機能も持っています。また，結果項目に名義尺度だけでなく順序尺度も扱えるため，非常に強力な道具になっています。5章，6章が「(2) 分類や層別による差異」が目的のステージです。

7章では，決定分析を取り上げます。類似なものとして CART や CHAID などがあります。JMP では，パーティショニングといわれる手法が決定分析に相当し，探索的に決定木（樹形図）を求めることができます。いずれも原因項目の組み合わせの妙—交互作用—を活用したもので，予測と分類の方法です。この方法もデータマイニングや機械学習の重要な手法といわれています。8章では，大御所である重回帰分析を取り上げます。JMP の重回帰分析は機能が充実しており，それだけで 1 冊の本が書けるほどですが，本書では基本的な内容の紹介に止めています。それでもかなりの頁数になりました。その中ではニューラルネットワークや PLS にも少しふれています。ここまでが，「(3) 予測」が目的のステージです。

重回帰分析の実際の中で，コンジョイント分析のさわりを紹介します。前掲の表では，**印と括弧付きでファイル名を表示しています。これは，読者がファイルを作成する操作が入りますが，著者が作成したファイルも用意していますから安心してください。この部分が，「(5) 因果関係の把握と制御」が目的のステージです。

9章は，構造方程式モデルへの架け橋として，グラフィカルモデリングを紹介します。この章だけは，JMP では分析できません。著者が作成したフリーソフト G-GM を引き継いだ JUSE-StatWorks の SEM 因果分析編を利用します。なお，海文堂出版のホームページからは JUSE-StatWorks 用のファイルもダウンロードできます。本書の最後の締め，「(4) 仮説の検証と検定」が目的のステージです。前掲の表では，*印と括弧付きでファイル名を表示しています。

以上のような内容からなる本書によって，読者のみなさんが，日頃から敷居が高いと感じている統計解析のイメージを払拭し，多変量データの分析を身近に感じられるようになったとすれば，また多変量データの分析によって研究や仕事が一段と進んだとすれば，著者にとって望外の喜びです。JMP は思考の妨げにならない稀有なソフトウェアです。その価値を一度感じてみてください。

最後になりましたが，故芳賀敏郎先生には，初版の原稿をていねいに読んで

いただき，貴重なご指摘やご提案をいただきました。しかし，いまだにそのすべてを反映することができなかったことで，著者の浅学非才を恥じています。

また，2訂版までの共著者であり友人の林俊克先生には貴重なデータとコメントをいただきました。3訂版の出版にあたり，SAS社の井上憲樹氏と竹中京子氏，海文堂出版の岩本登志雄氏には何かとお世話になりました。そして，これまでに多くの先輩・知人の方々から，たくさんのご支援をいただきました。これらの方々に感謝申し上げます。そしてもうひとり，いつも変わらず傍にいて遅速な筆の進みを励ましてくれた妻に感謝を捧げたいと思います。

2018年7月　愛する妻へ

著　者

1章 ▶▶▶ データ分析とJMP

　この本ではデータ分析の過程を説明するために 2 種類のデータ群を使っている。1 つは SAS 社が用意した JMP に収録されているサンプルデータ群である。もう 1 つは筆者が特別に用意した JMP ユーザー提供のデータ群である。ユーザー提供ファイルは JMP のホームページ

http://www.jmp.com/japan/academic/sample.shtml

からダウンロードできるので，ぜひ活用してほしい。また，JMP を持っていない読者は，あわせてデモ版を

http://www.jmp.com/japan/support/downloads/jmp_trial.shtml

から入手してほしい。なお，この本で扱うファイル名は「はじめに」に一覧表で示している。JMP のサンプルファイルなのか著者の提供ファイルなのかを区別するために，前者には S，後者には U を付記しているので確認してほしい。

　それでは，JMP と共にデータ分析の冒険旅行に出かけるとしよう。あなたは，この冒険を終えたとき，JMP の機能が大きな自信と有益な成果を与えてくれたことに気づくだろう。そうそう，1 章の目的は旅に出かける前の身支度として，データ分析の基本的な活用方針について解説することであった。いざ，共に JMP のフォースに導かれんことを。

1.1　データの見方・考え方

　数値データであれ言語データであれ，知りたいことは調べてみないとわからない。たとえば，あなたは自分の体重や血圧を正確に知っているか。H 氏は少し高血圧を気にしている中高年である。主治医に言われて，毎朝血圧を測ることにした。しかし，毎朝血圧を測ったとしても，知りたいことのすべてを調べ

たことにはならない。一日の中でも絶えず血圧は変化し，明日以降の血圧は調べようがないからだ。同様に，多くの知りたいことは，すべてを調べることができない。しかも，得られた血圧のデータにはばらつきがある。知りたいことの多くは，ばらつくものである。

データ分析は，ばらつきの中から主要部分（共通性）に光を当てる方法であり，ばらつきの大きさを評価する方法でもある。

1.1.1 事実から真実を推測する

H 氏が測定した最高血圧の 150 日分のデータが「H 氏の血圧」[U] である。H 氏の最高血圧（mmHg）の分布を調べるには，**ヒストグラムや基本統計量**を利用する。最高血圧（mmHg）の平均と標準偏差を調べる。図 1.1 のタイトルの"要約統計量"のブロックから，平均は $\bar{y} = 137.1$ (mmHg) で，標準偏差は $s = 5.09$ (mmHg) であることがわかる。

ところで，高血圧と診断されるのは最高血圧が 135 (mmHg) 以上である。H 氏は高血圧であるといえるか。図 1.1 の分位点のブロックから，150 個のデータのうち，25 % は 133.5 (mmHg) 以下である。

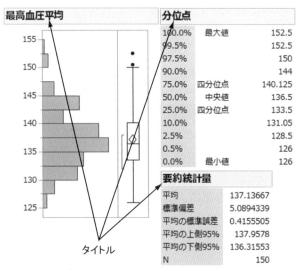

図 1.1 H 氏の最高血圧 (mmHg) の分布

これは事実であるが，あくまで 150 個のデータでの話である。新たに 150 日間のデータを採ってみるとどうなるかわからない。本当に知りたいのは研究対象全体における平均的な値である。つまり，H 氏の最高血圧の平均が普遍的に 137.1 (mmHg) なのかという真実である。標本から計算された平均や標準偏差は，標本ごとに真の値—研究対象全体の平均や標準偏差—からいくらかの偏りを持つ。偏りは，標本という不確定要素の集まりにより起きると考える。標本の採りかたにより値が確率的に動くものは**確率変数**と呼ばれる。

確率変数は概念として記号 X や Y を使う。X や Y の**実現値**を小文字の x, y などで表す。これも記号であるが，実際の問題では，確率変動する値を使いデータ分析を行う。

たとえば，M-星雲から来た宇宙人 U-Man が，標本として 1 人の地球人の H 氏を計測—**標本抽出**—したとする。H 氏の特徴を確率変数で表してみると

概念 $\rightarrow$	実現値（記号）$\rightarrow$	実際の値
X_1	x_1	69 (kg)
X_2	x_2	167 (cm)
X_3	x_3	42 (age)
Y	y	man (sex)

となる。H 氏の体重は 69 (kg) であった。これは抽出される人により変動するから確率変数である。身長，年齢，性別，すべて確率変数である。U-Man が，H 氏 1 人だけでは地球人の特徴がわからないと考えれば，新たに複数の地球人を調査し，地球人の平均的な体重，身長，年齢，性別の比率を計算するであろう。正確に地球人の特徴を調べるとなると，すべての地球人を測定することになるから，気の遠くなるような歳月をかけて計測は続くであろう。これでは，あまりにも非合理的である。

そこで，科学的データ分析を利用する。地球人全体から偏りなく n 人の標本を選び出したとき，それは地球人全体の様子をほどよく表したものになるだろう。標本から計算された平均や標準偏差などの統計指標に標本変動を加味した推定の幅を付ければ，真の値に対する判断ができるであろう。

H 氏の最高血圧の例では，図 1.1 のタイトルの "要約統計量" のブロックにある "平均の下側 95 ％" と "平均の上側 95 ％" の値から，真の平均 μ は，

136.32 (mmHg) から 137.96 (mmHg) の間にあると予想される。この区間を両側信頼率 95％ の信頼区間という。信頼率 95％ とは，異なる標本の平均と信頼区間を 100 回求めたときに，真の平均（母平均）μ はその 100 回のうち 95 回は求めた信頼区間内に収まっていることを意味する（ここでは詳しい説明はしないが，この結果から H 氏は高血圧の疑いありと考える）。

1.2　JMP の分析メニュー

JMP を起動すると図 1.2 のホームウインドウが表示される。このウインドウの上部にあるのが，JMP の機能をコントロールするコマンドのメニュー群とコマンドボタンである。まずは，ホームウインドウのメニュー群の紹介をしよう。

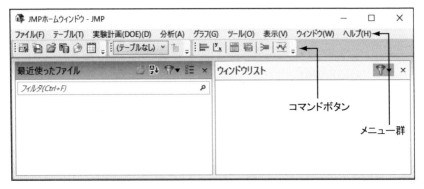

図 1.2　JMP のホームウインドウ

1.2.1　JMP の分析メニューと分析コマンドの紹介

JMP メニューには，ウインドウのメニューバーに登録される分析メニューと，分析プラットフォームにあるポップアップメニューがある。ここでは，分析メニューについて紹介する。なお，紹介する図表はすべて Windows のものである。

図 1.3 は"ファイル (F)"メニューの一覧である。メニューには，ファイルを開いたり保存したりなど，ファイルを管理するコマンドや，JMP の環境設定を

図 1.4 テーブルメニューの一覧

図 1.3 ファイルメニューの一覧

変更したりするためのコマンドがある．関連するコマンドは，機能別にまとめられている．

図 1.4 は"テーブル (T)"メニューの一覧である．これらのコマンドは，後ほど説明するデータテーブルから分析用に新たなテーブルを作成したり，複数のデータテーブルを連結したり，データの統計量の要約表を作るためのものである．

図 1.5 は"分析 (A)"メニューの一覧である．本書で扱う**分析プラットフォーム**には，"一変量の分布"，"二変量の関係"，"モデルのあてはめ"，"予測モデル"，"多変量"といったものがある．JMP では，ほとんどの手法名はその下の階層にならないとメニューに出てこない．これは，JMP の機能やコマンドが目的に応じてメニュー構成されているからである．このような思想は他のソフトにはない．また，JMP はほぼ 2 年に 1 回の間隔でバージョンアップされるが，バージョンアップに従い扱える手法もどんどん増え，ビッグデータの処理

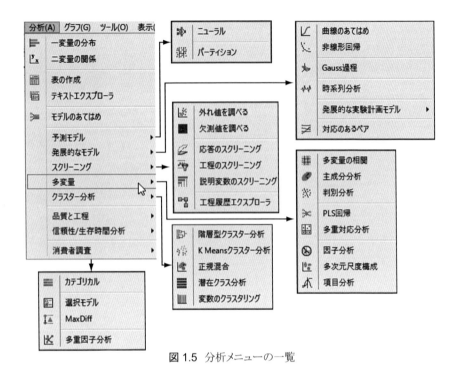

図 1.5 分析メニューの一覧

にも対応できるように新しい考え方が貪欲に取り入れられている。

図 1.6 は，その他の機能のメニュー一覧である．図 1.6 の左から"グラフ (G)"メニュー，"ツール (O)"メニュー，"ヘルプ (H)"メニューである．"グラフ (G)"メニューにはいろいろなグラフを描画できるコマンドが用意されており，本書でもパラレルプロットや三次元散布図などを紹介する．"ツール (O)"メニューのコマンドは，基本的にはカーソル操作に関するものであり，メニューのコマンドを選択することによりカーソルに特別な機能を持たせることができる．

なお，"実験計画 (DOE) (D)"メニュー，"表示 (V)"メニューや"ウインドウ (W)"メニューについては，コマンドや機能の説明を省略する．代表的なコマンドの活用方法は，随時 操作 で紹介するが，コマンド操作に慣れたならば，"ヘルプ (H)"メニューのコマンドを使い，機能の詳細を確認するとよい．あなたは，JMP のコストパフォーマンスに驚かされるだろう．

1 章　データ分析と JMP　　7

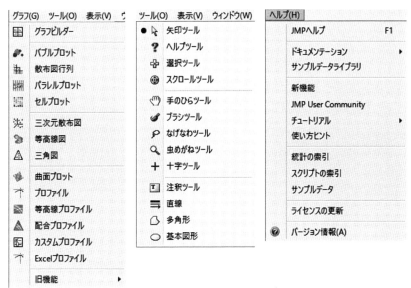

図 1.6　その他のメニューの一覧

1.2.2　JMP の基本操作 ―起動と終了―

操作 1.1：JMP の起動とデータファイルの読込み
1. JMP をインストールすると，ウインドウに図 1.7 のショートカットアイコンが表示される．
2. ショートカットアイコンをダブルクリックすると JMP が起動する．
3. JMP ウインドウの上側にあるメニューの"ファイル (F)"をクリックし，コマンドの"開く (O)…"をクリックする．
4. 表示されたウインドウの中のリストにある"Data"のフォルダをクリックし，"開く (O)"ボタンをクリックする．なお，"Data"の場所は，JMP をインストールする際にインストール先を特別に設定しなければ，"C:¥Program Files¥SAS¥JMP¥14¥Samples¥Data"の中にある．
5. 新たなリストから「Big Class」をクリックし，"開く (O)"ボタンをクリックする（図 1.8 参照）．
6. 「Big Class」が JMP に読み込まれる．
　なお，JMP を起動すると"使い方ヒント"のウインドウが表示されるので参考にするとよいだろう．

図 1.7 JMP のショートカット

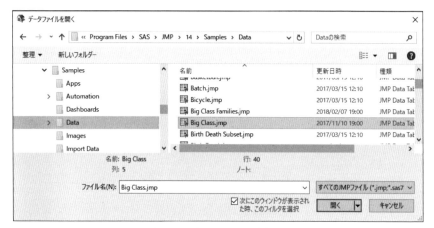

図 1.8 データファイルを開く

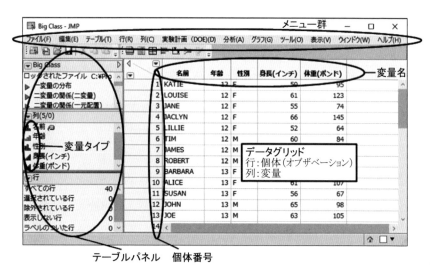

図 1.9 データウィンドウ

1章 データ分析と JMP　9

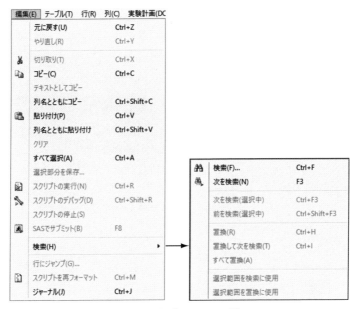

図 1.10　編集メニュー一覧

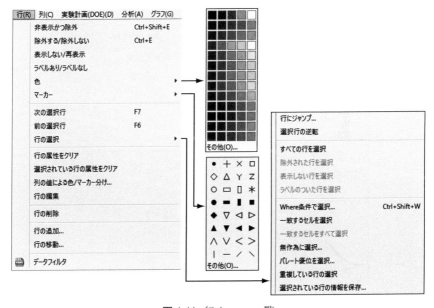

図 1.11　行メニュー一覧

「Big Class」[S] を読み込むと，図 1.9 に示すデータテーブルが表示される。データテーブルは，データが表示される**データグリッド**とテーブルパネルで構成されている。データグリッドにデータ分析の対象となるデータが表示される。行に並んだ項目は**個体**と呼ばれ，人，品物，都道府県などである。個体の数は一般に n で表される。列に並んだ項目は**変数**と呼ばれ，年齢，性別，職業，価格，人口，評価項目などである。変数の数は一般に p で表される。この (個体 n) × (変数 p) の形式のデータは，**多変量データ**と呼ばれる。

データテーブルに表示されるメニュー群から，データ編集に役立つメニューを紹介する。図 1.10 は"編集 (E)"メニューの一覧である。図 1.11 は"行 (R)"メニューの一覧である。行の操作には，外れ値や異常値を持つ個体をデータ分析から除外したり，グラフ上での表示を取り消すなど，データの**モニタリング**や**スクリーニング**に役立つコマンドが含まれているので，アイコンとコマン

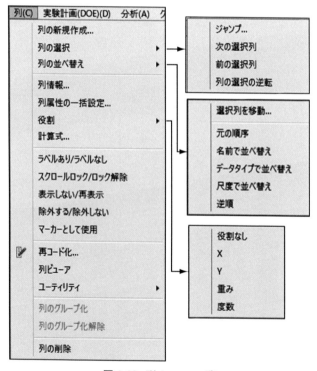

図 1.12 列メニュー一覧

ドを覚えるとよい。このメニューは，テーブルパネルのタイトルの"行"の左の赤い▼をクリックしても表示される。図 1.12 は"列 (C)"メニューの一覧である。このメニューはテーブルパネルのタイトルの"列"の左の赤い▼をクリックしても表示される。列メニューには，分析に重要なコマンドとして，"列情報"，"計算式"，"役割"，"ラベルあり/ラベルなし"といったものがある。

[活用術] 1.1：JMP 変量の役割

　　"役割"に関するコマンドについて紹介する。JMP では，分析に必要となる"役割"をあらかじめ指定することができる。これにより，さまざまな分析を行う際にも，個別に役割を指定する煩雑さを避けることができる。これらは，データテーブルの変数名をクリックした状態で，列メニューの選択を行う―列メニューのコマンドをクリックする―ことによって指定できる。役割を解除するには，同じ操作をもう一度行う。以下にコマンド内容を示す。

　　＜コマンド内容＞

　　役割なし：これは解析の対象外変数となるが，手動で役割指定する。

　　X　　　：自動で説明変数や分類変数に指定される。

　　Y　　　：自動で目的変数に指定される。

　　重み　　：個々の目的変数に対する重みに指定される。

　　度数　　：各行の繰り返し数に指定される。

　　ラベル　：散布図のプロット点にラベル表示する項目に指定される。

[操作] 1.2：JMP の終了

1. "ファイル (F)"メニューの"閉じる (C)"をクリックし，データテーブルや出力ウインドウを閉じる。
2. ホームウインドウの"ファイル (F)"メニューの"JMP の終了 (X)"をクリックすると JMP は終了する。

1.3　データ分析の活用指針

　多変量データの分析（Multivariate Data Analysis）手法は古くから開発され，多変量解析のコンピュータプログラムの普及にともなって広く使われるようになった。ソフトハウスのスタッフがハンドリングよく例題―実務的にあまり意味がないようなデータ― を分析していくので，誰でも簡単に多変量解析を扱えると錯覚してしまう。もちろんソフトハウスを非難している訳ではない。本

当に意識しないと，よいデータは手許にやってこないものなのだ。実務家は顧客のために魚を釣り─データ取得─，魚を料理し─データ分析─，料理をおいしく食べてもらうための演出─プレゼンテーション─をする。

　本書では，1元的な集計やグラフから，体系的，因果的にデータを分析する手法の習得を目指している。分析とは本来，科学的であるはずなのだが，ことデータ分析に限ってはご都合主義や自己本位に扱われることが多く，あえて科学的と断らなければならない現状は寂しい限りである。しかし，本当に大変なのは分析よりもプレゼンテーションである。多変量解析の出力は，知らない人が直感的に理解できるものではないと心得たほうがよい。説得のために，再び1元的あるいは2元的なグラフや因果連関図に翻訳する必要があるかも知れない。

　データをコンピュータに入力すれば役に立つ結果がササッと出てくるというものではない。研究対象についての知見とデータ科学の本質的な理解との協力により，また多面的な分析の繰り返しにより，少しずつ英知が体系化される。多変量解析は考える人の筆記用具であり，自動課題解決法ではない。多変量解析は考える人にいろいろなヒントを与えるものであるという認識を持つべきである。

　初学者が一度限りのセミナーに参加したくらいでは，多変量解析を使って大きな成果を得ることはできない。しかし，時間をとってデータと真摯に向き合えば，誰もが多変量解析を自由に使いこなし，課題を解決できるようになるだろう。それを効率的に行うには，信頼のおけるソフトハウスが提供する支援ツールを活用することである。JMPは優れた科学的データ分析プロセスの支援ツールの1つである。

　多変量解析では，個体や変数として何をとったかを明確にしておかなければならない。通常のデータ分析では，n個の個体は独立にとられたものと仮定している。多変量解析は，同時に複数の変数を取り上げて分析する方法である。

　しかし，データ分析を行うにあたり，多変量解析前のモニタリングが重要である。1変数の分析として分布の様子を見て，外れ値の確認や変数変換などを試みる。ついで，2変数の分析を行い，変数間に直線的関係があるかどうか確認する。場合によっては2次項の追加，変数変換や外れ値の削除などを試行する。この過程で得られた知識を基礎として多変量解析に入る。多変量解析の結

果が不満足であれば，もう一度モニタリングを行い，データをチェックし分析戦略を練り直す。

1.4　データと測定の尺度

変数にはいくつかの種類があり，測定された尺度により**質的データ**と**量的データ**の 2 つに分類される。質的変数のとる値を**カテゴリ**と呼ぶ。カテゴリは，その順序に意味のない場合 —**名義尺度** 📊— と，ある場合 —**順序尺度** 📊— とがある。分析結果を吟味する場合には，どちらであるかを配慮する必要がある。また，JMP では量的データの間隔尺度と比例尺度は区別されず，**連続尺度** 📐として処理される。JMP では，テーブルパネルの"列"の変数名の左にある記号によって変数のタイプがわかる。

表 1.1 変量の持つ尺度

データのタイプ	データの尺度	JMPでの表記	意　味
質的データ	名義尺度	📊 (名義尺度)	いくつかの試料を区別するために，それらに対して1, 2, 3, …などの一連の番号を与えたもの。これらは符号的な意味しかなく，四則演算は無意味。
質的データ	順序尺度	📊 (順序尺度)	いくつかの試料に何らかの基準で順序をつけ，その順番に従って1, 2, 3, …などの一連の番号を与えたもの。これらはその順序のみに意味を持つが，四則演算は無意味。
量的データ	間隔尺度	📐 (連続尺度)	一定の測定単位に基づいて測定されるが，尺度の原点が任意に設定される。間隔尺度は数値の差の等価性が保証されている。つまり，加法・減法について意味を持つ。たとえば温度の摂氏や華氏など。
量的データ	比例尺度		尺度の原点が一意に定まっている。自然科学の多くの物理特性は比例尺度である。たとえば絶対温度，抵抗値などである。加法・減法の他に乗法・除法についても意味を持つ。非線形変換も意味がある。

2章 ▶▶▶ モニタリング
データの可視化によるデータの性質の評価

　多変量解析を行う前に"一変量の分布"や"二変量の関係"を調べておくとよい。この作業を**モニタリング**と呼ぶ。モニタリングの目標は，外れ値の摘出や，変数変換による構造の単純化の検討である。多変量解析は我々が生活しているより高次元の世界におけるデータ処理法である。影響力のある少数データの癖により，多変量解析からの結論が変わってしまうことがある。会議の席で，声の大きな人に引きずられて，結論があらぬ方向へ捻じ曲げられたという経験はないだろうか。データの森は深く薄暗いため，道に迷うことがないように，モニタリングは入念にやっておきたい。

2.1　モニタリングの手順

　表 2.1 に量的変数を中心とした場合のモニタリングの着眼点を示す。発見された外れ値の影響を見るためには，外れ値の除外・再追加による比較検証を行う。また，外れ値候補の識別のためにマーカーや色の変更，層別グラフの表示など，グラフィカルな対策の検討も大切である。

表 2.1　モニタリングの着眼点と活用する主なグラフ

	調べる目的	ポイント	グラフ
一変量	・分布の形の確認 ・欠測値，ゼロ値 ・外れ値	・正規分布か ・層別の必要はあるか ・外れ値はあるか	・ヒストグラム ・正規分位点プロット ・箱ひげ図
二変量	・2 次元分布の確認 ・独立性の検討 ・外れ値	・相関関係や関連性はあるか ・層別の必要はあるか ・外れ値はあるか	・散布図 ・モザイク図 ・層別ヒストグラム
多変量	・多次元分布の確認 ・独立性の検討 ・外れ値	・特異な変数はあるか ・相関関係はあるか ・外れ値はあるか	・散布図行列 ・層別散布図 ・外れ値分析

2.2 一変量の分布

"一変量の分布"では，データの分布を調べる。連続尺度では，分布の中心的な位置や左右対称性，尖りや拡がりの他に，外れ値候補の探索など，グラフや統計量に基づいてモニタリングする。順序尺度や名義尺度では，カテゴリの比率などを観察する。

主に扱うデータは「Big Class」[S] である。「Big Class」は，生徒の身長，体重，年齢，および性別を扱ったデータであるが，測定単位がインチとポンドであることに注意する。

2.2.1 ヒストグラム

JMP を起動し，「Big Class」を読み込む。JMP では，ウインドウ表示された赤い▼をクリックすると，隠されていた分析固有のポップアップメニューが表示される。

図 2.1 のタイトル "Big Class" のブロックにあるリストには，過去のデータ分析プロセスが保存されており，緑の ► をクリックすると分析プロセスが再現される。

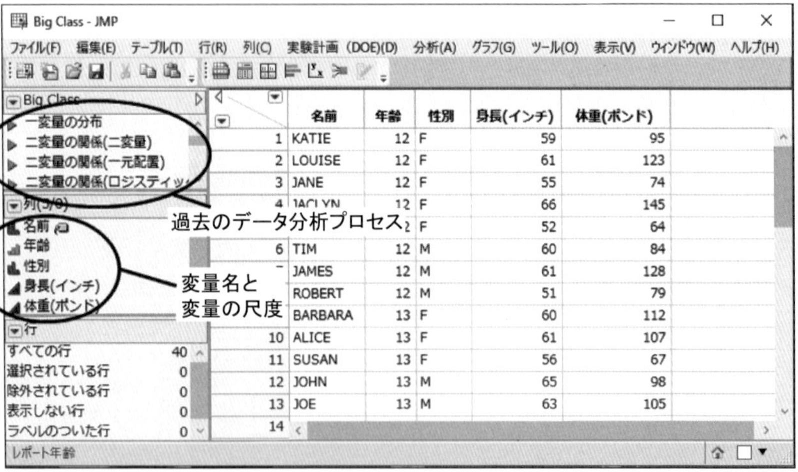

図 2.1 Big Class のデータウインドウ

次に，"列（5/0）"のブロックを見よう。多変量データの変数名が表示されており，その左には，変数の尺度が █, ▦, ◢ で表示されている。このボタンにより，名前，性別が名義尺度，年齢が順序尺度，身長（インチ）と体重（ポンド）が連続尺度であることがわかる。なお，ここをクリックすると，変数の尺度を変えることができる。

さらに，タイトルの"行"のブロックを見よう。個体に対する処理の状況がわかる。図2.1の状況は，40個の個体が読み込まれたままであることがわかる。

今度は，性別，身長，体重の分布を調べるために，**ヒストグラム**を描画しよう。

|操作| 2.1 ："一変量の分布"
1. "分析(A)"メニューから"一変量の分布"をクリックすると，図2.2のウインドウが表示される。
2. 図の"列の選択"から性別，身長（インチ），体重（ポンド）を選択し，その状態で"Y，列"ボタンをクリックする。
3. "OK"ボタンをクリックすると，ヒストグラムが描画される。

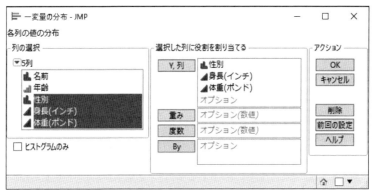

図 2.2 変数設定ウインドウ

|活用術| 2.1：リンク機能—ヒストグラムの活用（図2.3参照）—
　　たとえば，棒グラフの性別で"M"をクリックすると，データテーブルは連動して男子が選択状態になり背景が反転する。また，身長，体重のヒストグラム

も同様に，男子に該当する領域の色がリンクして濃くなる。

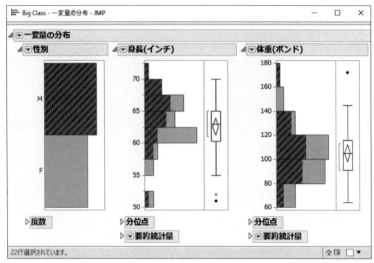

図 2.3 ヒストグラムの表示

活用術 2.1 により，男子が身長の高い側に分布しているか，あるいは低い側に分布しているのか，また，体重を見た場合にはどうかなど，他の変数との関連がダイナミックに探索できる。図 2.3 から，男子の身長が女子の身長を全体的傾向として上回っているように見える。一方，体重では，そういう傾向は見られない。

今度は，分布に関する表示オプションを活用してみよう。

操作 2.2：棒グラフのオプション
1. タイトルの"性別"の左の赤い▼をクリックして，メニューを表示させる。
2. メニューの"モザイク図"をクリックすると図 2.4 の**モザイク図**が描画される。
3. 再び赤い▼をクリックして，メニューの"ヒストグラムオプション"をクリックし，図 2.5 に示す下位メニューの"標準誤差バー"をクリックすると，図 2.4 左に示す標準誤差バーが棒グラフに追加される。度数軸，割合軸などを同様な操作で追加すると，図 2.4 左下に示すように度数や割合の尺度が追加される。

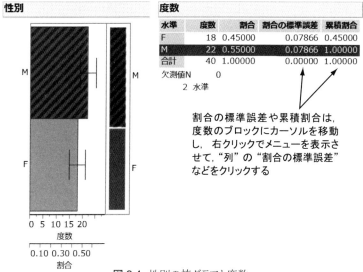

図 2.4 性別の棒グラフと度数

　図 2.4 の性別の棒グラフには，標準誤差バーや，割合，度数，密度の尺が追加されている。棒グラフの右にモザイク図が描画され，2 つの標準誤差バーの重なっている部分が大きいため，男子と女子の比率はほぼ同じであることがわかる。図の右には，各カテゴリー図では水準一の度数と割合が出力される。標準誤差は $\sqrt{p(1-p)/n}$ で計算される。水準 M

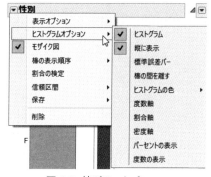

図 2.5 棒グラフオプション

（男子）では $\sqrt{0.55(1-0.55)/40}$ = 0.07866 と計算される。水準 F（女子）でも同じ値 0.07866 が得られる。

2.2.2　ヒストグラムの注意点

　ヒストグラムは分布を調べるためのグラフで，適当なデータ区間に区切ったときに，そこに入る頻度を柱状に表現したものである。ヒストグラムでは，分

布の中心位置，分布の対称性，分布からの外れ値に着目する。

ヒストグラムは**データ区間**の取りかたにより形が変わることがある。図2.6は，身長（インチ）のヒストグラムであるが，データ区間をいろいろ変えている。同じデータなのに与える印象が変わる。探索的にデータ区間を変化させてヒストグラムの様子を確認するとよい。

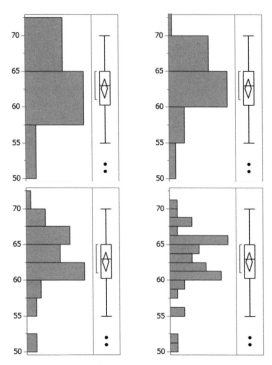

図2.6 身長（インチ）のヒストグラム

操作 2.3：ヒストグラムのデータ区間変更
1. メニューの"ツール(O)"をクリックし，"手のひらツール"をクリックする。
2. ヒストグラムが描画されている領域にカーソルを移動させると，ポインタは図2.7の左にある"手のひら"に変わる。
3. "手のひら"を上下左右に動かすと，ヒストグラムの柱の太さや目盛りが変わる。
4. Y軸の領域をダブルクリックすると図の右のウインドウが表示され，そこで目盛りの間隔や最大値，最小値などを変えることができる。

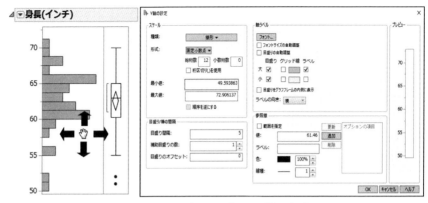

図 2.7 ヒストグラムのデータ区間の変更

2.2.3 正規分位点プロット

正規分位点プロットは正規確率プロットともいわれ，データが正規分布に従うとしてよいかを判断するグラフである。グラフの縦軸は変数の値を示し，横軸は変数の値に対する理論的な正規スコアを示す。正規スコアは標準正規分布―平均 0，標準偏差 1― から計算された分位値である。グラフの赤い直線が近似する正規分布の各分位値を表す。プロットが直線上にきれいに乗っていれば，正規近似の精度がよいことを表している。直線の両脇に赤の曲線があるが，これは 95 % の信頼限界を表す。仮にプロットが直線上になくても大部分のプロットがこの曲線の内側にあれば，標本の分布は正規近似できると判定する。そうでない場合は正規近似がよくないと判定する。

JMP では"連続分布のあてはめ"というコマンドを使い，"正規分布"をあてはめ，"適合度"を計算することで，適合度検定（Shapiro-Wilk 検定）を実施することができる。図 2.8 は，すべて $n = 100$ の正規分位点プロットである。左上は正規分布に従う乱数のプロットである。プロットは直線によく当てはまっていることがわかる。右上は正（+）側に裾を引く分布のプロットである。プロットは曲線傾向であり，直線からのずれが大きいことがわかる。左中は，中心部分の頻度の大きい分布のため，プロットが直線に対して逆 S 字で蛇行し，近似が悪いことがわかる。右中は分布が二山になっているもののプロットであ

り，プロットが直線に対してS字で蛇行し，近似が悪いことがわかる。左下は飛び離れた値がある正規分布のプロットである。それらの個体だけが直線からずれていることがわかる。この場合は，それらの個体の素性を調べ，理由がわかれば，それらの個体をデータ分析から除外してもよい。右下はアンケートデータなどに見られる順序尺度のデータである。プロットは階段状になっているが，全体的には当てはまっていると考えられる。

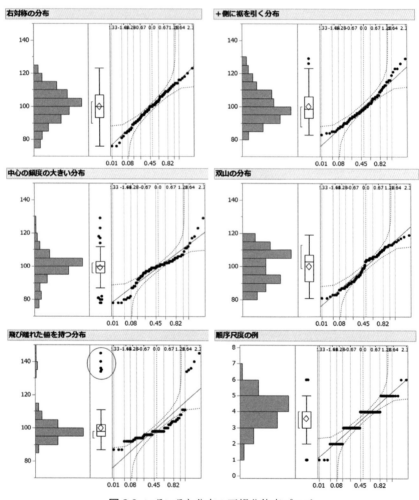

図 2.8 いろいろな分布の正規分位点プロット

2.2.4 箱ひげ図

箱ひげ図は，図 2.8 などヒストグラムの右に表示されたグラフで，描画された長方形を**箱**といい，長方形の真ん中の線が**中央値**（データを小さい方から順に並べたときの全体に対する 50 ％ 点），上下の辺が **4 分位値**（25 ％ 点，75 ％ 点）を表している。**4 分位範囲**とは，2 つの 4 分位値の差である。また，ひし形の左右の頂点を結ぶ線が標本の平均である。長方形から上下に伸びる線は**ひげ**といい，ひげは箱の両端から，次のように計算された範囲内にある最も遠いデータ点までをつないでいる。

> 上側 4 分位点 ＋ 1.5 ×（4 分位範囲）　　下側 4 分位点 － 1.5 ×（4 分位範囲）

ひげを外れたデータの点は，外れ値候補となる。箱に平行して表示されている括弧は最短の半分，つまり個体の 50 ％ を含んだ区間のうち，最も短いもの 一密度の高いもの一 を表す。箱やひげの長さにより分布の対称性や中心位置，拡がりや尖りが視覚的に判断できる。

操作 2.4 : ヒストグラムオプション
1. "身長（インチ）"の左の赤い▼をクリックして，メニューを表示させる。
2. メニューの"正規分位点プロット"をクリックすると図 2.9 の正規分位点プロットが描画される。
3. 再び赤い▼をクリックして，メニューの"ヒストグラムオプション"をクリックし，下位メニューの"標準誤差バー"をクリックする。標準誤差バーが棒グラフに追加される。度数軸，割合軸などを同様な操作で追加する。

図 2.9 は，身長のヒストグラムに度数軸や割合軸などが追加されたものである。追加された曲線は**正規分布曲線**である。この曲線との一致度と正規分位点プロットの直線性から判断して，身長の分布は正規分布を仮定できるであろう。しかし，ヒストグラムの隣に表示される箱ひげ図から，下側に 2 つの外れ値の存在が疑われる。

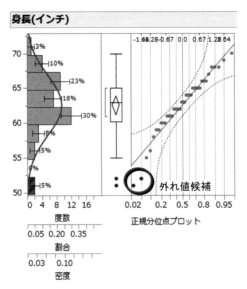

図 2.9 身長のヒストグラムと正規分位点プロット

活用術 2.2：外れ値のラベル表示と処理

図 2.9 の身長のヒストグラムには，身長の低い側で外れ値の候補が 2 点ある。
- 個体の特徴や性質を調べるには，プロットの横にラベルを表示する。
- 外れ値を一時的に分析から除外して影響を見たいならば，"行 (R)" メニューのコマンドの "非表示かつ除外" を活用する。

操作 2.5：ラベル表示と分析からの除外

1. "ツール (O)" メニューの "なげなわ" をクリックし，身長のヒストグラムの位置までカーソルを移動させる。このとき，カーソルがなげなわになっていることを確認する。
2. 箱ひげ図の下側にある 2 つのプロットをクリックしながら，なげなわで囲むと，2 つのプロットが選択されて，プロットが大きな点に変わる。同時にデータテーブルの対応する行が選択されて，表示色が反転する。
3. この状態で，"行 (R)" メニューの "ラベルあり/ラベルなし" をクリックすると，プロットの近くに生徒の名前が表示される（図 2.10 左参照）。
4. "行 (R)" メニューの "非表示かつ除外" をクリックする。
5. ヒストグラムの上側にある "一変数の分布" の左の赤い▼をクリックし，"やり直し" から "分析のやり直し" をクリックする（図 2.11）。

6. 2つの外れ値を除外して，再分析が行われる。

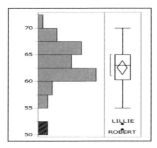 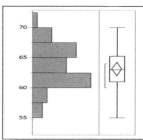

図 2.10 ラベル表示（左）と除外されたヒストグラム（右）

なお，"スクリプトの保存"の下位コマンド"データテーブルへ…"をクリックすると，分析プロセスがデータテーブルのテーブルパネルに保存される。

2.2.5 基本統計量

身長のヒストグラムの下側には，統計量が表示される。図 2.12 がその出力である。"分位点"のブロックには，データを小さい方から大きい方に並べたとき―昇順―の全体に対する割合である**分位点**が表示されている。これを見ると，箱ひげ図の箱を構成する値がわかる。

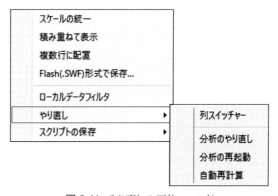

図 2.11 やり直しの下位コマンド

図 2.12 Big Class の身長の統計量

つまり，箱の両側は 60.25 インチと 65 インチであり，箱を仕切る直線が 63 インチである。また，最小値と最大値から，その範囲は 19 インチであることがわかる。

"要約統計量"のブロックは基本的な統計指標で，データの**平均**，**標準偏差**，標本平均の標準偏差である**標準誤差**などが表示される。データの中心的傾向を表す尺度として，よく使われるのは平均である。**中心的傾向**とは，測定された複数のデータをただ 1 つの値で表すとき，その値は観測された複数の個体の共通的な特徴を持つものでなければならない。つまり，データ範囲の端ではなく，データの中心的な位置を示す値であることが自然である。

また，ヒストグラムを眺めるとき，中心がどこにあるかの他に，どのくらい変動があるかに興味がある。そこで，データの変動がわかる指標が必要である。さらに，ヒストグラムを眺めるとき，中心位置や変動の他に，分布の歪み具合や尖り具合が気になるかも知れない。これらを評価する指標として**歪度**と**尖度**がある。

|活用術| 2.3：その他の統計量

その他の統計量を調べる場合には，タイトルの"要約統計量"の左の赤い▼をクリックしてメニューを表示し，"要約統計量のカスタマイズ"をクリックし，図 2.13 右のダイアログを表示させて，チェックリストから必要な統計量にチェックを入れて，"OK"ボタンを表示する。図左のように高度な統計量が表示される。JMP ではさまざまな統計量を計算して表示してくれるのだ。

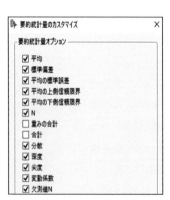

図 2.13 高度な統計量の表示

（1）平均 $\bar{x}$

算術平均を通常，**平均**と呼ぶ。平均は最もよく使われる指標であり，中心を表す重要な指標である。平均は測定値の合計を標本数で割ったもので，次式で計算される。ここで，$\bar{x}$ は平均，x_i は個々のデータ，n は標本数である。

$$平均 = \frac{合計}{標本数} \qquad \bar{x} = \sum_{i=1}^{n} x_i/n \tag{2.1}$$

（2）平方和 S

データの変動を表す有効な方法は，各測定値が平均からどれくらい離れているかで評価することである。それが**平方和**である。平方和は

$$S = \sum_{i=1}^{n}(x_i - \bar{x})^2 \tag{2.2}$$

と計算される。平方和は，データから平均までの距離の 2 乗和 ―面積の総和― である。

（3）不偏標本分散 V，s^2

平方和は，平均から各測定値が全体として，どのくらいずれているかを表す指標であり，その大きさは標本数に影響される。そこで，1 標本あたりの変動を表す指標として分散がある。分散には 2 種類あって，標本数が多い場合には標本数 n で割った標本分散を用いる。しかし，標本数が少ないときの標本分散は母集団の分散に比べて小さめな値をとる傾向がある。それを調整したものが標本数 $n-1$ で割った**不偏標本分散** V である。

$$V = \left\{ \sum_{i=1}^{n}(x_i - \bar{x})^2 \right\}/(n-1) \tag{2.3}$$

（4）標準偏差 s

標準偏差は分散の平方根であり，データの散らばりを表す指標として重要である。分散の平方根をとるのは，測定の単位とばらつきを表す単位とが同じになり，理解しやすいためである。

$$s = \sqrt{V} = \sqrt{\frac{\sum_{i=1}^{n}(x_i - \overline{x})^2}{n-1}} \tag{2.4}$$

(5) 歪度

歪度は，分布の平均周辺の両側の非対称度を表す指標である。正の歪度は，対象となる分布が正の方向へ伸びる非対称な側を持つことを示す。負の歪度は，逆に負の方向に伸びる側を持つことを示す。歪度が 0 のときは左右対称の分布になる。標本から歪度を計算する場合，その値が −1.5〜1.5 の間にあれば，ほぼ左右対称であると表現する。なお，歪度は標本数が 3 未満，あるいは標準偏差が 0 のときは計算できない。

$$\text{Skew} = \frac{n}{(n-1)(n-2)} \sum_{i=1}^{n} \left(\frac{x_i - \overline{x}}{s} \right)^3 \tag{2.5}$$

(6) 尖度

尖度は，正規分布と比較して，分布の相対的な鋭角度あるいは平坦度を表す指標である。尖度が正の値をとると尖った分布であり，負の値ならば平坦な分布である。尖度の場合も，−1.5〜1.5 の間にあれば，ほぼ標準的な分布と考えてよい。なお，尖度は標本数 4 未満，あるいは標準偏差が 0 のときは計算できない。

$$\text{Kurt} = \left\{ \frac{n(n+1)}{(n-1)(n-2)(n-3)} \sum_{i=1}^{n} \left(\frac{x_i - \overline{x}}{s} \right)^4 \right\} - \frac{3(n-1)^2}{(n-2)(n-3)} \tag{2.6}$$

(7) 標準誤差

標準誤差（$s_{\overline{x}}$）は，平均 $\overline{x}$ が持つ標準偏差である。その値は，標準偏差を標本数の平方根で割ったものとして求められる。これは，分散の加法性により導かれる結果である。

$$s_{\overline{x}} = s / \sqrt{n} \tag{2.7}$$

注）分散の加法性による平均 $\bar{x}$ の分散

分散の加法性から次のような重要な性質が求まる。

x_i $(i = 1, 2, \cdots, n)$ が互いに無関係—独立という—で同じ大きさの誤差分散 σ^2 を持つとき，その平均 $\bar{x}$ の分散は σ^2/n となる。

$$V(\bar{x}) = V\left(\frac{1}{n}\sum x_i\right) = \frac{1}{n^2}\Big(V(x_1) + V(x_2) + \cdots + V(x_n)\Big)$$

$$= \frac{1}{n^2}\underbrace{(\sigma^2 + \sigma^2 + \cdots + \sigma^2)}_{n個ある} = \frac{1}{n^2}(n\sigma^2) = \sigma^2/n$$

2.2.6 変数変換

分布に歪みや尖りがある場合には，適当な**変数変換**を行うとよい。たとえば，所得や寿命，抵抗値といった変数は，対数変換を行うと歪みや尖りが消えて左右対称の分布になるかも知れない。このように，ヒストグラムや箱ひげ図から，分布に無視できない歪みや尖りがある場合には，**ベキ変換**を行うとよい。**対数変換**はベキ変換の特別な場合である。ベキ変換とは変数 x を p 乗することである。ベキ変換は非負であるから，変数の変域に負があれば任意の数を加え，原点移動してからベキ変換する。

$$y^\lambda = \begin{cases} \dfrac{y^\lambda - 1}{\lambda} & \lambda \neq 0 \\[2mm] \log_e y & \lambda = 0 \end{cases} \quad (y > 0) \tag{2.8}$$

JMP では，"分析 (A)"メニューの"モデルのあてはめ"の機能の中に，自動的ベキ変換法として，(2.8) 式で示される Box-Cox 変換が利用できる。Box-Cox 変換の効果を紹介するために，「Companies」[S] の従業員数を使う。変換前後のヒストグラムと正規分位点プロットなどを描画したものが図 2.14 である。変換により分布の歪み，尖りが改善され，左右対称な分布に近づいたことがわかる。

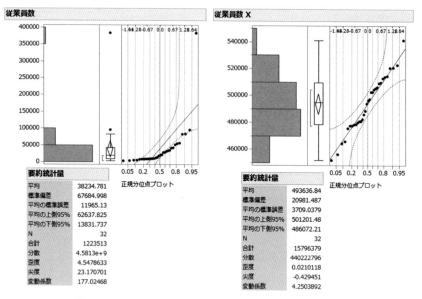

図 2.14 Box-Cox 変換の効果（左が変換前，右が変換後）

[活用術] 2.4：変数変換の指針
1. 最大値と最小値の比が 20 以上ならばベキ変換する．
2. データに上限 b と下限 a があれば，$(x-a)/(b-a)$ という変換が有効である．
3. ± の符号を取り，限界がないデータ（間隔尺度）はベキ変換しない．

[操作] 2.6：Box-Cox 変換
1. JMP 起動後，「Companies」[S] を読み込む．
2. "分析(A)"メニューの"モデルのあてはめ"をクリックする．
3. 表示されたウインドウで，"列の選択"リストから"従業員数"を選択して"Y"ボタンをクリックする．
4. "モデルの実行"ボタンをクリックする．
5. モデルのあてはめウインドウの上側にある"応答 従業員数"の左の赤い▼をクリックして，メニューの"因子プロファイル"の"Box-Cox Y 変換"をクリックする（図 2.15）．
6. ウインドウの縦スライダーを下げて，いちばん下にあるタイトルの"Box-Cox 変換"の左にある赤い▼をクリックして，"最良の変換を保存"をクリックすると，Box-Cox 変換後の値がデータテーブルに保存される．

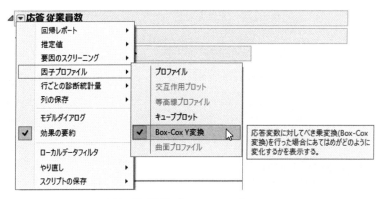

図 2.15 因子プロファイルのメニュー

[活用術] 2.5：Box-Cox 変換の係数 λ

λ（ラムダ）はデータから自動的に計算されるが，その値に意味を見いだすものではない。この例では，$\lambda = -0.169$（図 2.16）であるが，意味的には，$\lambda = 0$ とした対数変換で十分であり，そのほうが変数変換の意図はわかりやすい。

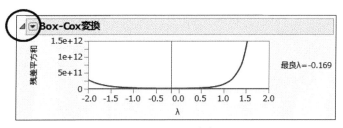

図 2.16 Box-Cox 変換の λ

2.3　二変量の関係（1）—共に量的変数の場合—

"一変量の分布"により，データのばらつきかたをグラフや統計指標で表すことができた。今度は，"二変量の関係"の強さを調べる。統計指標は，全体的な傾向を表現するには便利であるが，個々のばらつきの様子まではわからない。グラフによる表現は，個々のばらつきの様子が手に取るようにわかる。両者を組み合わせることで，「木も見て，森も見られる」ようになる。JMP では，変数のタイプにより，分析ツールが表 2.2 のようにセットされる。

表 2.2 "二変量の関係"での分析手法

		Y	
		量的変数	質的変数
X	量的変数	・散布図 ・相関分析，回帰分析	・ロジット曲線 ・ロジット回帰分析
	質的変数	・ひし形プロット ・分散分析	・モザイク図 ・クロス集計表，独立性検定

2.3.1 2次元データ

今度は，2つの変数を使って，全体的な様子や個体の特徴を調べる。たとえば，「Big Class」の身長と体重の情報が得られたとき，両者を単純に比較することはできない。それは，物理的な測定単位—長さと重さ—が異なるからである。**標準化スコア（z 得点）**は，測定単位の影響を取り除くために，各データが平均からどのくらい離れているかを標準偏差で割った値を指標としたもの

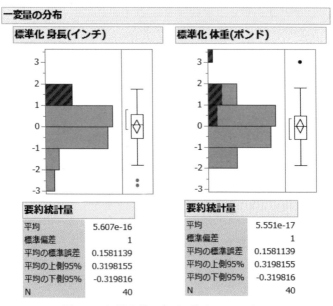

図 2.17 標準化後の身長と体重のヒストグラム

である。標準化スコアは今後，多変量解析の随所で顔を出すことになる。

$$標準化スコア：u = \frac{個々の値 - 平均}{標準偏差} = \frac{x - \bar{x}}{s_x} \quad (2.9)$$

図 2.17 は，標準化後の身長と体重のヒストグラムである。両者の分布を比較しても意味がない。JMP の機能を使えば，ある生徒の身長は高いのに体重は少ないとか，身長は高く体重も重いなどの特徴を見いだせるが，身長が高くなれば体重も重くなるといった全体的な傾向を読み取ることはできない。

それには，2 つの変数を個体で結び付けて表示する必要がある。その方法として**散布図**がある。散布図は，2 次元について個体のありかをプロットしたものである。図 2.18 左は，標準化された身長と体重の観測値を，それぞれ別々にヒストグラムにしている。これらは**周辺ヒストグラム**と呼ばれ，元々の観測値から得られるか，散布図の点をそれぞれの座標軸上に射影して得られる。

散布図とヒストグラムは，異なった種類の情報を含んでいる。散布図からは 2 つの周辺ヒストグラムを作成することができるが，2 つの周辺ヒストグラムからは散布図を復元することができない。図 2.18 右は，体重だけ降順に並べ替えたものを散布図と周辺ヒストグラムで表したグラフである。左右の周辺ヒストグラムは同じ形であるが，散布図の様子は明らかに異なる。左の散布図は右上がりの傾向があるが，右の図では右下がりの傾向を示している。

つまり，散布図は周辺ヒストグラムからではわからない情報―共に変動する傾向―を持っている。2 つの変数の直線的な結びつきが大きい場合，変数を 1

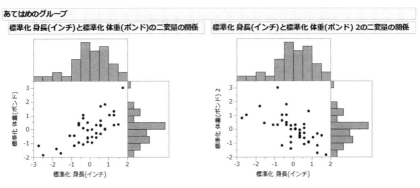

図 2.18 標準化後の身長と体重の散布図と周辺ヒストグラム

つずつ調べるだけでは，大事な情報を取り逃がしてしまうのである。

> **操作** 2.7：標準化と標準化後のヒストグラム
> 1. JMP を起動し，「Big Class」[S] を読み込む。
> 2. 身長（インチ）と体重（ポンド）のヒストグラムを描画する。
> 3. Ctrl キーを押したまま，一変量の分布のウインドウのタイトルの変数名―たとえば，身長（インチ）―の左の赤い▼をクリックし，メニューの"保存"から"標準化"をクリックする。
> 4. データテーブルに身長（インチ）と体重（ポンド）の標準化された変数が追加される。
> 5. 標準化後身長（インチ）と標準化後体重（ポンド）のヒストグラムを描画する。

2.3.2　相関関係と散布図

2 つの変数が共に連続尺度である場合には，散布図によりその傾向を調べることができる。**散布図**は調べようとする 2 変数の関係の様子を図示するものである。**因果関係**のある散布図は，目的変数 y を縦軸に，y を説明する説明変数あるいは要因 x を横軸にとる。

たとえば

- 授業の出席率 x と期末試験の成績 y
- 車のセールスマンの好感度 x と車の満足度 y
- 企業のブランドイメージ x と学生の企業人気度 y

などである。散布図の読みかたは

- プロットが直線関係にあるかどうか
- プロットの傾向が右上がりなのか，右下がりなのか
- 傾向線との離れ具合の大きさはどうなのか

などに着目する。

図 2.19 は，異なる相関の強さを持つ 6 つの散布図である。各散布図には，確率モデルとしてプロットの 95 % が収まるような**確率楕円**が追加されている。この楕円の形により相関の強さを視覚的に把握できる。上 4 つの散布図のよう

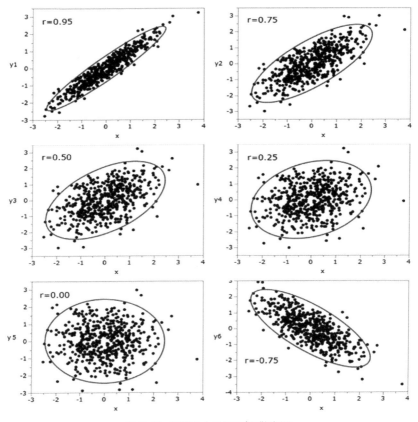

図 2.19 相関の大きさの違う散布図

に，プロットが直線的に右上がりであれば**正の相関**があるという．逆に右下の散布図のように，プロットが右下がりであれば**負の相関**があるという．また，左下は傾向がないもので，**無相関**と呼ばれる．散布図を作成する目的として，2 変数間に直線的関係があるかどうかや，相関関係の強さを視覚的に見たいなど，変数に関するものと，データに外れ値があるかを調べたり，層別の必要があるかどうか調べるなど，個体に関するものとがある．

図 2.20 は，散布図での外れ値に関する分類をグラフにしたものである．左上は，両方の単一分布でも散布図でも外れ値がない．左下は，両方の単一分布でも散布図でも外れ値がある．右下は，一方の単一分布では外れ値で，散布図

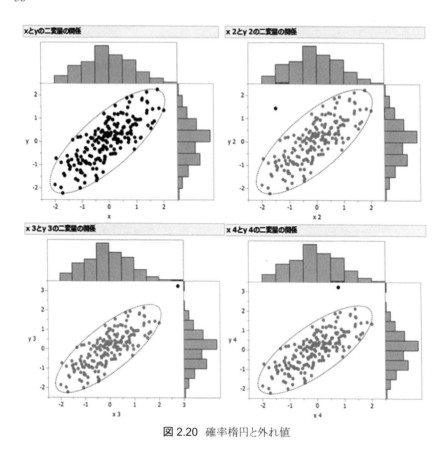

図 2.20 確率楕円と外れ値

でも外れ値である。右上は、両方の単一分布では問題がなく、散布図で外れ値である。

[活用術] 2.6：記述統計の散布図

散布図から関係があることはわかるが、そこに原因と結果の関係―因果関係―があるかどうかはわからない。それが言えるのは常識的な知識からである。たとえば、ある企業の推進部門では、調査会社が公表した〇〇年の CSI―顧客満足度指標― と業界シェアの関係を散布図にして正の相関を見いだし、「CSI 向上がシェア拡大につながる」と結論づけた。この種の意識づけは、推進部門では日常的に行われる。それ自体は非難の対象にはならないかも知れない。しかし、記述統計の散布図の解釈は、「〇〇年の CSI とシェアの関係を調べたところ、CSI が低い企業ではシェアが低く、CSI が高い企業ではシェアが高かった」

と控えめにすべきである。記述統計の散布図だけからは何も見いだせない。

操作 2.8："二変量の関係"
1. "分析 (A)"メニューの"二変量の関係"をクリックする。
2. 表示されたウインドウの"列の選択リスト"から"体重（ポンド）"を選択して，"Y，目的変数"ボタンをクリックする。
3. ウインドウの"列の選択リスト"から"身長（インチ）"を選択して，"X，説明変数"ボタンをクリックし，"OK"ボタンをクリックする。

2.3.3 相関係数

相関の強さを定量的に測る指標が必要である。それが**相関係数**である。相関係数 r の範囲は $|r| \leq 1$ で，± 1 のとき最も強い。また，0 のとき無相関になる。相関係数が負のときは，負の相関があるという。相関係数は次式で定義される。

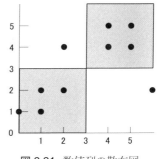

図 2.21 数値列の散布図

$$r = \frac{2\text{つの変量の共変動}}{\text{各変量の変動の相乗平均}}$$

$$= \frac{S_{xy}}{\sqrt{S_x S_y}} \quad (2.10)$$

$$S_{xy} = \sum (x_i - \bar{x})(y_i - \bar{y}) \quad (2.11)$$

相関係数は 2 つの変数の直線的な結びつきの強さを表す特性である。10 個の数値列を図 2.21 のグラフで表し，それぞれ平均で 4 分割した。図の右上の領域にあるデータは

$$x_i - 3.0 > 0,\ y_i - 3.0 > 0 \rightarrow (x_i - 3.0)(y_i - 3.0) > 0 \quad (2.12)$$

である。ところが，右下の領域で考えると

$$x_i - 3.0 > 0,\ y_i - 3.0 < 0 \rightarrow (x_i - 3.0)(y_i - 3.0) < 0 \quad (2.13)$$

となる。同様にして，左上の領域は負，左下の領域は正の符号を持つ。すなわち，互いの平均で4分割するということは，原点 $(0,0)$ を平均 $(\overline{x},\overline{y})$ まで移動させていることに対応する。

いま，x と y の**共変動**を計算する。散布図が右上がりであれば図2.21にある網掛けされた領域にプロットは集まり，右下がりであれば網掛けのない領域に集まるであろう。そして，直線的関係がなければ（無関係），4つの領域にまんべんなくプロットされるであろう。すなわち

$$\sum_{i=1}^{n}(x_i - \overline{x})(y_i - \overline{y}) = 0 \tag{2.14}$$

が期待される。また，プロットは，平均から離れたデータ対ほど，共変動の値を正ならば正へ，負ならば負へ動かす力が大きいこともわかる。

データ分析の指標は，測定単位の影響を受けないことが重要であるから，各変数を標準化スコア $u_1 = (x_i - \overline{x})/s_x$, $u_2 = (y_i - \overline{y})/s_y$ にしておくとよいだろう。さらに，データ数により大きさが変わらないように $n-1$ で割っておく。

$$\sum_{i=1}^{n}(x_i - \overline{x})(y_i - \overline{y}) \rightarrow \sum_{i=1}^{n}u_1u_2 \rightarrow \frac{1}{n-1}\sum_{i=1}^{n}u_1u_2 = r \tag{2.15}$$

$$\left(\frac{1}{n-1}\sum_{i=1}^{n}u_1u_2 = \frac{\displaystyle\sum_{i=1}^{n}(x_i - \overline{x})(y_i - \overline{y})}{(n-1)s_xs_y}\right.$$

$$\left. = \frac{S_{xy}}{\sqrt{(n-1)V_x}\sqrt{(n-1)V_y}} = \frac{S_{xy}}{\sqrt{S_{xx}S_{yy}}} = r\right)$$

以上から相関係数を導くことができた。つまり，相関係数は，各変数の平均に関する情報を除いた後の，変動部分の直線的な結びつきの強さを測定している指標である。

活用術 2.7：“二変量の関係”で必要な統計指標

　　2変数の関連を統計的な指標で要約する場合は，2つの平均，2つの標準偏差，1つの相関係数の合計5つの統計量を記述する必要がある。

操作 2.9：相関係数の表示

1. 散布図が表示されているウインドウの上側にある"身長（インチ）と体重（ポンド）の二変量の関係"の左の赤い▼をクリックする。
2. メニューの"確率楕円"をクリックし、".95"をクリックすると、信頼率95％の確率楕円が追加される。
3. ウインドウの下にできた"相関"の左にある▷をクリックすると相関係数が表示され、$r = 0.709$ であることがわかる。

ところで、相関係数は、直線に沿ったプロットの散らばりの具体的な形状については何も表現していない。したがって、プロットの状態がまったく違う2組のデータについて、相関係数の値がきわめて近いということがありうる。

図 2.22 に示すように、左の直線に沿って均等に散らばっている場合と、右の偏って散らばっている場合とでは、明らかに散布状況が異なるが、相関係数は一致している。右の場合のように、点線で囲った部分が測定を誤った（測定単位を読み間違えた）値であったり、測定が偏った結果であったりした場合には、見かけの相関係数が1に近いことがある。点線で囲った部分を除いて相関係数を計算すると、はじめの場合よりもずっと小さな値になるかも知れない。相関関係は、相関係数と散布図の両方を出力して、総合的に考察する必要がある。

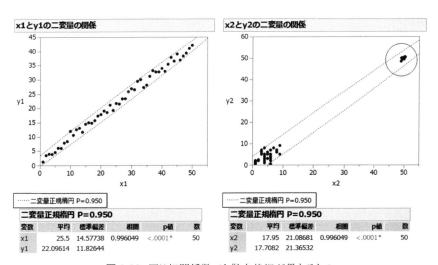

図 2.22 同じ相関係数でも散布状況が異なるもの

いくら散布図を作成して相関を発見しても，それらが論理的に結びついていないと意味がない。このような関係を**擬似相関**と呼ぶ。たとえば，小学生全体では身長と学力に正の相関がある。これは学年を無視したためで，学年別に身長と学力の関係を調べれば相関は消える。これは，学習過程と学力とに相関があり，学習過程と身体の発育に相関があり，その結果，身長と学力の間に擬似相関が現れたのである。擬似相関は層別などにより見破ることができる。

2.3.4 単回帰モデル

2つの変数間に相関関係があり，かつ一方の変数が他方の変数に影響を与えることが論理的に正しい場合は**因果関係**があるという。因果関係はデータそのものからは判断できないため，いままでの知見や常識から判断する。因果関係を想定できる場合には，原因となる変数—**説明変数**という—で，結果となる変数—**目的変数**という—を1次式で予測することを考える。図2.23を見ると，プロッ

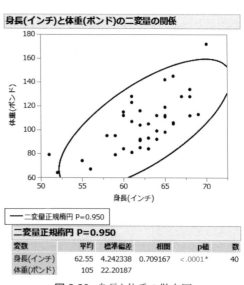

図 2.23 身長と体重の散布図

トは右上がりの直線的傾向があるので，正相関である。

いま，身長で体重を説明できるかを考える。身長と体重は測定単位が異なり，学童の身体の変動を別な尺度で測定したものと考えられ，結果と結果の関係である。変動を与える真の原因は別にあるはずであるが，少なくとも，真の原因の影響で身長が1単位増えると体重は同様の影響で平均的に何単位増えるかという現象を記述することは意味があるだろう。$x =$ 身長，$y =$ 体重とする。同じ身長の学童であれば同じ体重になるかというとそうではなく，適当なばらつきを持っている。そこで，身長で体重を説明できない部分を**残差**と呼

び，体重は残差と身長との和（線形結合）で表すことができるとするモデルを考える。これが**回帰直線**である。

$$y = b_0 + b_1 x + e \tag{2.16}$$
$$y - \bar{y} = b_1 (x - \bar{x}) + e \tag{2.17}$$

(2.16) 式が一般的に知られている回帰直線であり，JMP の出力もこの形で表示される。未知数 b_0，b_1 は**回帰係数**と呼ばれ，データから最小 2 乗法により計算される。

図 2.24 は確率楕円と回帰直線との関係を示したものである。図中の曲線はある x_0 を与えたときの残差の分布で，x_0 の値に関わらず回帰直線の値 y_0 を中心に同じ誤差 σ を持つ左右対称の正規分布に従うとする。残差の大きさはデータから回帰直線に下ろした垂線の長さであるから，回帰直線は確率楕円と上下限

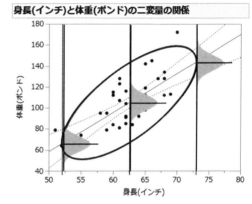

図 2.24　確率楕円と回帰直線の関係

の垂線の接点を必ず通る。また，(2.16) 式は (2.17) 式のように書くことができるため，回帰直線は $(\bar{x}, \bar{y})$ を通ることもわかる。(2.17) 式の意味は，平均身長から 1 インチ大きくなると平均体重から何ポンド重くなるかということである。大切な値は，切片 b_0 よりも傾き b_1 である。なお，傾き b_1 は

$$\begin{aligned}b_1 &= \frac{S_{xy}}{S_{xx}} = \frac{\sum (x_i - \bar{x})(y_i - \bar{y})}{S_{xx}} \\ &= \frac{\sum (x_i - \bar{x}) y_i}{S_{xx}} - \frac{\sum (x_i - \bar{x}) \bar{y}}{S_{xx}} = \frac{\sum (x_i - \bar{x}) y_i}{S_{xx}}\end{aligned} \tag{2.18}$$

として求めることができる。

図 2.25 が単回帰分析の出力である。図では**平均線**が回帰直線の 95 ％ 信頼区間内に包含されていないため，この回帰直線は統計的に意味があることを示している。これは，ちょうど図の右の"パラメータ推定値"のブロックにある身

長（インチ）のp値に対応している。p値は，帰無仮説—母集団の回帰の傾きはゼロである—が正しいとしたときに，標本から計算された回帰直線の傾き以上のものが得られる確率を示したものである。p値が0に近いということは，そのような事態が起こりえないということである。つまり，帰無仮説が間違っているので，回帰の傾きに意味があるということを統計的に示せるのである。

標準誤差は回帰係数の推定精度を表すものとして重要である。回帰係数に対して標準誤差の値が十分に小さければ，よい推定ができたと考える。

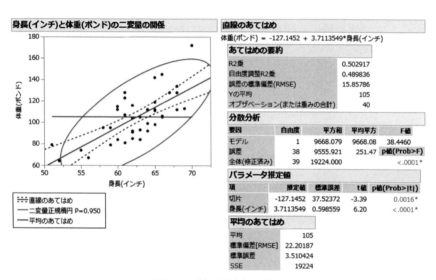

図 2.25　単回帰分析の結果

操作 2.10：回帰直線の描画

1. "身長（インチ）と体重（ポンド）の二変量の関係"の左の赤い▼をクリックして，"平均のあてはめ"をクリックする。
2. 描画された散布図の"身長（インチ）と体重（ポンド）の二変量の関係"の左の赤い▼をクリックして，"直線のあてはめ"をクリックする。
3. 図 2.25 のように，散布図に回帰直線が追加され，その下に"直線のあてはめ"や単回帰分析の結果が追加される。
4. "直線のあてはめ"の左の赤い▼をクリックし，メニューを表示させて，"回帰の信頼区間"をクリックすると，回帰直線の 95％ 信頼区間が追加される。

2.3.5 単回帰モデルの残差と診断

　得られた単回帰式が予測モデルとして妥当であるかは，残差を分析するとよい。残差平方和 S_e は n 個の残差を 2 乗して加えたものである。S_e だけ見て判断するのはどんぶり勘定であり，本質を見抜けないかも知れない。個々の残差 e_i を求めて，残差の仮定が満たされているかどうかを検討する。

[活用術] 2.8：残差の仮定

　回帰残差は，以下の 4 つの仮定が満たされている必要がある。
1. 残差の期待値はゼロである（**不偏性**）。$E(\varepsilon) = 0$
2. ε_i は互いに独立である（**独立性**）。
3. σ は x によらず一定である（**等分散性**）。
4. 残差は，平均 0，標準偏差 σ の正規分布に従う（**正規性**）。$\varepsilon_i \sim N(0, \sigma^2)$

　また，データがモデルに適合していれば残差はランダムであるが，モデルに適合していないと規則性が現れる。規則性を発見するためにはいろいろな面から検討する。このような検討を**残差診断**という。

[活用術] 2.9：残差などの性質

　単回帰分析から求まる残差や予測値には，以下のような関係が成り立つ。
1. 実測値 y と予測値 $\hat{y}$ の平均は等しい。
2. 残差の平均は 0 である。

$$\bar{e} = \sum e_i / n \equiv 0 \tag{2.19}$$

3. 実測値 y の平方和は推定値 $\hat{y}$ の平方和と残差 e の平方和に分解される。
4. 残差 e は説明変数 x および推定値 $\hat{y}$ と無関係である。

$$r_{e,x} = \frac{\sum (e_i - \bar{e})(x_i - \bar{x})}{\sqrt{S_e S_{xx}}} = 0 \tag{2.20}$$

$$\sum e_i x_i - \sum e_i \bar{x} \left(= \sum e_i x_i\right) = 0 \tag{2.21}$$

5. 実測値 y と予測値 $\hat{y}$ との相関係数は，x と y の相関係数の絶対値に等しい。
6. 実測値 y と残差 e との間には相関がある。

2.3.6　単回帰モデルの外れ値と正規性のチェック

　残差がとくに大きい観測値を**外れ値**と呼ぶ．残差が大きいかどうかは，残差が残差の標準偏差の何倍あるかで判断する．この比を t 値で表す．その計算式は省略するが，近似的に $t_i = e_i / \sqrt{V_e}$ と考えてよい．この絶対値が 2.5 以上のときは外れ値の疑いがある．n が大きいとき，t 値の大きい観測値が 1～2 個あるのは自然である．全体として外れ値かどうか，および残差の分布が正規分布から外れているかどうかを判断する．それには残差の正規分位点プロットが有効である．

　図 2.26 は残差の正規分位点プロットである．プロットは直線的傾向にあり，誤差の分布が正規分布に従っていないと判断できない．残差に外れ値があるときは，その原因を究明する．外れ値から思いがけない問題解決のヒントが得られる場合が少なくない．また，解析から除外した旨を必ず報告書に記入し，除外した個体の素性を忘れずに記述する．

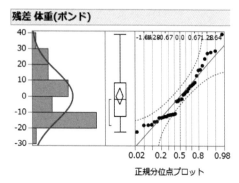

図 2.26　残差の正規分位点プロット

2.3.7　単回帰モデルのてこ比と予測残差

　実測値が得られた x_i に対する y_i の推定値を求める式は

$$\hat{y}_i = \bar{y} + b_1 (x_i - \bar{x}) = \sum_{i'} \left\{ \frac{1}{n} + \frac{(x'_i - \bar{x})(x_i - \bar{x})}{S_{xx}} \right\} y'_i \tag{2.22}$$

である．(2.22) 式の y'_i の係数を h'_{ii} と表すと

$$\hat{y}_i = \sum_{i'=1}^{n} h'_{ii} y'_i = h_{i1} y_1 + h_{i2} y_2 + \cdots + h_{ii'} y_{i'} + \cdots + h_{in} y_n \tag{2.23}$$

となる．**予測値**は実測値の線形和で表されていることがわかる．(2.23) 式から，予測値には自分自身の値とウエイト $h_{ii'} y_{i'}$ が含まれている．この値が単回

帰式を自分（実測値 i）の方向に引っ張る力となる。x_i が $\bar{x}$ から遠くにある場合，y_i の値の変化は回帰直線に大きな影響を与える。しかし，$\bar{x}$ 近くの x_j では，y_j の変化が回帰直線に与える影響は小さい。各データは残差平方和を小さくするために回帰直線を自分のほうに引きつける。中心（$\bar{x}$）から遠いデータは引きつける力が強い。このような点は回帰直線を引きつけるために，y の予測値 $\hat{y}$ の変化も大きくなる。y_i が 1 単位変化したときに $\hat{y}_i$ が変化する量を実測値 i のてこ比と呼び，記号 h_{ii} が用いられる。てこ比 h_{ii} は

$$h_{ii} = \frac{1}{n} + \frac{(x_i - \bar{x})^2}{S_{xx}} = \frac{1}{n} + \frac{u_i^2}{n-1} \tag{2.24}$$

$$\frac{(x_i - \bar{x})^2}{S_{xx}} = \frac{(x_i - \bar{x})^2}{s^2 \times (n-1)} = \frac{\{(x_i - \bar{x})/s\}^2}{n-1} = \frac{u_i^2}{n-1}$$

である。u_i は標準化スコアである。その定義から，てこ比が 1 を超えることはない。また，てこ比の最小値は説明変数の値が平均に一致したときで，$1/n$ になることもわかる。さらに，単回帰式の場合には，てこ比の合計は

$$\sum_{i=1}^{n} h_{ii} = \sum_{i} \left\{ \frac{1}{n} + \frac{(x_i - \bar{x})^2}{S_{xx}} \right\} = n \times \frac{1}{n} + \frac{S_{xx}}{S_{xx}} = 2 \tag{2.25}$$

であるから，てこ比の平均は $2/n$ であることもわかる。

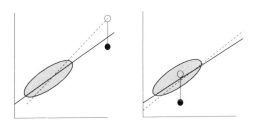

図 2.27 てこ比の影響

回帰式が実測値全体に対して適合しているかどうかを調べるには，個々の残差（モデルからの乖離）とてこ比（モデルへの影響力）について吟味する。n 個のてこ比の中に際立って大きなものがあると，その実測値が回帰直線の推定に大きな影響を与え，そのデータを除くと回帰式が大きく変化する危険性がある。

ある実測値 i を除いて回帰式を求め，その式で求めた i の推定値と実際の値との差を**予測残差** e_i^* と呼ぶ．予測残差は残差とてこ比から $e_i^* = e_i/(1 - h_{ii})$ で計算できる．予測残差の 2 乗和を**予測平方和 PSS** と呼び，回帰式の良さを評価する基準の 1 つとなる．

操作 2.11：残差の検討

1. 回帰直線を描画し，散布図の下の"直線のあてはめ"の左の赤い▼をクリックし，メニューを表示させて，"残差プロット"をクリックすると，図 2.28 の残差プロットなどが追加される．
2. "直線のあてはめ"の左の赤い▼をクリックし，メニューを表示させて，"残差の保存"をクリックすると，残差が変数名"残差 体重（ポンド）"としてデータテーブルに保存される．
3. "分析 (A)"メニューの"一変量の分布"を使い，"残差 体重（ポンド）"のヒストグラム，箱ひげ図と正規分位点プロットを描画させる（図 2.26）．

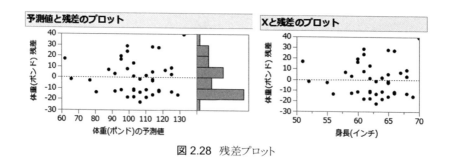

図 2.28 残差プロット

練習問題 2.1：単回帰分析

「Decathlon」[S]（十種競技）を JMP に読み込み，目的変数をスコア，説明変数を各競技の成績として，図 2.29 のような単回帰分析を行え．また，図の 100 mでは統計的に単回帰式が意味のあるものと認識されたが，100 m ハードルではそうでない．本当に 100 m ハードルはスコアに影響を与えない競技と結論づけてよいか，見解を述べよ．

2章 モニタリング　47

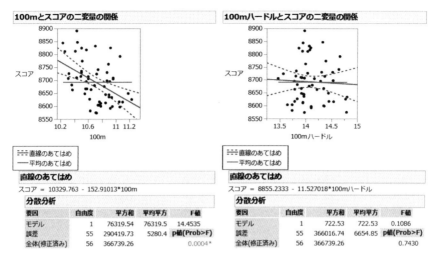

図 2.29　100mとスコア，100mハードルとスコアの単回帰分析結果

2.4　二変量の関係（2）―共に質的変数の場合―

　今度は，質的な"二変数の関係"の強さを調べる。方法として，**モザイク図**や**クロス集計表**などを紹介する。扱うデータは「Car Poll」[S]を使う。ここでは，質的変数同士の関連の強さを独立性という観点から評価するが，独立とは量的変数間の無相関に対応する言葉であり，無相関＝独立と考えてよい。2つの変数が独立かどうかは独立性の検定により判断する。

2.4.1　クロス集計とモザイク図

　JMPを起動し，「Car Poll」を読み込む。このファイルの変数は年齢以外すべて名義尺度である。図2.30は5つの名義尺度の棒グラフである。生産国のグラフで日本をクリックし，他のグラフで選択された領域を調べてみる。サイズでは小型が，タイプではスポーツが，日本車の占める割合が多いように思われる。しかし，性別では日本車の占める割合に違いはないように思われる。

　このように，質的な2変数の関連性の有無は，ある変数のカテゴリ比率が，別の変数のカテゴリによって変化したり，しなかったりすることに着目してい

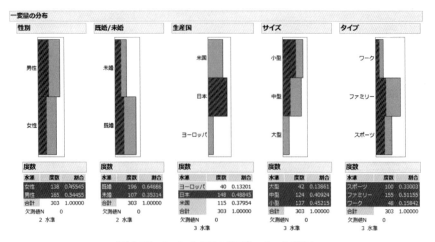

図 2.30 Car Poll（車の調査）のヒストグラム

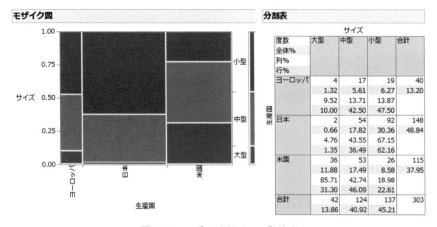

図 2.31 モザイク図とクロス集計表

ることがわかる。たとえば，生産国と車のサイズでみてみよう。

図 2.31 左は**モザイク図**と呼ばれるグラフである。横軸のカテゴリが車の生産国を表し，縦棒グラフの幅がその構成比率を表している。縦軸のカテゴリは生産国別のサイズの構成比率を表している。モザイク図の右端の帯グラフは，生産国の情報を無視したサイズの構成比率である。

このアンケートに答えた 303 人においては，日本車の構成比率に着目する

と，大型を所有している人の比率はきわめて少なく，中型が 30 %強，小型が 60 %強であることがわかる。また，米国車では大型が 30 %強，中型が 50 %弱と反応パターンが逆になっていることがわかる。

モザイク図からは大まかな傾向が読み取れる。それを数値として表にしたものが図 2.31 右の**クロス集計表**である。クロス集計表は二元分割表とも呼ばれる。2 つの変数のカテゴリ組み合わせのマス目を**セル**という。JMP の初期値では，各セルには度数，全体比率，列比率，行比率の 4 つの値が表示される。行および列の最後のセルの度数を**周辺度数**，構成比率を**周辺比率**という。なお，"分割表" の左の赤い▼をクリックすると，"期待値"，"偏差"，"セルのカイ 2 乗" の値を追加できる。このメニューのコマンド機能を以下に示す。

度数	：セルの度数，行/列の周辺度数，合計度数
全体%	：セルの度数，行/列の周辺度数が合計度数に占める割合
列%	：セルの度数が列の周辺度数に占める割合
行%	：セルの度数が行の周辺度数に占める割合
期待値	：2 変量が独立との仮定下で計算された各セルの期待度数（E） （対応する行合計と列合計の積を全体合計で割った値）
偏差	：実際のセル度数（O）から期待値（E）を引いたもの （独立性の仮説から外れた値）
セルのカイ 2 乗	：$(O-E)^2/E$ で求めた各セルのカイ 2 乗 （この総和がピアソンのカイ 2 乗）

活用術 2.10：モザイク図の見かた
- 横軸の変数のカテゴリ比率が柱の幅に対応する
- 縦軸の変数のカテゴリ比率がモザイク図の右端にある帯グラフに対応する
- 2 つの変数のカテゴリ組み合わせ―セル―比率がモザイク図中の面積に対応する

なお，質的変数のグラフでは出力結果をアルファベットなどの文字列の順番で表示するため，カテゴリの名前によっては分析意図にそぐわない順番でカテゴリが並ぶことがある。このような場合には，カテゴリの並べ替えを行うとよい。

操作 2.12：カテゴリの並べ替え
1. グラフで表示されるカテゴリの順番を変更するために，データテーブルの変数

名を右クリックして，メニューの"列プロパティ"から"値の順序"をクリックする．
2. 表示されたウインドウ（図2.32）で，"上へ移動"ボタン，"下へ移動"ボタンを使い，カテゴリの表示順番を決める．
3. "OK"ボタンをクリックし，モザイク図などを描画する．

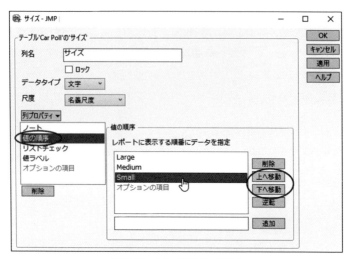

図 2.32 カテゴリの並べ替え

注）計算式で設定されている変数の並べ替え

　　この場合はカテゴリの並べ替えができない．並べ替えを行うには，テーブルパネルの列のブロックから，変数名の右にある"＋"ボタンをクリックし，計算式ウインドウを表示させる．ウインドウ上の"クリア"ボタン ✖ をクリックし，計算式を消去する．次いで"OK"ボタンをクリックする．これで，計算式から値への変換が終了する．その後，操作2.12を行う．

操作 2.13：モザイク図とクロス集計表
1. "分析(A)"メニューの"二変量の関係"をクリックする．
2. 表示されたウインドウで，"列の選択"から"生産国"を選択して，"X，説明変数"をクリックする．
3. 表示されたウインドウで，"列の選択"から"サイズ"を選択して，"Y，目的変数"をクリックし，"OK"ボタンをクリックする．
4. モザイク図，クロス集計表や独立性の検定結果が出力される．

2.4.2 独立性と関連性

モザイク図やクロス集計表を確認したら，**独立性の検定**を行う。図 2.33 が JMP の結果である。JMP では，クロス集計表の独立性を検定する方法として，尤度比検定とピアソン検定―図では Pearson と表示―が出力される。検定方法は後回しにして，2 つの変数の独立性について考える。

図 2.33 独立性検定と尤度比検定

2 つの質的な変数において重要な問題は，独立かどうかということである。生産国という層別因子で，車のサイズを生産国別に層別しても，層別前と構成比率が変わらないとき，両者は独立であるという。もし，これらの構成比率が生産国別に異なっていれば，車のサイズ，たとえば小型車は日本車とより深く関連する傾向があるといえる。

もちろん，標本抽出の際の偶然的な要因や，その他の一定しない原因によって，生産国別の構成比率が多少異なるということは考えられる。したがって，得られたデータの観測比率の違いが，上に述べたような原因によって起きた比率の違いよりも，あまりにも大きいかどうかを確かめる ―必然性あるいは普遍性の確認― 必要がある。

操作 2.14：出力した統計量の桁数の変更
1. 統計量を表示している任意の領域をダブルクリックする。たとえば，図 2.33 の p 値 (Prob ＞ ChiSq) の値＜.0001＊をダブルクリックする。
2. 数値の表示形式ウインドウが表示され，現在の設定の形式―ここでは p 値とフィールド幅（8 桁）―が表示されている（図 2.34）。
3. "形式"の p 値をクリックして，リストから"最適"を選択する。
4. 必要であれば，フィールド値を 8 から適当な値に変更する。
5. "OK"ボタンをクリックする。

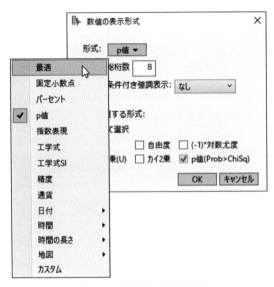

図 2.34 統計量の桁数変更

2.4.3 ピアソンのカイ 2 乗検定（独立性検定）

表 2.3 のクロス集計表の記号について説明を加える．質的変数を表す要因―アイテムともいう―は，A，B といったようにアルファベットの大文字を使うのが一般的である．要因はいくつかのカテゴリ―水準―に分かれ，(A_i, B_j) に属するサンプルの個数は n_{ij} 個ある．また，表の周辺和，総和は

$$n_{i+} = n_{i1} + n_{i2} + \cdots + n_{ij} + \cdots + n_{ib} = \sum_{j=1}^{b} n_{ij} \tag{2.26}$$

$$n_{+j} = n_{1j} + n_{2j} + \cdots + n_{ij} + \cdots + n_{aj} = \sum_{i=1}^{a} n_{ij} \tag{2.27}$$

$$n = n_{11} + n_{12} + \cdots + n_{ij} + \cdots + n_{ab} = \sum_{i=1}^{a} \sum_{j=1}^{b} n_{ij} \tag{2.28}$$

と表す．表で興味があるのは，行と列に関連があるか，行によって列の発生頻度が違うかどうかであり，全体を 1 に標準化したほうがわかりやすい．そこで，発生確率を比較する．

2 章　モニタリング　53

表 2.3 クロス集計表

	B_1	B_2	$\cdots$	B_j	$\cdots$	B_b	計
A_1	n_{11}	n_{12}	$\cdots$	n_{1j}	$\cdots$	n_{1b}	n_{1+}
A_2	n_{21}	n_{22}	$\cdots$	n_{2j}	$\cdots$	n_{2b}	n_{2+}
$\vdots$	$\vdots$	$\vdots$		$\vdots$		$\vdots$	$\vdots$
A_i	n_{i1}	n_{i2}	$\cdots$	n_{ij}	$\cdots$	n_{ib}	n_{i+}
$\vdots$	$\vdots$	$\vdots$		$\vdots$		$\vdots$	$\vdots$
A_a	n_{a1}	n_{a2}	$\cdots$	n_{aj}	$\cdots$	n_{ab}	n_{a+}
計	n_{+1}	n_{+2}	$\cdots$	n_{+j}	$\cdots$	n_{+b}	n

表 2.4 クロス集計表の確率

	B_1	B_2	$\cdots$	B_j	$\cdots$	B_b	計
A_1	p_{11}	p_{12}	$\cdots$	p_{1j}	$\cdots$	p_{1b}	p_{1+}
A_2	p_{21}	p_{22}	$\cdots$	p_{2j}	$\cdots$	p_{2b}	p_{2+}
$\vdots$	$\vdots$	$\vdots$		$\vdots$		$\vdots$	$\vdots$
A_i	p_{i1}	p_{i2}	$\cdots$	p_{ij}	$\cdots$	p_{ib}	p_{i+}
$\vdots$	$\vdots$	$\vdots$		$\vdots$		$\vdots$	$\vdots$
A_a	p_{a1}	p_{a2}	$\cdots$	p_{aj}	$\cdots$	p_{ab}	p_{a+}
計	p_{+1}	p_{+2}	$\cdots$	p_{+j}	$\cdots$	p_{+b}	1

表 2.3 の頻度から，全体が 1 になるように確率 $p_{ij} = n_{ij}/n$ で表現したものが表 2.4 である．検定のために，2 つの背反な仮説を考える．

$$\text{帰無仮説 } H_0：\text{すべての } i \text{ と } j \text{ に対して } p_{ij} = p_{i+} \times p_{+j} \tag{2.29}$$

$$\text{対立仮説 } H_1：\text{ある } i \text{ と } j \text{ に対して } p_{ij} \neq p_{i+} \times p_{+j} \tag{2.30}$$

帰無仮説 H_0 は「行と列に関連がない」であり，(2.29) 式からわかるように，独立性の仮説と呼ぶ．一方，**対立仮説** H_1 は「行と列に何か関連があり，行と列とは独立ではない」ことを意味している．独立性の検定を行うために，**期待度数** m_{ij} を計算する必要がある．これは，帰無仮説が成り立つとき，全部で n 個の個体を取ってくると，(A_i, B_j) にはいったい何個が属するかを推定した値である．周辺確率の自然な推定量は

$$\tilde{p}_{i+} = \frac{n_{i+}}{n}, \quad \tilde{p}_{+j} = \frac{n_{+j}}{n} \tag{2.31}$$

であるから

$$\tilde{p}_{ij} = \tilde{p}_{i+} \times \tilde{p}_{+j} = \frac{n_{i+}}{n} \times \frac{n_{+j}}{n} = \frac{n_{i+}\, n_{+j}}{n^2} \tag{2.32}$$

と推定する．これより，期待度数は

$$m_{ij} = n \times \tilde{p}_{ij} = \frac{n_{i+}\, n_{+j}}{n} \tag{2.33}$$

と求めることができる．期待度数は，分割表メニューの"期待値"をクリックすると表示できる．図 2.35 のセル内 2 段目にその値を示す．

帰無仮説が成り立っているときには，データ n_{ij} と期待度数 m_{ij} が近い値となることが予想されるから，データと期待度数との残差を測る統計量として，

以下のカイ 2 乗 χ_0^2 値を用いる。

$$\chi_0^2 = \sum_{i=1}^{a} \sum_{j=1}^{b} \frac{\left(n_{ij} - m_{ij}\right)^2}{m_{ij}} \tag{2.34}$$

この χ_0^2 は，帰無仮説が成り立っているときは，**自由度** $df = (a-1)(b-1)$ のカイ 2 乗分布に近似的に従うことが知られている。自由度は，周辺度数が固定されているという制約があるために $(a-1)$ と $(b-1)$ の積になる。χ_0^2 は図 2.35 のセル内 4 段目の値の総和 66.313 である。自由度 $df = 4$ と p 値，$\Pr\left(\chi_0^2 \geq 66.313\right) \leq 0.001$ —カイ 2 乗分布の**上側確率**で，帰無仮説の下で χ_0^2 値以上を持つ確率— により高度に有意であることがわかる。

分割表

	サイズ			
度数 期待値 偏差 セルのχ^2	中型	大型	小型	合計
ヨーロッパ	17 16.3696 0.63036 0.0243	4 5.54455 -1.5446 0.4303	19 18.0858 0.91419 0.0462	40
日本	54 60.5677 -6.5677 0.7122	2 20.5149 -18.515 16.7098	92 66.9175 25.0825 9.4016	148
米国	53 47.0627 5.93729 0.7490	36 15.9406 20.0594 25.2425	26 51.9967 -25.997 12.9975	115
合計	124	42	137	303

図 2.35 実度数，期待度数など

これらは，図 2.33 の検定のブロックの Pearson のところに表示された数値である。以上から，統計的にも日本車と米国車のサイズの構成比率は異なっており，北米市場での得意不得意がはっきりしていることがわかる。尤度比検定は最尤法に基づいた検定であるが，ピアソンのカイ 2 乗検定とほぼ同様な結論が得られる。尤度比は 7 章の決定分析（パーティション）でも使われる統計量である。

2.4.4 質的変数の連結

「Car Poll」では，質的変数がいくつかあった。車のタイプと車のサイズの組み合わせと生産国とのクロス集計を行いたい場合には，どうすればよいだろうか。1 つの方法は，車のタイプで層別したときの車のサイズと生産国のクロス集計表を出力させることである。

別の方法としては，新たに車のタイプと車のサイズを組み合わせた変数—タイプ&サイズ—を作り，タイプ&サイズと生産国とのクロス集計表を作成することである．図 2.36 はタイプ&サイズと生産国とのモザイク図である．この独立性の検定では，期待度数が少ないセル数が多いために，カイ 2 乗分布の近似が悪くなっている．このため JMP から警告が表示されているので，解釈は控えめに行うか，タイプ&サイズのカテゴリ併合などの処理を行うべきであろう．

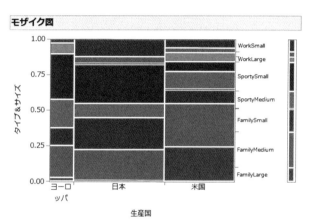

図 2.36　生産国とタイプ&サイズのモザイク図

操作 2.15：計算式の活用による変数の追加
1. "列 (C)"メニューの"列の新規作成"をクリックして，ウインドウを表示させる．
2. ウインドウの"列名"の枠内にある"列 7"の背景が反転していることを確認して，"タイプ&サイズ"と入力して，新たな変数名とする．
3. ウインドウの"データタイプ"の"数値"をクリックして，リストから"文字"をクリックする．
4. ウインドウの"列プロパティ"をクリックして，リストから"計算式"をクリックする．
5. 表示された計算ウインドウの"関数（グループ別）"のリストにある"文字"を選択し，リストから"Concat"をクリックする．
6. ウインドウ下側に計算式 ▢‖▢ が表示される．
7. 先頭の内側の ▢ をクリックして，四角が青になっていることを確認したら，ウインドウの"テーブル列"から"タイプ"をクリックし，タイプ‖▢ に変わったことを確認する．
8. 後部の ▢ をクリックし，7 と同様の操作で"サイズ"を追加する．

9. 計算式が タイプ ∥ サイズ になったことを確認したら，"OK"ボタンをクリックする（2.4.1にある注も参照のこと）．
10. "列の新規作成"ウインドウも"OK"ボタンをクリックして閉じると，データグリッドに新しい変数が作られる．

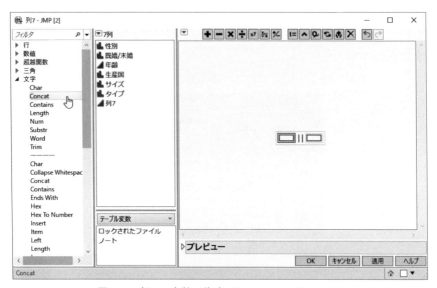

図 2.37　新しい変数の作成のための 2 つのウインドウ

操作 2.16：By 機能による層別された 2 変数の分析
1. "分析 (A)"メニューから"二変量の関係"をクリックして，ウインドウを表示させる．
2. "列の選択"から"生産国"を選択し，"X，説明変数"ボタンをクリックする．
3. "列の選択"から"サイズ"を選択し，"Y，目的変数"ボタンをクリックする．
4. "列の選択"から"タイプ"を選択し，"By"ボタンをクリックする．
5. "OK"ボタンをクリックすると，タイプ別の生産国と車のサイズの分析結果が表示される．

練習問題 2.2：クロス集計表の分析
「Car Poll」[S] を読み込み，以下の設問に答えよ．
1. 既婚/未婚とサイズでクロス集計表の分析を行い，考察せよ．
2. 性別とサイズでクロス集計表の分析を行い，考察せよ．

3. 既婚/未婚&性別という新たな変数を作り，タイプ&サイズとクロス集計表の分析を行い，考察せよ。

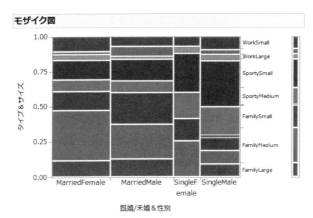

図 2.38 練習問題 2.2-3 のモザイク図

注) 計算結果が表示されない

計算式の結果がデータグリッドに表示されない場合は，テーブルパネルのタイトルの"Car Poll"の左にある赤い▼をクリックしてメニューを表示させると，"自動評価しない"の前にチェックが入っているはずである。"自動評価しない"をクリックして，チェックを外してみよう。

2.4.5 クロス集計表とバブルチャート

アンケート調査では，5 段階や 7 段階の評点尺度が使われることが多い。たとえば，「部下の上司評価」[U] を読み込んでみよう。この種のデータは本来，順序尺度であるが，連続尺度として扱われることが多い。その際，変数の関係をグラフにするには散布図（図 2.39）は適さない。複数のデータが同じ座標にプロットされ，分布の様子がよくわか

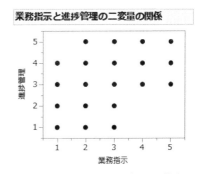

図 2.39 アンケート調査データの散布図

らなくなるからである．このような場合には，グラフとしてバブルチャートを，表としてクロス集計表を活用する．

図 2.40 は同じデータを左にバブルチャートで，右にクロス集計表で表示したものである．印象が全然違うことに驚かれたと思う．グラフは伝える意図が反映されるものを選択したいものである．

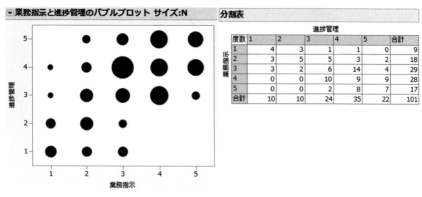

図 2.40 バブルチャートとクロス集計表

操作 2.17：バブルチャート

1. JMP を起動し，「部下の上司評価」^{U} を読み込む．
2. "分析 (A)" メニューから "表の作成" をクリックして，ウインドウを表示させる．
3. リストから "業務指示" をドラッグして， "行のドロップゾーン" にドロップする．
4. 同様に，リストから "進捗管理" をドラッグして，右のテーブルの "業務指示" の右にドロップする．
5. "完了" ボタンをクリックして， "表の作成" の左の赤い▼を選択して， "データテーブルに出力" をクリックする．
6. 表示されたデータウインドウをアクティブにして， "グラフ (G)" メニューから "バブルチャート" をクリックする．
7. 表示されたウインドウで， "列の選択" から "進捗管理" を選択して， "Y" ボタンをクリックする．次いで， "列の選択" から "業務指示" を選択して， "X" ボタンをクリックする．さらに "列の選択" から "N" を選択して， "サイズ" ボタンをクリックし， "OK" ボタンをクリックするとバブルチャートが表示される．
8. 描画されたバブルチャートの下にある "円のサイズ" のスライダーを動かすこ

とでバブルの大きさを変更できる。

2.5 二変量の関係（3）－量質混合の場合－

ここでは，「Big Class」[S] や「電子部品 A」[U] などを使い，説明変数が質的で目的変数が量的な分析と，その逆で説明変数が量的で目的変数が質的な分析について，その違いを述べる。前者は**平均の差の t 検定**や**分散分析**の話であり，後者は**ロジット回帰分析**の話である。

2.5.1 平均に関する分析 －質的な説明変数と量的な目的変数－

「Big Class」のデータでは，男子の身長と女子の身長に差があるように思われた。男子か女子かは確率的なものではなく，あらかじめわかっている。このとき，身長の変動を使い，ある閾値で区切ったときに，性別によって身長の違いが明瞭となるか調べよう。

操作 2.18：2 群の平均の差の検定
1. 「Big Class」[S] を読み込み，"分析 (A)" メニューの "二変量の関係" をクリックする。
2. 表示されたウインドウの "列の選択" から "身長（インチ）" を選択し，"Y, 目的変数" ボタンをクリックする。
3. 同様に "列の選択" から "性別" を選択し，"X, 説明変数" ボタンをクリックし，"OK" ボタンをクリックする。
4. 出力ウインドウの "性別による身長（インチ）の一元配置分析" の左の赤い▼をクリックし，メニューを表示させる。
5. メニューの "分位点"，"平均/Anova/プーリングした t 検定" を次々クリックし，メニューの "平均の比較" から "各ペア，Student の t 検定" をクリックする。
6. メニューの "正規分位点プロット" から "分位点-実測値プロット" をクリックする。
7. メニューの "表示オプション" から "点の拡散"，"ヒストグラム"，"平均をつなぐ" をクリックする。
8. グラフの "ペアごと，Student の t 検定" の一方の円をクリックする。

図 2.41 は，性別によって身長の違いがあるかどうかをグラフで表示したも

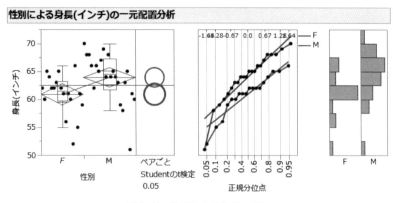

図 2.41 性別による身長の違い

のである。左側にはカテゴリで層別された**ドットプロット**，箱ひげ図と**ひし形プロット**が重ねて表示されている。

ドットプロットでは，同じ値を持つ個体は同じ位置に点が重なるため，操作 2.18-7 の点の拡散を使い，点の位置をずらして表示させている。

緑色で表示されるひし形プロットからは，各カテゴリの平均の違いが視覚的に理解できる。ひし形の縦の長さは，各カテゴリの母平均の 95％ 信頼区間を表しており，中央の横線がカテゴリの標本平均である。ひし形の幅が各カテゴリの相対的な個体数と対応している。これにより，各カテゴリの比率が一目で判断できる。

ひし形プロットと箱ひげ図により M（男子）の身長の母平均が大きいことがわかるが，統計的に有意かどうかはわかりにくい。そこで，その右隣にある**比較楕円**を利用する。比較楕円の円の中心がカテゴリの標本平均を表している。円の直径は母平均の 95％ 信頼区間を表しているため，ひし形プロットと一致している。比較楕円の見かたは，円が重なっていなければカテゴリの母平均に有意な差があることがわかる。ただし，円が重なっている場合でも，比較楕円の交わる角度が 90 度以上で，浅い場合には，有意な差があると判断する。

また，比較楕円では，M（男子）の円をクリックすると，男子を表す円が赤くなる。しかし，F（女子）の円の色は変化しない。このような場合には，M（男子）と F（女子）のカテゴリの母平均には有意差があることを示している。有意な差が認められない場合には，共に円の色が変化する。

操作 2.18 により，比較楕円の右隣には正規分位点プロット，右端には層別ヒストグラムが表示される。なお，カテゴリ数が 3 以上の場合でも同様なグラフの見かたで有意性を判断できる。JMP では，単純なカテゴリ間の比較だけでなく，多重比較を行うこともできるが，ここでは触れない。JMP のヘルプや参考文献をあたってほしい。

グラフから男子と女子の身長の母平均には有意な差があることがわかった。有意な差について少し考えてみよう。性別による身長の違いを示す指標は，平均の差 $\overline{x}_M - \overline{x}_F$ である。添字で女子か男子かを表す。平均の差という概念はきわめて単純であるが，差は 2 群の変動に依存するだけでなく，測定単位に依存するという欠点を持っている。

つまり，平均の差と変動の大きさとを何らかの方法で関連づけなければ，その差 3.02 インチが大きな差なのかどうか判断できない。

ここで，**標準化変数 D** を考える。この距離は，互いの群平均からの変動をプールして計算した標準偏差で割ったものとして定義される。すなわち

$$D = (\overline{x}_M - \overline{x}_F)/s \tag{2.35}$$
$$\text{ここに，} s = \sqrt{(S_M + S_F)/(n_M + n_F - 2)}$$

図 2.42 の出力を見よう。"プーリングした t 検定"のブロックにある差の値 3.02 が平均の差で，"あてはめの要約"にある誤差の標準偏差（RMSE）の値 4.012 がプールした標準偏差 s である。その比である標準化距離 D は，JMP では出力されていないが，計算すると 0.753 である。

t 検定は，平均に関する標準誤差で考える。分散の加法性から $1/\sqrt{1/n_M + 1/n_F}$ を掛ける。0.753 に $1/\sqrt{1/n_M + 1/n_F}$ を掛けた t 値は，"プーリングした t 検定"のブロックにある t 値 2.37 である。t 値の下にある自由度が誤差の自由度を表しており，全体 $n = 40$ から 2 を引いた値 38 になっている。その下の **p 値** (Prob > |t|) 0.023 が，この問題—両側検定における t 値が 2.37 以上となる確率—の有意確率であり，5 % 有意であることがわかる。つまり，男子と女子の身長の母集団平均に差があることを統計的に示せた。

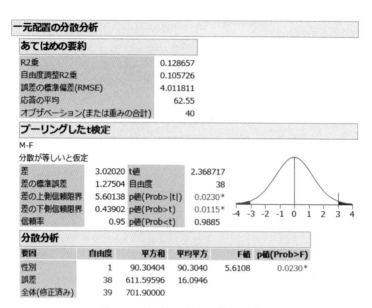

図 2.42 母平均の差の t 検定の結果

[練習問題] 2.3：Big Class の平均の差

「Big Class」のデータから，性別と体重で平均の差の t 検定を行え。体重の平均の差は 7.374 ポンドと，身長の平均の差 3.02 インチよりも大きいのに，有意な差が認められない。その理由を考えよ。

2.5.2　ロジット分析（1）—量的な説明変数と質的な目的変数—

「電子部品 A」[U] のデータには，部品の寸法と品質 —良品と不良品— の情報などが入っている。どの部品寸法が品質に影響を与えているのか調べる。この問題は，部品の寸法によって良品であったり不良品であったりするので，結果が質的な変数である。一方，「Big Class」の問題では，結果は量的な変数であり，それを層別して判断するために原因に質的な変数を用いた。

[操作] 2.19：ロジット回帰分析

1. 「電子部品 A」[U] を読み込み，"分析 (A)"メニューの"二変量の関係"をクリックする。
2. 表示されたウインドウの"列の選択"から"品質"を選択し，"Y, 目的変数"ボ

タンをクリックする。
3. 同様に，“列の選択”から“中幅”を選択し，“X，説明変数”ボタンをクリックし，“OK”ボタンをクリックする。

図 2.43 は，部品寸法の中幅を横軸に，不良の確率を縦軸にして，良品と不良品の境界を S 字曲線で求めたものである。この曲線を**ロジット曲線**という。ロジット曲線は，説明変数 x の連続関数によって目的変数 y の分割が変化する様子を表している。曲線で区切られた距離が，あるカテゴリが生じる確率を表している。S 字曲線の傾きが急であるほど，x が y を説明する力が強いことを表している。

図 2.43　中幅と品質の関係

図 2.43 から，中幅の長さによって品質の良し悪しが左右されることがわかる。このロジットモデルのデータへの当てはまり具合を評価したものが，

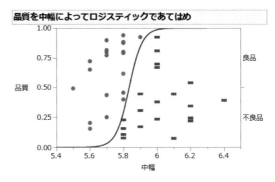

モデル全体の検定

モデル	(-1)*対数尤度	自由度	カイ2乗	p値(Prob>ChiSq)
差	17.390793	1	34.78159	<.0001*
完全	10.335094			
縮小	27.725887			

R2乗(U)	0.6272
AICc	24.9945
BIC	28.0479
オブザベーション(または重みの合計)	40

パラメータ推定値

項	推定値	標準誤差	カイ2乗	p値(Prob>ChiSq)
切片	-150.11778	57.571045	6.80	0.0091*
中幅	25.7303892	9.8996249	6.76	0.0093*

推定値は次の対数オッズに対するものです：不良品/良品

図 2.44　ロジット回帰分析の結果

図 2.44 の出力である。“パラメータ推定値”のブロックを見よう。推定値は，x = 中幅 としたときに不良確率を求めるロジット曲線の係数である。ロジット曲線は (2.36) 式で表され，指数関数の中が 1 次式になっている。係数の推定は，非線形モデルのため，最小 2 乗法ではなく最尤法により計算される。この計算はコンピュータ無しにはできない複雑なものであり，本書では説明しな

い。特別な工夫が必要なものの，指数関数内の単回帰式を算出していると理解してほしい。

$$\hat{p} = 1/\{1 + \exp(-z)\} \tag{2.36}$$
$$z = -150.11778 + 25.7303892x \tag{2.37}$$

標準誤差は，得られた係数が持つ誤差の大きさを表したものである。この値も最尤法の計算過程で得られるものである。**カイ2乗**は係数と標準誤差の比の2乗である。中幅の傾きのカイ2乗は

$$\chi_0^2 = (25.303892/9.8996249)^2 = 6.76 \tag{2.38}$$

と計算できる。カイ2乗は，帰無仮説 ―母集団の中幅の傾きは0である― が真であるとしたときの乖離を表す指標で，これが自由度1の**カイ2乗分布**に従うことを利用して検定する。p値 (Prob > ChiSq) の値 0.0093 から1%有意であることがわかる。つまり，この傾きに統計的意味がある。知見として，中幅により電子部品 A の品質のでき ―良品か不良品か― が左右される。

モデルが統計的に支持されたので予測を行う。良品か不良品かを誤って判断するリスクを 1/2 とすると，図 2.45 の一番下の行の予測値 5.83 である。しかし，これでは不良品を良品と判断すると社会的に大きな損失を被ることから，大変危険である。また，点推定だけでなく，(2.37) 式の推定誤差も考慮すると，中幅の値は確率 0.05 のときの下側限界 5.37 以下にする必要があるだろう。

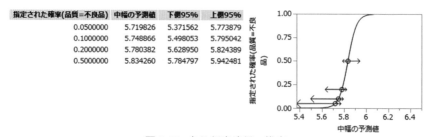

図 2.45 良品判定境界の推定

操作 2.20：ロジット回帰モデルの逆推定
1. ロジスティック判別の出力ウインドウの"品質を中幅によってロジスティックであてはめ"の左にある赤い▼をクリックする。

2. メニューの"逆推定"をクリックすると，図 2.46 が表示される。
3. 逆推定する確率を □ に入力し，"実行"ボタンをクリックする。

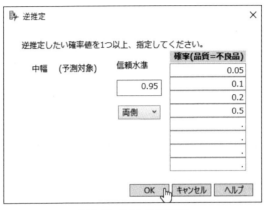

図 2.46 JMP の逆推定

[練習問題] 2.4：電子部品 A のロジット回帰分析
「電子部品 A」[U] のデータから，中幅以外に品質に影響を与えるものがあるか調べよ。

[活用術] 2.11：グラフ上での点推定
点推定であれば，グラフ上で簡単にできる。"ツール (O)"メニューにある"十字ツール"をクリックして，ロジット曲線のグラフにカーソルを移動すると，カーソルは十字になる。任意のロジット曲線上でクリックすると，その点の (x, y) 座標の値が表示される。こうして，おおよその点推定や逆推定ができる。

2.5.3　ロジット分析（2）―量的な説明変数と多値の目的変数―

2.5.2 では，目的変数が良品か不良品かの 2 値のデータであった。今度は，目的変数が名義尺度（多値）で与えられている場合 ―**名義ロジット回帰分析**― である。「Car Poll」[S] を使う。目的変数 y にサイズとタイプを指定し，説明変数 x に年齢を指定して，ロジット曲線を描画させると，図 2.47 が得られる。

図左の年齢とサイズのロジット曲線から，年齢が高くなるにつれて，小型よ

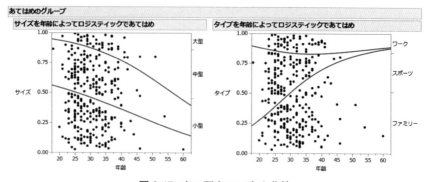

図 2.47　車の調査のロジット曲線

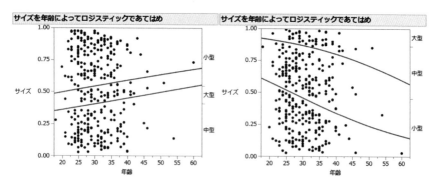

図 2.48　順序尺度にした場合：累積ロジット曲線
（左：カテゴリ順序の誤り例，右が正しい順序）

りも中型，中型よりも大型と，大きなサイズの車を志向する度合いが強まることがわかる。また，2つの曲線は切片が異なるが，ほぼ平行で，同じ曲線の形をしていることがわかる。

　図右の年齢とタイプのロジット曲線から，年齢が高くなるにつれて，スポーツタイプの車を志向するよりも，ファミリータイプの車を志向する度合いが非常に強くなることがわかる。ワークタイプの車を志向する度合いは年齢の影響をあまり受けないが，40歳あたりでピークを迎えている。年齢以外の要因の影響によって傾向がつかめる可能性を示唆している。たとえば，自営業とか経済的要因など。いずれにせよ，2つのロジット曲線の形は大きく異なることがわかる。このような場合には，説明変数が異なった影響をもたらしていること

パラメータ推定値				
項	推定値	標準誤差	カイ2乗	p値(Prob>ChiSq)
切片[小型]	3.86919432	0.9319369	17.24	<.0001*
年齢[小型]	-0.0853303	0.0284633	8.99	0.0027*
切片[中型]	3.10985896	0.9219888	11.38	0.0007*
年齢[中型]	-0.0635759	0.0279233	5.18	0.0228*

推定値は次の対数オッズに対するものです：小型/大型, 中型/大型

パラメータ推定値				
項	推定値	標準誤差	カイ2乗	p値(Prob>ChiSq)
切片[小型]	1.32659495	0.5753103	5.32	0.0211*
切片[中型]	3.38269929	0.6073713	31.02	<.0001*
年齢	-0.0498772	0.0184198	7.33	0.0068*

図 2.49　パラメータ推定の違い（上：名義ロジット，下右：順序ロジット）

がわかる。

　次に，サイズについて順序を考慮した分析 ―累積ロジット回帰分析― を行う。サイズの尺度を"順序尺度"に変更して再分析する。このとき JMP では，カテゴリが数字ではなく文字列の場合には，アルファベットなどコンピュータ内の文字コード順に順序がつけられてしまうので，操作 2.12 によりカテゴリの順番を指定しておく必要があるので注意しよう。図 2.48 左がカテゴリの順番を誤って分析した例であり，右が正しい順序で分析した例である。

　図 2.47 左と図 2.48 右はほぼ同じ曲線に見えるが，図 2.48 右では同じ S 字曲線を左右に移動させた曲線群になっている。これを示しているのが，図 2.49 のパラメータ推定値の表示である。

　名義ロジット回帰分析の場合には，それぞれのカテゴリ境界で別々のパラメータ推定を行う。すなわち

$$\begin{cases} \log(p_1/p_3) = a_1 + b_1\,x \\ \log(p_2/p_3) = a_2 + b_2\,x \end{cases} \tag{2.39}$$

であり，ロジットの世界で交互作用があるモデルであり，切片も傾きも異なる。

　一方，累積ロジット回帰分析の場合には，切片だけが異なるモデルによるパラメータ推定になっている。すなわち

$$\begin{cases} \log\big(p_1/(p_2 + p_3)\big) = a_1 + b_1\,x \\ \log\big((p_1 + p_2)/p_3\big) = a_2 + b_1\,x \end{cases} \tag{2.40}$$

である。

注）ロジット回帰分析を行う場合

　　データが表 2.5 のように与えられた場合に，ロジット回帰分析を行うには，
データテーブルを表 2.6 のように作成する。
　　また，変数選択ウインドウでは，"列の選択"から"度数"を選択して，"度
数"ボタンをクリックする。このようにして，必ず度数指定を行う。

表 2.5　評価が度数で与えられた

X	Y		
	上	中	下
1	10	5	1
2	5	6	3
3	4	7	6
4	1	4	10

表 2.6　JMP データ

2.6　多変量の関係

　散布図を描画したとき，第 3 の変数により層別してみると思わぬ結果やアイ
デアが生まれる場合がある。ここでは，層別散布図によるモニタリングや，多
変量での外れ値の検出方法について紹介する。

2.6.1　層別散布図

　「Big Class」では，身長と体重の他に性別や年齢といった質的な変数が求め
られている。「Big Class」を読み込んで，2 変数の関係から身長と体重の散布
図を，1 変数の分布から性別，年齢のヒストグラムを描画させよう。

図 2.50 は性別で層別した身長と体重の散布図である．図では，性別 M の水準の方が選択されており，M に該当する●のプロット ―F に該当するのは■のプロットで，強調されていない― やヒストグラムの領域が強調されている．体重では男子，女子の差が認められないように見えるが，身長では男子のほうが高いようである．性別毎の確率楕円や回帰直線を見ると，男子の身長の伸びに対して体重が追いついていないため，回帰直線の傾きが女子のそれに比べて小さいのかも知れない．この仮説を調べるには，図の年齢のヒストグラムで，年齢順に柱をクリックしていき，散布図の強調されたプロットを観察することで，視覚的な検証ができる．実際，14 歳以降，女子の身長の伸びは鈍化するが，男子はそうではないことがわかるであろう．このように質的変数は，量的変数間の関係を層別して違いを引き出すために利用されることが多い．

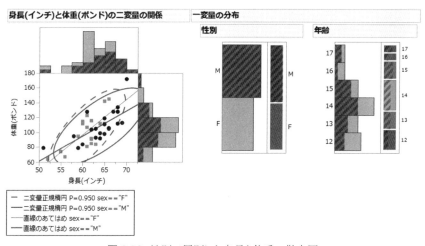

図 2.50　性別で層別した身長と体重の散布図

操作 2.21：層別散布図とマーカー
1. 身長と体重の散布図と性別，年齢のヒストグラムを描画する．
2. "身長（インチ）と体重（ポンド）の二変数の関係" の左の▼をクリックして，メニューを表示させ，メニューの "グループ別" をクリックする．
3. 表示されたウインドウのリストから性別を選び "OK" ボタンをクリックする．
4. 確率楕円，単回帰式，ヒストグラムを追加表示する．
5. 年齢のヒストグラムの F の柱をクリックし，"行 (R)" の "マーカー" から "■"

をクリックする．同様に M の柱をクリックし，"行 (R)" の "マーカー" から "●" をクリックする．

2.6.2 散布図行列と相関係数行列

「色差と嗜好」[U] を読み込んでみよう．このデータは，印刷機の出力条件を 27 通り変えてカラープリントしたものの色合いについて，官能評価を行ったデータである．変数は，官能評価の得点である嗜好と，プリント中のシアン，マゼンタ，イエロー，肌色などについて色差計により測定された色差のデータ，色差 A から色差 E である．

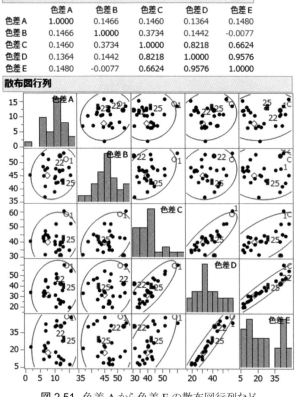

図 2.51 色差 A から色差 E の散布図行列など

ここでは，色差 A から色差 E について，5 次元での分布の様子を調べることにする。図 2.51 は色差の相関係数行列と散布図行列の出力である。JMP では，両者はペアで出力される。いくつかのプロットのマーカーと色は異なっているが，いまは気にしないでほしい。散布状態から，個体 22 が（色差 C，色差 B），（色差 C，色差 D），（色差 C，色差 E）で 95% の確率楕円の外にある他は，とくに気になるような外れ値は認められない。プロットは曲線的な傾向が認められない。図から色差 C，D，E には強い相関が認められ，相関係数から，色差 A，色差 B，（色差 C，D，E）のグループに分類できるかも知れない。

図 2.52 は相関を利用した**外れ値分析**の結果と**パラレルプロット**である。パラレルプロットは，横軸に水準として変数を，縦軸に個体の標準化された値を与えて，個体毎に折れ線を引いたグラフで，個体の変数に対する変化の様子がよくわかる。

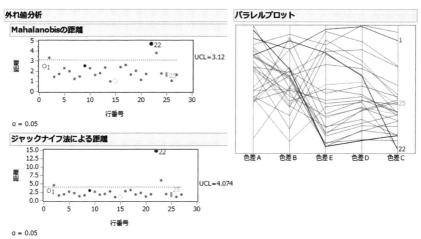

図 2.52 外れ値分析とパラレルプロット

外れ値プロットの詳細は，2.6.3 のマハラノビス距離で述べ，ここではグラフからの考察を与える。個体 22 は散布図行列上の外れ値の認識が薄かったが，図の 5 次元での外れ値分析では摘出された。これは，色差 C と色差 D には正相関が認められ，個体 22 の色差 C と色差 D の差が他の個体よりも著しく大きいことが原因になっていると思われる。

注）パラレルプロットの変数の並べ替え

"グラフ (G)" メニューの "パラレルプロット" では，変数を並べ替えて，見やすくできる。"ツール (O)" メニューの "手のひらツール" をクリックし，パラレルプロットの変数と対になっている垂線をクリックすると，垂線が太線になるので，そのままドラッグ＆ドロップする。

操作 2.22：相関係数行列，散布図行列と外れ値分析

1. 「色差と嗜好」を読み込み，"分析 (A)" の "多変数" から "多変数の相関" をクリックする。
2. 表示されたウインドウの "列の選択" から，"色差 A" を選択して，"Y, 列" ボタンをクリックする。"色差 B" から "色差 E" についても繰り返す。
3. "OK" ボタンをクリックすると，相関係数行列と散布図行列が出力される。
4. ウインドウの "多変数" の左の赤い▼をクリックして，メニューを表示させ，メニューの "外れ値分析" をクリックする。同様にメニューの "パラレルプロット" をクリックする。

注）散布図行列にヒストグラムの追加

散布図行列の左の赤い▼をクリックして，メニューの "ヒストグラムの表示" から "X 軸上" をクリックすると，対角にヒストグラムが描画される。同様にして，相関係数もグラフ上に表示できる。

2.6.3 マハラノビスの距離

観測値間の距離について考える。ふつう距離というと物理的な距離，すなわちユークリッド距離を思い浮かべる。しかし，ここで紹介する距離は，それとはずいぶん性格の異なるものである。わかりやすい例として図 2.53 の 2 次元で考える。この散布図は「色差と嗜好」から色差 C と色差 D を選択したものである。興味のない個体は表示していない。

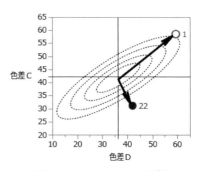

図 2.53 マハラノビスの距離

重心（平均ベクトル）から個体 1 と個体 22 までの距離はどちらが遠いかと質問されたら，個体 1 の方が遠いことは，計算しなくてもわかる。図には等高

線が描かれている。等高線は信頼率を変えた確率楕円で，両者には相関関係があるため，向かう方向によって出現確率 —あなたが重心から旅を始めてデータ分析界の住人である個体と出会える可能性— が異なることがわかる。

マハラノビス距離は，出現確率が等しいものを，同じ確からしさという意味で，等しい距離と定義するものである。順序として，相関関係がない場合を考える。確率楕円は 2 つの変数が無相関であるときは円になり，どの方向に向かっても距離が同じならば個体の出現確率は同じである。ここでは距離の 2 乗を考える。これは，距離を 2 乗しても実質的な違いはなく，平方根記号による煩雑さを排除するためである。$x_3 =$ 色差 C，$x_4 =$ 色差 D とすると，計算式は $(x_{3i} - \overline{x}_3)^2 + (x_{4i} - \overline{x}_4)^2$ である。ここで，個体 1 の添え字を $i = 1$，個体 22 の添え字を $i = 2$ とする。

色差 C, D は同じ測定単位を持つが，同じ色差であっても C, D の方向により感性の評価感度が大きく異なるために，あえて標準化変数 $u_{3i} = (x_{3i} - \overline{x}_3) / s_3$，$u_{4i} = (x_{4i} - \overline{x}_4) / s_4$ を使い，標準化された距離の 2 乗 $u_{4i}^2 + u_{3i}^2$ を求める。個体 1，個体 22 の点は，それぞれ (59.42, 58.56)，(42.09, 31.1) であり，$\overline{x}_3 = 41.82$，$s_3 = 11.468$，$\overline{x}_4 = 36.36$，$s_4 = 7.385$ により，標準化されたユークリッド距離の 2 乗は，個体 1 = 11.834，個体 22 = 1.46 と求まる。やはり個体 1 の方が重心から遠い。

次に，両者の相関を考慮する。相関係数は $r = 0.82$ であるから，この情報を距離に入れて計算するには

$$D^2 = \left(u_4^2 + u_3^2 - 2\,r\,u_4\,u_3 \right) / \left(1 - r^2 \right) \tag{2.41}$$

を使う。これが 2 変数のマハラノビス平方距離である。多変量になるとマハラノビス平方距離を求める式は複雑となるため表示しない。この D^2 は自由度 2 のカイ 2 乗分布に従うことが知られており，発生確率を基盤とした検定ができる。

個体 1 と個体 22 のマハラノビス平方距離 D^2 を求めてみると，個体 1 は 5.21，個体 22 は 10.93 となる。また，$\chi^2(2, 0.05) = 5.99$，$\chi^2(2, 0.01) = 9.21$ であるから，個体 22 は 1 % 有意である。個体 22 は予想以上に遠いのである。

図 2.52 の外れ値分析は，2 変数のマハラノビス距離を 5 変数に広げて計算したグラフであり，平方距離ではないことに注意しよう。また，ジャックナイ

フ法とは，対象個体を取り除いた状態で距離を決めて，その上でマハラノビス距離を計算する。距離を決めるのに当事者を含めない点がミソである。

注）"二変量の関係"の分析プラットフォームメニュー一覧

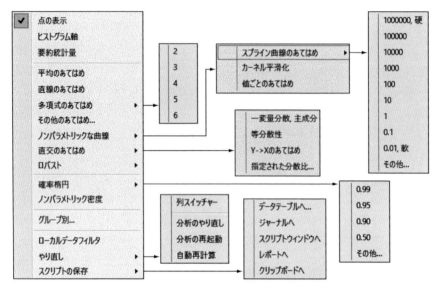

図 2.54 "二変量の関係"のメニュー

注）複数のグラフの同時表示

　　「Big Class」では身長と体重の2つのヒストグラムを表示させた。この2つのヒストグラムに対して，それぞれにオプション指定を行った。以下に，一括でオプションを指定する方法を紹介する。

　　身長と体重の2つのヒストグラムが表示されたとする。Ctrl キーを押しながら身長（インチ）あるいは体重（ポンド）の左の赤い▼矢印をクリックし，"表示オプション"から"横に並べる"をクリックする。すると1回の操作で指定したオプションが2つのヒストグラムに適用される。

　　同様に，一括でグラフサイズの変更もできる。Ctrl キーを押しながら身長（インチ）あるいは体重（ポンド）のグラフの境界をドラッグすると，グラフの大きさが変わる。ただし，ドラッグするときのヒストグラムの元になっている変数の尺度によって結果が異なるので注意する。たとえば，名義尺度と順序尺度の場合は一括サイズ変更できるが，連続尺度と名義尺度（あるいは順序尺度）が混在した場合には，一方の尺度のみしかサイズ変更されない。

③章 ▶▶▶ 主成分分析（PCA）

　主成分分析（PCA：Principal Component Analysis）の目的は，p 変数のいくつかの線形結合を使い，変数間の相関構造を説明することである。その際，p 変数の持っている情報が最大限引き出されていることが望ましい。

　散布図行列では見えなかったものが，データの見かたを変えて主成分分析により浮かび上がるかも知れない。主成分分析を使って，データベースや手持ちデータから多くの金銀財宝（Knowledge）を獲得（Mining）できる旅となるように，JMP の豊富なグラフや統計情報を使い，主成分分析の概略と分析手順について解説する。くれぐれも善良な旅人が，山賊や墓場荒しに襲われませんように。

3.1　2 変数による主成分分析

　主成分分析は多変量の情報要約であるから，実際には 2 変数データで主成分分析を使うことは稀である。主成分分析の考えかたや計算過程を理解するために 2 変数データセットを使う。視覚的に，または計算過程をたどりながら，JMP が行っている主成分分析の演算のあらましを理解しよう。

3.1.1　合成指標

　学業成績や企業ランキングなどの総合的な評価や指標は，関連する複数の項目についての合計で議論することが多い。たとえば，生徒の英語と数学のテストの合計点を**線形結合**で表すと

$$y = 1 \times 数学の得点 + 1 \times 英語の得点 \tag{3.1}$$

と書ける。両方の変数に掛ける係数は 1 である。係数が 1 の場合は，それを省略する。合計は最も簡単な**合成指標**である。分析するデータに「Big Class」（$n = 40$）を使う。図 3.1 左が $x_1 = $ 身長 と $x_2 = $ 体重 による散布図である。身

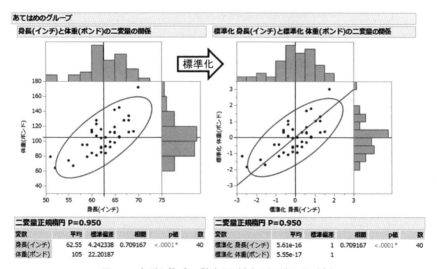

図 3.1 身長と体重の散布図（左）と標準化後（右）

長と体重では測定の単位が異なる。合計は測定単位に依存する。単位の異なるものをそのまま合計すると，その解釈は困難である。

そこで，測定単位の影響を受けないように，それぞれの変数について平均 0，分散 1 に標準化する。すなわち $u_1 = (x_1 - 62.55)/4.242$，$u_2 = (x_2 - 105)/22.2$ である。図 3.1 右の出力が標準化後の散布図である。標準化後の 2 変数の合計を式で表すと

$$y_1 = u_1 + u_2 \tag{3.2}$$

となる。ある事情から，標準化後の変数に掛ける係数の 2 乗和が 1 となるように，3 平方の定理を使い (3.3) 式を作り，線形結合を改めて y_1 と置く。

$$y_1 = (u_1 + u_2)/\sqrt{2} \tag{3.3}$$

この y_1 を総合指標と考える。y_1 の平均と分散をそれぞれ計算すると 0，$(1.31)^2 = 1.71$ となる。得られた総合指標は，図 3.1 右の右上がり 45 度の直線上にある点の集合体であり，直線 y_1 が総合指標の目盛りとなっている。

次に，総合指標では説明できない部分—標準化後の 2 変数と総合指標との差—残差を求める。それには，図 3.1 の右上がりの直線からの偏差を考えるのが自然である。偏差は標準化後の原点 (0,0) を通り，(3.3) 式と垂直に交わる直

線 y_2 を目盛りとして計算する。これより，新しい線形結合 y_2 は

$$y_2 = u_2 - u_1 \tag{3.4}$$

となる。ある事情から，(3.4) 式の各項に掛ける係数の 2 乗和が 1 となるように 3 平方の定理を使い (3.5) 式を作り，線形結合を改めて変数 y_2 と置く。

$$y_2 = (u_2 - u_1)/\sqrt{2} \tag{3.5}$$

y_2 の平均と分散を計算すると，それぞれ 0, $(0.54)^2 = 0.29$ となる。

こうして得られた y_1，y_2 の散布図を図 3.2 左に示す。図 3.1 右と図 3.2 左を比較する。図 3.2 左は，図 3.1 右の原点を中心として時計回りに 45 度回転したもの，つまり標準化身長と標準化体重の座標から y_1，y_2 座標に変換したものと考えられる。変換後の相関係数を計算すると $r_{y_1,y_2} = 0$ となり，y_1 と y_2 の分散の和を計算すると 2 になる。また，図 3.2 右は y_1，y_2 について標準化した後の散布図である。この散布図は $r_{y_1,y_2} = 0$ かつ y_1，y_2 の標準偏差は共に 1 であるから，原点から各点へのユークリッド距離とマハラノビス距離が同じになる。

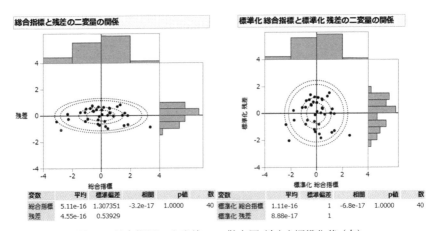

図 3.2 総合指標 y_1 と残差 y_2 の散布図（左）と標準化後（右）

3.1.2　2変数の主成分の算出

　身長と体重を使い，新たな合成指標を考える。身長と体重の線形結合で表される (3.6) 式は，**主成分**と呼ばれる。l_{11}, l_{12} は，これから算出する主成分の係数である。主成分は，身長と体重の 2 次元情報をより損失なく 1 次元で表すものであるとする。測定単位の影響を取り除くために変数を標準化する。

$$z_1 = l_{11} \times u_1 + l_{12} \times u_2 \tag{3.6}$$

　「Big Class」では，生徒の差異や特徴を最も識別できるような向きを探し，個々の観測点の間をできるだけ引き離すこと，あるいは点間の距離を大きくすることを目指す。それは，z_1 の分散最大化である。このとき，l_{11}, l_{12} に制約をつけないと，いくらでも z_1 の分散が大きくなり，収拾がつかない。そこで，係数 l_{11}, l_{12} に以下のような制約をつけよう。

$$l_{11}{}^2 + l_{12}{}^2 = 1 \quad （三角関数を使うと l_{11} = \cos\theta,\ l_{12} = \sin\theta） \tag{3.7}$$

　この制約により，主成分の係数 l_{11}, l_{12} の値を変えると，観測点は原点からの距離を膨張したり収縮したりせず回転する。回転により分散最大となる方向を探索する。分散は，z_1 の平均 $\bar{z}_1 = 0$ より

$$\begin{aligned}
\frac{1}{n-1}\sum_{i=1}^{n=40} z_1{}^2 &= \frac{l_{11}{}^2}{n-1}\sum_{i=1}^{n=40} u_{1i}{}^2 + \frac{2l_{11}l_{12}}{n-1}\sum_{i=1}^{n=40} u_{1i}u_{2i} + \frac{l_{12}{}^2}{n-1}\sum_{i=1}^{n=40} u_{2i}{}^2 \\
&= l_{11}{}^2 + 2l_{11}l_{12} \times r_{12} + l_{12}{}^2 \\
&= l_{11}{}^2 + 2l_{11}l_{12} \times 0.7092 + l_{12}{}^2
\end{aligned} \tag{3.8}$$

となる。つまり，(3.7) 式を満たし，かつ (3.8) 式を最大とするような l_{11}, l_{12} が求める値である。z_1 の最大となる分散はまだわからないから，その値を記号 λ で表し，その条件を式で表すと

$$\begin{cases} l_{11}{}^2 + 2l_{11}l_{12} \times 0.7092 + l_{12}{}^2 = \lambda \\ l_{11}{}^2 + l_{12}{}^2 = 1 \end{cases} \tag{3.9}$$

となる。これを解く。**ラグランジュの未定係数法**を使い

$$l_{11}{}^2 + 2l_{11}l_{12} \times 0.7092 + l_{12}{}^2 - \lambda(l_{11}{}^2 + l_{12}{}^2 - 1) \to \max \tag{3.10}$$

(3.10) 式の l_{11}, l_{12} について偏微分してゼロと置いた連立方程式を解く。

$$\begin{cases} \partial/\partial\, l_{11} = l_{11} + l_{12} \times 0.7092 - \lambda\, l_{11} = 0 \\ \partial/\partial\, l_{12} = l_{12} + l_{11} \times 0.7092 - \lambda\, l_{12} = 0 \end{cases} \tag{3.11}$$

(3.11) 式を行列形式で書くと

$$\begin{pmatrix} 1-\lambda & 0.7092 \\ 0.7092 & 1-\lambda \end{pmatrix}\begin{pmatrix} l_{11} \\ l_{12} \end{pmatrix} = \begin{pmatrix} 0 \\ 0 \end{pmatrix} \tag{3.12}$$

となる。(3.12) 式は

$$\begin{pmatrix} 1 & 0.7092 \\ 0.7092 & 1 \end{pmatrix}\begin{pmatrix} l_{11} \\ l_{12} \end{pmatrix} = \begin{pmatrix} \lambda & 0 \\ 0 & \lambda \end{pmatrix}\begin{pmatrix} l_{11} \\ l_{12} \end{pmatrix} \tag{3.13}$$

と書き換えることができる。(3.13) 式の左辺の第 1 項は相関係数行列 **R** であることに注意する。この (3.13) 式を解くことを固有値問題という。固有値問題を解いて得られる λ を固有値，l_{11}, l_{12} を固有ベクトルという。このため，JMP の主成分分析の出力には固有値，固有ベクトルという表現が出てくる。

　実際に固有値，固有ベクトルを求めてみる。(3.11) 式の上下を足すと

$$(l_{11} + l_{12}) + 0.7092\,(l_{11} + l_{12}) - \lambda\,(l_{11} + l_{12}) = 0 \tag{3.14}$$

となる。(3.14) 式を $(l_{11} + l_{12})$ で割ると，直ちに $\lambda = 1 + 0.7092 = 1.7092$ が求まる。固有値が得られたので，(3.11) 式から

$$-0.7092\,(l_{11} - l_{12}) = 0 \tag{3.15}$$

が得られる。これより $l_{11} = l_{12}$，かつ $l_{11}^2 + l_{12}^2 = 1$ より，固有ベクトルは $l_{11} = l_{12} = 1/\sqrt{2} = 0.7071$ と求まる。こうして得られた z_1 は最大の固有値を持つため，主成分 1 という。(3.16) 式に示した主成分 1 は，(3.3) 式で求めた総合指標 y_1 そのものである。

$$z_1 = (u_1 + u_2)/\sqrt{2} \tag{3.16}$$

　次に，主成分 1 では説明しきれなかった成分 —主成分 2— を求める。得られた (3.16) 式から個体のスコア，すなわち主成分得点を計算する。z_1 を説明変数とし，標準化後の身長と体重を目的変数として単回帰分析を行う。このときの残差は元の変数を主成分 1 で説明しきれなかった部分であるから，主成分 2 を意味する。単回帰分析の結果を図 3.3 および図 3.4 に示す。

主成分1と標準化 身長(インチ)の二変量の関係

あてはめの要約

R2乗	0.854583
自由度調整R2乗	0.850757
誤差の標準偏差(RMSE)	0.38632
Yの平均	5.61e-16
オブザベーション(または重みの合計)	40

パラメータ推定値

項	推定値	標準誤差	t値	p値(Prob>|t|)
切片	1.995e-16	0.061083	0.00	1.0000
主成分1	0.7071068	0.047318	14.94	<.0001*

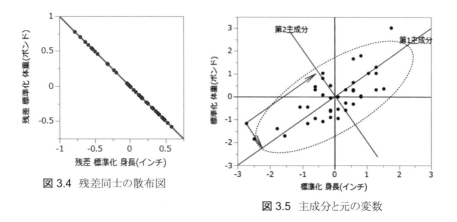

図 3.3 主成分 1 と標準化後の身長との回帰分析の結果

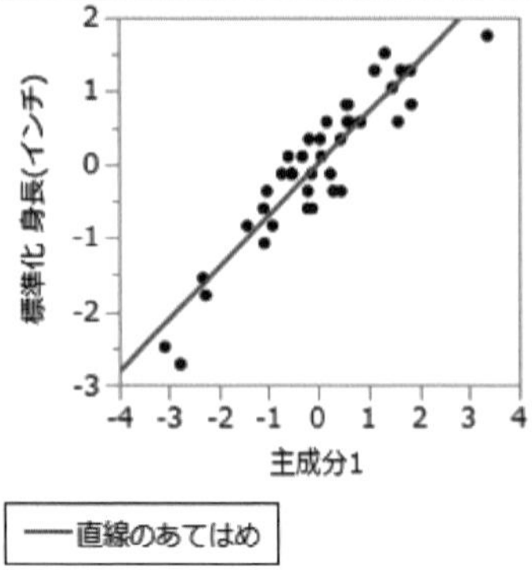

図 3.4 残差同士の散布図

図 3.5 主成分と元の変数

図 3.3，図 3.4 を検討しよう。図 3.3 のタイトルの“あてはめの要約”にある“R2 乗”の値 0.85 が，主成分 1 で標準化後の身長を説明できる割合であることから，これを主成分 1 の寄与率と考えることは自然である。主成分 2 の寄与率は $1 - 0.85 = 0.15$ と求まる。“パラメータ推定値”にある“主成分 1”の“推定値” 0.707 は，固有ベクトルの値 $1/\sqrt{2}$ である。なお，主成分 1 と標準化後の体重との回帰分析の結果も同じものが得られる。

図 3.4 は 2 つの残差のプロットである。プロットは傾き -1 の直線，$y_{残差体重} = -1 \times x_{残差身長}$ の上にあることがわかる。傾きが -1 であることは残差の計算か

ら理解できる．

$$\begin{cases} z_2 = u_1 - z_1 = (u_1 - u_2)/\sqrt{2} \\ -z_2 = u_2 - z_1 = (u_2 - u_1)/\sqrt{2} \end{cases} \quad (3.17)$$

つまり，主成分2の符号はどちらの変数から残差を求めたかによる違いだけで，本質的な意味がないことがわかる．

操作 3.1：線形結合の計算式（図 3.6）

1. 「Big Class」^{S} を読み込む．
2. "一変量の分布"プラットフォームを使い，身長と体重の標準化スコアを保存する．
3. データテーブルで1列追加する．
4. 新たにできた"列1"をクリックして背景を反転させる．
5. メニューの"列"から"計算式"をクリックしてウインドウを表示させる．
6. 計算式のウインドウで"テーブル列"のリストから"標準化身長（インチ）"を選択し，足し算記号のボタン［＋］をクリックする．さらに"テーブル列"のリストから"標準化体重（ポンド）"を選択する．
7. 得られた線形結合の式"標準化身長（インチ）＋標準化体重（ポンド）"全体をクリックし，全体が青線で囲まれていることを確認したら，割り算記号のボタン［÷］をクリックする．
8. 分母が青線で囲まれていることを確認したら，平方根記号のボタン［$^y\sqrt{x}$］をクリックする．平方根の中が青線で囲まれていることを確認し，2を入力し，"OK"ボタンをクリックする．
9. これで (3.3) 式の主成分1が計算できた．変数名を"列1"から"総合指標 y1"に変更しておく．

図 3.6　総合指標 y_1 の作成

82

操作 3.2：主成分の計算

1. "分析 (A)" メニューの "二変量の関係" をクリックする。
2. 表示されたウインドウで，"身長（インチ）" を "**X**, 説明変数"，"体重（ポンド）" を "**Y**, 目的変数" に選択して "**OK**" ボタンをクリックする。
3. 散布図が描画されたウインドウの最上部にあるタイトル "身長（インチ）体重（ポンド）の二変量の関係" の左の赤い▼をクリックし，"直交のあてはめ" の下位コマンド "一変量分散，主成分" をクリックすると，散布図に主成分 1 が表示される。

練習問題 3.1：単回帰式の計算

1. 「Big Class」のデータで操作により得られた "主成分 1" を説明変数，"標準化身長（インチ）"，"標準化体重（ポンド）" を目的変数に指定して単回帰分析を行い，残差プロットを確認して予測値と残差を保存せよ。
2. 2 つの予測値同士，2 つの残差同士の散布図を描いて考察せよ。
3. "主成分 1" と 2 つの残差同士の散布図を描いて考察せよ。

3.1.3 まとめ

2 変数データの主成分分析について数理上のポイントを以下にまとめておく。

1. 主成分の係数は ―その比の値しかわからないため― 制約条件 (3.7) 式を有効に使い求められる。
2. 主成分の係数は，観測された 2 つの軸を原点 $(0,0)$ を中心に回転させて，分散を最大とする値である。言い換えると，合成変数の分散が最大となるときの回転角を求めている。
3. 主成分 1 と主成分 2 は直交（無相関）するように求められる。
4. 2 変数の相関係数行列を固有値分解する主成分分析は，正相関のときには相関係数の値によらず結果が (3.18) 式になる。ここで記号 u_1, u_2 は標準化された変数を意味する。負相関の場合には (3.18) 式の主成分の u_1（または u_2）の符号が入れ替わる。

$$\begin{bmatrix} z_1 \\ z_2 \end{bmatrix} = \begin{bmatrix} \cos\theta & \sin\theta \\ -\sin\theta & \cos\theta \end{bmatrix} \begin{bmatrix} u_1 \\ u_2 \end{bmatrix} \Rightarrow \begin{array}{l} z_1 = \dfrac{1}{\sqrt{2}}(u_1 + u_2) \\[2mm] z_2 = \dfrac{1}{\sqrt{2}}(-u_1 + u_2) \end{array} \tag{3.18}$$

5. **寄与率**とは，元の変数の情報をどれだけ説明できるかを表す指標である。相関が強いほど寄与率も高くなる。寄与率と相関係数には以下の関係がある。

$$主成分 1 : \frac{\lambda_1}{\lambda_1 + \lambda_2} = \frac{1 + r_{u_1 u_2}}{1 + r_{u_1 u_2} + (1 - r_{u_1 u_2})} = \frac{1 + r_{u_1 u_2}}{2} \quad (3.19)$$

$$主成分 2 : \frac{\lambda_2}{\lambda_1 + \lambda_2} = \frac{1 - r_{u_1 u_2}}{1 + r_{u_1 u_2} + (1 - r_{u_1 u_2})} = \frac{1 - r_{u_1 u_2}}{2} \quad (3.20)$$

6. **累積寄与率**とは，大きい固有値を持つほうから寄与率を累積した指標である。2 変数の場合には累積する意味はない。主成分 1 の寄与率は $\lambda_1 / (\lambda_1 + \lambda_2)$ であり，主成分 2 までの累積寄与率は $(\lambda_1 + \lambda_2) / (\lambda_1 + \lambda_2) = 1$ となるからである。

7. **因子負荷量**とは，主成分と元の変数との相関係数である。主成分の解釈に使う。因子負荷量の絶対値が大きいと，主成分と元の変数の関連が強い。

$$
\begin{array}{lll}
 & \text{変数 1} & \text{変数 2} \\
主成分 1 & r_{z_1, u_1} = l_{11} \sqrt{\lambda_1} & r_{z_1, u_2} = l_{12} \sqrt{\lambda_1} \\
 & \quad = \sqrt{(1 + r_{u_1 u_2})/2} & \quad = \sqrt{(1 + r_{u_1 u_2})/2} \\
主成分 2 & r_{z_2, u_1} = l_{21} \sqrt{\lambda_2} & r_{z_2, u_2} = l_{22} \sqrt{\lambda_2} \\
 & \quad = \sqrt{(1 - r_{u_1 u_2})/2} & \quad = -\sqrt{(1 - r_{u_1 u_2})/2}
\end{array}
$$

8. 主成分の元の変数への寄与率は，因子負荷量の 2 乗で求めることができる。2 変数の場合には 6 と同じ理由で累積寄与率を考える意味がない。

9. 各主成分に対して，主成分得点は個体の数だけ計算できる。その計算には (3.18) 式を使う。なお，分散が 1 になるように固有値の平方根（$\sqrt{\lambda_1}$, $\sqrt{\lambda_2}$）で割って標準化する場合もある。

10. 主成分分析は相関係数行列の**スペクトル分解**となっている。

$$\begin{pmatrix} 1 & r_{u_1 u_2} \\ r_{u_1 u_2} & 1 \end{pmatrix} = \lambda_1 \begin{pmatrix} l_{11} \\ l_{12} \end{pmatrix} (l_{11} \quad l_{12}) + \lambda_2 \begin{pmatrix} l_{21} \\ l_{22} \end{pmatrix} (l_{21} \quad l_{22})$$

$$\begin{bmatrix} 1 & 0.7092 \\ 0.7092 & 1 \end{bmatrix}$$

$$
= \begin{bmatrix} 1.7092 \times \left(\frac{1}{\sqrt{2}}\right)^2 + 0.2908 \times \left(\frac{1}{\sqrt{2}}\right)^2 & 1.7092 \times \left(\frac{1}{\sqrt{2}}\right)\left(\frac{1}{\sqrt{2}}\right) + 0.2908 \times \left(\frac{1}{\sqrt{2}}\right)\left(\frac{-1}{\sqrt{2}}\right) \\ 1.7092 \times \left(\frac{1}{\sqrt{2}}\right)\left(\frac{1}{\sqrt{2}}\right) + 0.2908 \times \left(\frac{1}{\sqrt{2}}\right)\left(\frac{-1}{\sqrt{2}}\right) & 1.7092 \times \left(\frac{1}{\sqrt{2}}\right)^2 + 0.2908 \times \left(\frac{-1}{\sqrt{2}}\right)^2 \end{bmatrix}
$$

$$(3.21)$$

主成分 1 である右辺第 1 項で近似し，主成分 2 である第 2 項を加えることで，元の相関係数行列を復元できる。累積寄与率とは，考慮する主成分でどの程度，元の相関係数行列が復元できているのかということを意味している。

3.2　3 変数による主成分分析

主成分分析は多変量の情報要約である。変数が多い場合にその威力を発揮する。2 変数同様，主成分分析を 3 変数のデータセットで利用することは，実際には稀である。3.2 でも主成分分析の考えかたや計算過程を理解するために 3 変数のデータセットを使う。これはデータを座標表現—座標と個体のプロット—とベクトル表現—変数をベクトルとして扱うバイプロットや因子負荷量のグラフ—について視覚的な理解を得るためである。

3.2.1　3 変数の総合指標

2 変数での総合指標は，標準化後の変数の合計と考えられた。3 変数の場合も同様に標準化後の合計を総合指標としてよいものか調べてみよう。今回扱うデータは，「電子部品 A」[U] （$n = 40$）から，$x_1 =$ 高さ，$x_2 =$ 下幅，$x_3 =$ 重量の 3 変数である。

はじめに 3 変数の分布の様子を散布図により調べる。図 3.7 は散布図行列の表示である。JMP では，**相関係数行列**と**散布図行列**がペアで表示される。データ分析家にとっては，これは非常にありがたい配慮である。図 3.7 を考察する。

図の右側のブロックに表示されている相関係数行列より，いずれも中程度の相関が認められる。左側のブロックに描画されている散布図行列から，プロットは直線的傾向が見られる。プロットには大きな外れ値はないように見える。散布図行列は，ちょうどサイコロの面ごとに 3 次元データの分布を眺めているようなものである。多変量データの分析を行う場合には，必ず相関係数行列と散布図行列を確認することを勧める。これらの情報は，ちょうどデータ分析の

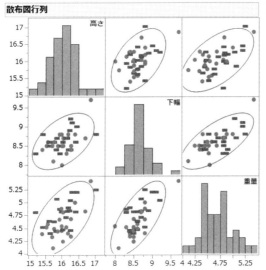

図 3.7 3 変数での散布図行列（左）と相関係数行列（右）

小旅行に必要な地図のようなものである．データに大きな癖がないため，2 変数のときと同様に総合指標の候補として (3.22) 式の線形結合を作る．

$$y_1 = (u_1 + u_2 + u_3)/\sqrt{3} \tag{3.22}$$

ここに，$u_1 = \frac{x_1 - 60.32}{3.806}$，$u_2 = \frac{x_2 - 8.62}{0.300}$，$u_3 = \frac{x_3 - 4.69}{0.298}$ である．

3.2.2　3 変数の主成分の算出

3 変数での主成分を考える．そのために (3.23) 式のような変数変換を行う．

$$\text{主成分 } 1 : z_1 = l_{11} u_1 + l_{12} u_2 + l_{13} u_3 \tag{3.23}$$

今回も係数 l_{11}，l_{12}，l_{13} に以下のような制約をつける．

$$l_{11}^2 + l_{12}^2 + l_{13}^2 = 1 \tag{3.24}$$

z_1 の平均 $\bar{z}_1 = 0$ より

$$\frac{1}{n-1}\sum_{i=1}^{n=40} z_1^2 = \frac{l_{11}^2}{n-1}\sum_{i=1}^{n=40} u_1^2 + \frac{l_{12}^2}{n-1}\sum_{i=1}^{n=40} u_2^2 + \frac{l_{13}^2}{n-1}\sum_{i=1}^{n=40} u_3^2$$

$$+ \frac{2l_{11}l_{12}}{n-1} \sum_{i=1}^{n=40} u_1 u_2 + \frac{2l_{12}l_{13}}{n-1} \sum_{i=1}^{n=40} u_2 u_3 + \frac{2l_{13}l_{11}}{n-1} \sum_{i=1}^{n=40} u_3 u_1$$
$$= l_{11}{}^2 + l_{12}{}^2 + l_{13}{}^2 + 2l_{11}l_{12} \times r_{12} + 2l_{12}l_{13} \times r_{23} + 2l_{13}l_{11} \times r_{31}$$
(3.25)

である。つまり，(3.24) 式を満たし，かつ

$$\frac{1}{n-1} \sum_{i=1}^{n=40} z_1{}^2 = l_{11}{}^2 + l_{12}{}^2 + l_{13}{}^2 + 2l_{11}l_{12} \times 0.495 + 2l_{12}l_{13} \times 0.689 + 2l_{13}l_{11} \times 0.574$$
(3.26)

を最大とするような l_{11}, l_{12}, l_{13} を定める。ラグランジュの未定係数法を使い

$$l_{11}{}^2 + l_{12}{}^2 + l_{13}{}^2 + 2l_{11}l_{12} \times 0.495 + 2l_{12}l_{13} \times 0.689 + 2l_{13}l_{11} \times 0.574 \to \max \quad (3.27)$$

の l_{11}, l_{12}, l_{13} について偏微分してゼロと置いた連立方程式を解く。

$$\begin{cases} \partial/\partial l_{11} = l_{11} + l_{12} \times 0.495 + l_{13} \times 0.574 - \lambda l_{11} = 0 \\ \partial/\partial l_{12} = l_{12} + l_{11} \times 0.495 + l_{13} \times 0.689 - \lambda l_{12} = 0 \\ \partial/\partial l_{13} = l_{13} + l_{11} \times 0.574 + l_{12} \times 0.689 - \lambda l_{13} = 0 \end{cases} \quad (3.28)$$

(3.28) 式を行列形式で書くと (3.29) 式あるいは (3.30) 式となる。

$$\begin{pmatrix} 1-\lambda & 0.495 & 0.574 \\ 0.495 & 1-\lambda & 0.689 \\ 0.574 & 0.689 & 1-\lambda \end{pmatrix} \begin{pmatrix} l_{11} \\ l_{12} \\ l_{13} \end{pmatrix} = \begin{pmatrix} 0 \\ 0 \\ 0 \end{pmatrix} \quad (3.29)$$

$$\begin{pmatrix} 1 & 0.495 & 0.574 \\ 0.495 & 1 & 0.689 \\ 0.574 & 0.689 & 1 \end{pmatrix} \begin{pmatrix} l_{11} \\ l_{12} \\ l_{13} \end{pmatrix} = \begin{pmatrix} \lambda & 0 & 0 \\ 0 & \lambda & 0 \\ 0 & 0 & \lambda \end{pmatrix} \begin{pmatrix} l_{11} \\ l_{12} \\ l_{13} \end{pmatrix} \quad (3.30)$$

2 変数のように簡単には計算できない。(3.30) 式は，左辺に適当な固有ベクトルを与えると，その結果が固有ベクトルの λ 倍になることを意味している。だから，左辺から計算された固有ベクトルの 2 乗和が 1 になるように標準化したとき，左右の固有ベクトルの値が一致するように繰り返し計算を行うと解が得られる。初期値を $(l_{11}, l_{12}, l_{13}) = (1, 1, 1)$ として (3.30) 式の左辺を計算し標準化する。

$$\begin{pmatrix} 1 & 0.495 & 0.574 \\ 0.495 & 1 & 0.689 \\ 0.574 & 0.689 & 1 \end{pmatrix} \begin{pmatrix} 1 \\ 1 \\ 1 \end{pmatrix} = \begin{pmatrix} 2.069 \\ 2.184 \\ 2.263 \end{pmatrix} \begin{array}{c} \text{2 乗和を} \\ \text{1 に標準化} \end{array} \to \begin{pmatrix} 0.550 \\ 0.580 \\ 0.601 \end{pmatrix}$$

これを 1 次近似解として，再度 (3.30) 式の左辺に代入し計算後，標準化する。

$$\begin{pmatrix} 1 & 0.495 & 0.574 \\ 0.495 & 1 & 0.689 \\ 0.574 & 0.689 & 1 \end{pmatrix}\begin{pmatrix} 0.550 \\ 0.580 \\ 0.601 \end{pmatrix} = \begin{pmatrix} 1.182 \\ 1.266 \\ 1.316 \end{pmatrix} \quad \begin{matrix} 2\text{ 乗和を} \\ 1\text{ に標準化} \end{matrix} \rightarrow \begin{pmatrix} 0.543 \\ 0.582 \\ 0.605 \end{pmatrix}$$

これを 2 次近似解とする。1 次近似解と大きな差がないが，近似精度を上げるために，数回計算を繰り返す。

$$\begin{pmatrix} 1 & 0.495 & 0.574 \\ 0.495 & 1 & 0.689 \\ 0.574 & 0.689 & 1 \end{pmatrix}\begin{pmatrix} 0.542 \\ 0.583 \\ 0.606 \end{pmatrix} = \begin{pmatrix} 1.178 \\ 1.268 \\ 1.318 \end{pmatrix} \quad \begin{matrix} 2\text{ 乗和を} \\ 1\text{ に標準化} \end{matrix} \rightarrow \begin{pmatrix} 0.541 \\ 0.583 \\ 0.606 \end{pmatrix}$$

4 次近似と 3 次近似がほぼ等しくなった。今回は，ここで繰り返し計算を打ち切る。固有値は，標準化前後の比を計算して，$\lambda_1 = 2.18$ と求まる。

こうして得られた主成分 1 の線形結合は (3.31) 式となる。これは，はじめに考えた (3.23) 式に近いけれど同じではない。3 変数以上では，p 変数の標準化後，同じ係数 $1/\sqrt{p}$ を持つ線形結合よりも，もっと情報量のある —分散最大な— 線形結合が存在する可能性を示唆している。

$$z_1 = 0.541 \times u_1 + 0.583 \times u_2 + 0.606 \times u_3 \tag{3.31}$$

次に，主成分 1 では説明しきれなかった成分 —主成分 2— を求める。相関係数行列のスペクトル分解から主成分 1 と相関係数行列の残差 $\mathbf{R}^*$ を計算する。

$$\begin{aligned} \mathbf{R}^* &= \begin{pmatrix} 1 & 0.495 & 0.574 \\ 0.495 & 1 & 0.689 \\ 0.574 & 0.689 & 1 \end{pmatrix} - \begin{pmatrix} \lambda_1 l_{11}^2 & \lambda_1 l_{11} l_{12} & \lambda_1 l_{11} l_{12} \\ \lambda_1 l_{11} l_{12} & \lambda_1 l_{12}^2 & \lambda_1 l_{12} l_{13} \\ \lambda_1 l_{11} l_{12} & \lambda_1 l_{12} l_{13} & \lambda_1 l_{13}^2 \end{pmatrix} \\ &= \begin{pmatrix} 1 & 0.495 & 0.574 \\ 0.495 & 1 & 0.689 \\ 0.574 & 0.689 & 1 \end{pmatrix} - \begin{pmatrix} 0.639 & 0.688 & 0.715 \\ 0.688 & 0.741 & 0.770 \\ 0.715 & 0.770 & 0.800 \end{pmatrix} \\ &= \begin{pmatrix} 0.361 & -0.193 & -0.141 \\ -0.193 & 0.259 & -0.081 \\ -0.141 & -0.081 & 0.200 \end{pmatrix} \end{aligned}$$

この残差 $\mathbf{R}^*$ について，主成分 1 を求めた計算手順を適用する。何度かの繰り返し計算の後に値が収束し，以下の固有ベクトルを求めた。

$$\begin{pmatrix} 0.361 & -0.193 & -0.141 \\ -0.193 & 0.259 & -0.081 \\ -0.141 & -0.081 & 0.200 \end{pmatrix}\begin{pmatrix} 0.819 \\ -0.528 \\ -0.225 \end{pmatrix} = \begin{pmatrix} 0.429 \\ -0.277 \\ -0.118 \end{pmatrix} \quad \begin{matrix} 2\text{ 乗和を} \\ 1\text{ に標準化} \end{matrix} \rightarrow \begin{pmatrix} 0.819 \\ -0.528 \\ -0.225 \end{pmatrix}$$

固有値は，標準化前と後の比を計算して，$\lambda_2 = 0.525$ と求まる。こうして得られた主成分 2 の線形結合は (3.32) 式となる。

$$z_2 = 0.819 \times u_1 - 0.528 \times u_2 - 0.225 \times u_3 \tag{3.32}$$

さらに主成分 2 までででは説明しきれなかった成分—主成分 3—を求める。相関係数行列のスペクトル分解を使い，主成分 2 と $\mathbf{R}^*$ の残差 $\mathbf{R}^{**}$ を計算する。

$$
\mathbf{R}^{**} = \begin{pmatrix} 0.361 & -0.193 & -0.141 \\ -0.193 & 0.259 & -0.081 \\ -0.141 & -0.081 & 0.200 \end{pmatrix} - \begin{pmatrix} \lambda_2 l_{21}{}^2 & \lambda_2 l_{21} l_{22} & \lambda_2 l_{21} l_{22} \\ \lambda_2 l_{21} l_{22} & \lambda_2 l_{22}{}^2 & \lambda_2 l_{22} l_{23} \\ \lambda_2 l_{21} l_{22} & \lambda_2 l_{22} l_{23} & \lambda_2 l_{23}{}^2 \end{pmatrix}
$$

$$
= \begin{pmatrix} 0.361 & -0.193 & -0.141 \\ -0.193 & 0.259 & -0.081 \\ -0.141 & -0.081 & 0.200 \end{pmatrix} - \begin{pmatrix} 0.352 & -0.227 & -0.097 \\ -0.227 & 0.146 & 0.062 \\ -0.097 & 0.062 & 0.027 \end{pmatrix}
$$

$$
= \begin{pmatrix} 0.009 & 0.034 & -0.044 \\ 0.034 & 0.113 & -0.143 \\ -0.044 & -0.143 & 0.174 \end{pmatrix}
$$

残差 $\mathbf{R}^{**}$ について，主成分 1 を求めた計算を適用すれば最後の主成分 3 を求めることができる。何度かの繰り返し計算の後に以下の固有ベクトルを求めた。

$$
\begin{pmatrix} 0.009 & 0.034 & -0.044 \\ 0.034 & 0.113 & -0.143 \\ -0.044 & -0.143 & 0.174 \end{pmatrix} \begin{pmatrix} 0.188 \\ 0.618 \\ -0.764 \end{pmatrix} = \begin{pmatrix} 0.056 \\ 0.185 \\ -0.229 \end{pmatrix} \begin{array}{c} \text{2 乗和を} \\ \text{1 に標準化} \end{array} \rightarrow \begin{pmatrix} 0.188 \\ 0.618 \\ -0.764 \end{pmatrix}
$$

固有値は，標準化前と後の比を計算して，$\lambda_3 = 0.300$ と求まる。こうして得られた主成分 3 の線形結合は (3.33) 式となる。

$$z_3 = 0.188 \times u_1 + 0.618 \times u_2 - 0.764 \times u_3 \tag{3.33}$$

このような解きかたをパワー法という。パワー法は，現在では使われることは少ないが，手計算で主成分分析の計算過程を体験できるので紹介した。JMPでは洗練された別なアルゴリズムが用いられる。

ところで，得られた 3 つの主成分の係数—固有ベクトル—を 2 乗すると，活用術 3.1 のようなことがわかる。

3章 主成分分析(PCA) 89

活用術 3.1:固有ベクトルと因子負荷量の性質

固有ベクトルは,その列方向についても行方向についても2乗和を計算すると1になる。因子負荷量については,列方向の2乗和が1になるが,行方向の2乗和は固有値になる。つまり,元の変数と主成分の相関係数の2乗和―寄与率―を最大とするものが主成分であるともいえる。

固有ベクトル	u_1	u_2	u_3		固有ベクトルの2乗	u_1	u_2	u_3	計
z_1	0.541	0.583	0.606		z_1	0.293	0.340	0.367	= 1
z_2	0.819	−0.528	−0.225	⇒	z_2	0.671	0.279	0.051	= 1
z_3	0.188	0.618	−0.764		z_3	0.035	0.382	0.584	= 1
					計	= 1	= 1	= 1	

因子負荷量	u_1	u_2	u_3		因子負荷量の2乗	u_1	u_2	u_3	計
z_1	0.798	0.860	0.894		z_1	0.637	0.739	0.799	= 2.2
z_2	0.593	−0.382	−0.162	⇒	z_2	0.352	0.146	0.026	= 0.5
z_3	0.104	0.338	−0.418		z_3	0.011	0.114	0.175	= 0.3
					計	= 1	= 1	= 1	

3.2.3 3次元散布図

JMP では,3種類のプラットフォームから主成分分析を行うことができる。1つは,グラフメニューの"三次元散布図"であり,残りは分析メニューの"多変量"の下位コマンドにある"多変量の相関"と"主成分分析"である。ここでは,3次元散布図について説明する。2変数では散布図を回転させて,プロットの拡がり―分散―が最大となる方向が主成分1であった。3変数の場合も同様に考えることができる。3次元散布図は3次元の様子を画面上であらゆる方向に回転させることができる。これによりグラフィカルにプロットの拡がりのできる方向や狭くなる方向を調べることができる。図3.8 は,「電子部品 A」の x = 高さ,y = 下幅,z = 重量 の3次元散布図の様子である。図右はプロットが水平方向に拡がるように回転させたもので主成分1の近似であり,左は反対にできる限りプロットが狭くなるように回転させたもので主成分3の近似である。このような操作は,主観に基づく近似的な主成分の探索である。

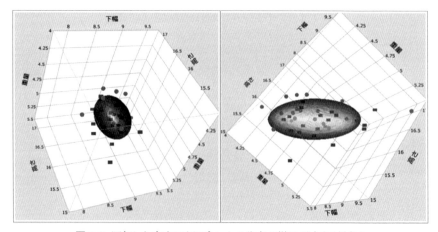

図 3.8 回転した方向によりプロットの分布の様子が大きく異なる

操作 3.3：3 次元散布図
1. "グラフ (G)" メニューから下位コマンドの "三次元散布図" をクリックする。
2. 表示されたウインドウで，"列の選択" から "高さ"・"下幅"・"重量" を選択し，"Y，列" に割り当てる。"OK" ボタンをクリックして，3 次元散布図を描く。
3. カーソルを 3 次元散布図上まで移動すると，カーソルが の形に変わる。これを確認したら，マウスボタンをクリックしながらプロットをつかんで回す。クリックしている間は，軸がカーソルの動きに従い回転する。
4. 3 次元散布図上を右クリックすると散布図の諸設定ができる。回転した散布図を元の状態に戻すには，諸設定から "リセット" をクリックする。

練習問題 3.2：3 次元散布図の操作
1. 「電子部品 A」のデータから高さ・重量・下幅を使い，3 次元散布図を描画せよ。
2. カーソルを動かすことで，分散が大きくなる方向と小さくなる方向を探索せよ。
3. X, Y, Z 座標を回転させることにより，日頃親しんでいる散布図（行列）とは異なる分布状況が見られることを体験せよ。

3.2.4 主成分分析の実行とその解釈

図 3.9 は 3 次元散布図からの主成分分析の結果である。主成分分析の結果はパワー法で計算した値と同じである。図左は主成分 1 と主成分 2 の散布図上

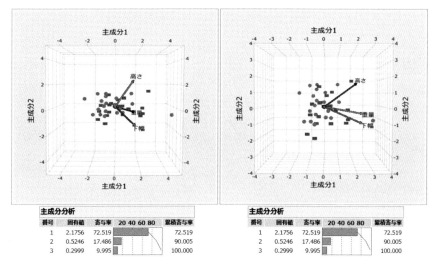

図 3.9　JK バイプロット（左）と GH バイプロット（右）

に，高さと下幅と重量をベクトルとして表現したものである．3次元散布図による直感的な主成分が的を射ていれば，図左のグラフに近いはずである．

また，グラフの表現方法により，変数は座標軸として表すことができたり，ベクトルとして散布図上に表すことができたりすることに注意しよう．

図左を使い，各主成分を解釈してみよう．主成分の解釈では，主成分得点の絶対値の大きい個体を対比して考えると特徴がはっきりする．原点付近の個体は，その主成分では特徴が見いだせなかったと考える．主成分の解釈に慣れてくると，主成分の負側から正側に並ぶ個体の一連の共通性から主成分を解釈することが可能となろう．

主成分 1 では変数のベクトル方向がすべて正で，ほぼ同じ長さであることから，主成分は 40 の個体の総合的な大きさを意味すると考えられる．

主成分 2 の固有値は 0.5246 であり，寄与率は 0.175 と小さい．経験的な寄与率や累積寄与率の値による成分の解釈基準を，あえて無視して主成分 2 の解釈を行う．変数のベクトルの方向から，高さと（重量，下幅）の対立概念のようである．すなわち，長く細い個体が主成分 2 の正側に，重く太い個体が主成分 2 の負側に布置されることがわかる．

92

主成分3は寄与率が0.1を下回っていることもあり，残差として扱うことにする。

操作 3.4：3次元散布図からの主成分分析の実行

1. 3次元散布図のタイトルの左にある赤い▼をクリックし，表示されたメニューから"主成分分析"をクリックすると主成分分析が実行される。
2. ウインドウには主成分分析の計算結果 ―"固有値""寄与率""累積寄与率"― が出力される。3次元散布図は，新たに主成分1〜3が，それぞれX，Y，Z軸に設定される。
3. 3次元散布図の下の"リスト"で，（X，Y，Z）軸にどの主成分や変数が設定されたかがわかる。"リスト"から変数を選択して，軸の変更が可能である。

操作 3.5：標準化した主成分分析など

1. タイトル"三次元散布図"の左にある赤い▼をクリックして，"標準化した主成分"をクリックすると，標準化した主成分分析が実行される。
2. 計算された主成分得点をデータテーブルに保存するには，タイトル"三次元散布図"の左にある赤い▼をクリックして，"主成分の保存"をクリックする。
3. 表示されたウインドウで，保存する主成分の数2を入力すると，主成分2までの標準化された主成分得点がデータテーブルに追加される。

3.2.5　バイプロット

図3.9のように主成分座標に元の変数のベクトルと個体のプロットを同時に布置するグラフをバイプロットという。3次元散布図からの主成分分析は，図3.9に示したようにバイプロットを描画する。

バイプロットの利点は，2次元平面に変数と個体を同時に布置できるので，主成分の解釈が容易となることである。図3.9の左右を比較するとわかるように，主成分得点を標準化した場合（GHバイプロット）とそうでない場合（JKバイプロット）では，バイプロット表示が異なる。GHバイプロットのほうが変数間の相関を正確に表すといわれている。JKバイプロットは逆に個体間の距離を正確に表すといわれている。

JMPでは，分析者が意識して主成分得点を標準化するために"標準化した主成分"コマンドを使わない限り，JKバイプロットの表示になる。GHバイプ

ロットにおいて，個体を表すプロットを表示しない状態が，主成分座標による因子負荷量のグラフに相当する。通常，主成分の解釈は因子負荷量のグラフに基づくため，主成分得点を標準化した GH プロットを利用したい。

3.2.6　バリマックス回転（因子分析）

主成分の解釈を行う場合，対立概念にスマートなキャッチフレーズをつけるのは難しい。**バリマックス回転**という方法を用いて主成分の回転を行う。回転により得られた新たな成分は**因子**と呼ばれ，個別能力―変数分類―が引き出され構造が単純化される。

言い換えれば，主成分の回転により対立概念を消すことが可能となり，因子の解釈が容易になる。このような方法は**因子分析（Factor Analysis）**と呼ばれ，いろいろなバリエーションが提案されている。本書ではバリマックス回転しか扱わないが，JMP ではさまざまな推定法や回転オプションが追加され，世の中で使われている因子分析のバリエーションに対応可能となった。

因子分析は社会調査やマーケティングリサーチなどに幅広く用いられている。因子分析と主成分分析は，厳密に分類すべきであると主張する研究者は多い。本書では，いろいろな理由で厳密な議論を回避し，主成分分析のオプションと位置づけている。

図 3.10 右の出力を検討する。中央のいちばん上のブロックの"回転前の因子負荷量"の数字は，主成分分析の因子負荷量である。次の"回転後の因子負

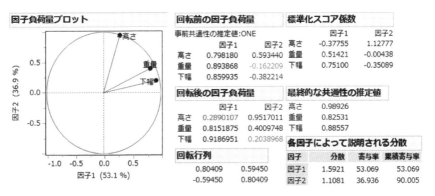

図 3.10　バリマックス回転後の結果

荷量"の数字は，因子 1，因子 2 と元の変数との相関係数，すなわち回転後の因子負荷量である。この値を参考に"**因子負荷量プロット**"を眺めてみよう。図左では，X 座標に因子 1，Y 座標に因子 2 が割り当てられている。元の変数の重量と下幅は因子 1 との相関が大きく，因子 2 との相関が小さい。逆に元の変数の高さは因子 2 との相関が大きく，因子 1 との相関が小さい。

　バリマックス回転によって，因子がゼロに近いいくつかの因子負荷量と，絶対値で 1 に近いいくつかの因子負荷量を持つことができるように，成分の変換が施されていることがわかる。変数と因子との因子負荷量の絶対値が，1 に近ければ明解な関係が存在すると解釈できるし，0 に近ければ無関係なものとして処理できる。そこで，因子 1 は重量と下幅というボリュームを表す因子と考えられる。因子 2 は空間的な長さを表す因子と考えられる。

　次に，因子と主成分を比較しよう。中央の 3 番目のブロック"**回転行列**"の値は，因子 1，因子 2 と主成分 1，主成分 2 の相関係数を表したものであり，原点を中心に主成分 1，主成分 2 からの回転量を示している。バリマックス回転により，時計回りに約 35 度強 —$\cos\theta = 0.804$ から— 回転していることがわかる。

　右のいちばん上のブロックの"**標準化スコア係数**"は因子得点を求めるための係数で，分散が 1 になるように標準化されている。次の"**最終的な共通性の推定値**"の値は，因子 1 と因子 2 で元の変数を説明できる割合である。3 つの変数ともに 80 % は説明力があることがわかる。右の 3 番目のブロックは，因子 1，因子 2 の分散とその寄与率，累積寄与率である。因子 1，2 の分散を加えたものが，主成分分析の第 2 固有値までの和と一致することを確認してほしい。これは，回転によって情報量は変わらないことを意味している。

操作 3.6：バリマックス回転
1. 因子分析のプロットを描画するには，タイトル"三次元散布図"の左にある赤い ▼をクリックして，"成分の回転"をクリックする。
2. 表示されたウインドウで，回転させる成分数を入力する。ここでは 2 を入力し，回転方法に"Varimax"を選択する。
3. 因子分析の方法で"主成分分析"にチェックを入れて，事前共通性は"主成分分析（対角要素 = 1）"にチェックを入れて，"OK"ボタンをクリックすると，バリマックス回転が実行される。

3.3 主成分分析の活用指針

主成分分析は，変数の数が多い場合にその威力を発揮する。2 変数，3 変数と少ない次元で主成分分析の考えかたや JMP の出力を説明したが，3.3 では p 変数の場合の主成分分析の手順や出力の見かたについて解説する。

3.3.1 主成分分析の目的と到達レベル

主成分分析を有効利用するためには，p 変数は**多変量正規分布**に従っていると仮定できることが望ましい。また，変数間には適当な大きさの相関が測定できることが必要である。各主成分は互いに**直交**—無相関—であるので，主成分ごとに解釈可能であることが，ご利益の 1 つになる。データ分析者の主成分分析の目的は，主に以下のような事柄であろう。

- 多変量データを少数（2～5 程度）の直交した指標で説明する。
- 新しい指標を作り個体の特徴をつかむ。
- 多変量空間における外れ値を抽出する。

データ分析者の主成分分析の到達レベルは，たとえば以下のようなものであろう。

- 混沌とした市場情報からプロダクトマップや知覚マップを作成する。
- 各種の成績や業績から支店や営業所の強み・弱みを抽出する。
- 対象の行動を分析し，それに合った質問や判定項目を作成する。

3.3.2 主成分分析の主要な用語とアウトプット

p 変数データに主成分分析を行う場合の主要な用語と必要なアウトプットについて以下にまとめておく。

- **固有値**：主成分の分散，得られた主成分の情報量の大きさを表す指標である。
- **固有ベクトル**：元の変数の線形結合の係数である。主成分への重みとなる。

- **寄与率**：元の変数の情報をどれだけ説明できるかを表す指標である。相関が強いほど寄与率も高くなる。

$$主成分 1 : \frac{\lambda_1}{\lambda_1 + \lambda_2 + \cdots + \lambda_p} \qquad 主成分 2 : \frac{\lambda_2}{\lambda_1 + \lambda_2 + \cdots + \lambda_p}$$

$$主成分 i : \frac{\lambda_i}{\lambda_1 + \lambda_2 + \cdots + \lambda_p} \qquad 主成分 p : \frac{\lambda_p}{\lambda_1 + \lambda_2 + \cdots + \lambda_p}$$

- **累積寄与率**：大きい固有値を持つほうから寄与率を累積した指標である。

$$主成分 1 : \frac{\lambda_1}{\lambda_1 + \lambda_2 + \cdots + \lambda_p} \qquad 主成分 2 : \frac{\lambda_1 + \lambda_2}{\lambda_1 + \lambda_2 + \cdots + \lambda_p}$$

$$主成分 i : \frac{\lambda_1 + \lambda_2 + \cdots + \lambda_i}{\lambda_1 + \lambda_2 + \cdots + \lambda_p} \qquad 主成分 p : \frac{\lambda_1 + \lambda_2 + \cdots + \lambda_p}{\lambda_1 + \lambda_2 + \cdots + \lambda_p} = 1$$

- **因子負荷量**：主成分と元の変数との相関係数である。主成分の解釈に使う。因子負荷量の絶対値が大きい場合は主成分と元の変数との関連が強いことを表す。

$$
\begin{array}{cccc}
& 変数 1 & 変数 2 & \cdots & 変数 p \\
主成分 1 & r_{z_1, u_1} = l_{11}\sqrt{\lambda_1} & r_{z_1, u_2} = l_{12}\sqrt{\lambda_1} & \cdots & r_{z_1, u_p} = l_{1p}\sqrt{\lambda_1} \\
主成分 2 & r_{z_2, u_1} = l_{21}\sqrt{\lambda_2} & r_{z_2, u_2} = l_{22}\sqrt{\lambda_2} & \cdots & r_{z_2, u_p} = l_{2p}\sqrt{\lambda_2}
\end{array}
$$

- **主成分得点**：求めた主成分の線形結合の値である。この分散が 1 になるように固有値の平方根（$\sqrt{\lambda_1}, \sqrt{\lambda_2}, \cdots, \sqrt{\lambda_p}$）で割って標準化する。因子負荷量と主成分得点を並べて解釈する場合，標準化された主成分得点を使う。
- **スペクトル分解**：主成分分析は相関係数行列のスペクトル分解となっている。

3.3.3 主成分分析の手順

主成分分析の一般的な分析手順を以下に示す。分析にあたっては主成分分析を行う事前のモニタリングが重要であることを強調しておく。

1. 分析に必要な変数を選定する。分析目的に対して無意味な変数を含んでいると分析結果の解釈が困難になるため，変数選定には十分な吟味が必

要である。

2. 個体の数は 100 以上が望ましい。計算される相関係数は標本誤差を含む。そこから得られる主成分も標本誤差を含んだものになる。個体数が少ない場合の主成分の解釈は控えめにする。

3. データベースの活用や実際にアンケートなどによりデータを収集する。収集されたデータは分析しやすいようにデータ行列にまとめる。データは多変量正規分布から得られたと仮定できることが望ましい。必要であれば，対数変換や単位当たりの比率 —たとえば，選挙データであれば得票率，都道府県の経済データであれば人口 1 千人当たりの電力消費量など— に加工しておく。

4. データのモニタリングによって，外れ値は色を変えたり，マーカを変えたりしておく。JMP の機能が強力にサポートしてくれるはずである。

5. 各変数の基本統計量 —とくに平均や標準偏差など— を調べておく。主成分分析は平均位置の情報を取り除いた分析であるので，報告書には必ず平均や標準偏差を記入しておく。

6. 主成分分析を実行する。多くの多変量解析の解説書では，はじめに分散共分散行列から出発する方法について説明してあるが，特別な理由がない限り相関係数行列から出発する方法を選ぶ。

7. 固有値と寄与率を求める。解釈する成分の選択方法は，経験的に以下の基準が知られているが，絶対的なルールではないことを理解する。

   - 固有値が 1 以上のもの（元の変数の情報量が 1 であるから，合成指標としては，それ以下の情報量しか持たない主成分は解釈しないとする立場）
   - 累積寄与率が 0.7〜0.8 を超えるところまでの成分を解釈する

8. 特徴ある個体の抽出を行う。成分の両端にある個体を比較することで新たな知見が得られる場合がある。

9. 因子負荷量や主成分得点の散布図などを用いて，成分の命名，キャッチフレーズをつける。

10. 成分の解釈が困難な場合には，バリマックス回転により単純構造化を試みる。

練習問題 3.3：電子部品 A

「電子部品 A」[U] のデータから，高さ・重量・上幅・中幅・下幅を使い主成分分析を行え。

練習問題 3.4：色差と嗜好

1. 「色差と嗜好」[U] のデータから，色差 A から色差 E までを使い主成分分析を行え。
2. 4 つの主成分を保存して，4 つの主成分の散布図行列を描き，考察せよ。

練習問題 3.5：商品使用満足度

「商品使用満足度」[U] のデータから，商品総合満足度を除き主成分分析を行え。得られた主成分と満足度との関係をヒストグラムや散布図を使い検討せよ。また，主成分から得られた仮説を元の変数を使い表現することができるか考えよ。

活用術 3.2：主成分の解釈

練習問題 3.5 のようにアンケートデータに主成分分析を行うことが多い。このとき，主成分の解釈は常識的に意味があるかどうかを常に考慮する。記述的に留めるか，因果的な推測を積極的に行うか，その分かれ道は良心にかかっている。

3.4　主成分分析の実際

主成分分析から大きな収穫を得るには，目的を明確にし，主成分分析を理解した上で分析を行うことである。無味乾燥なデータも，見かたを変えて分析してみると，いままで知らなかった特別な知見が得られるかも知れない。ここでは，いくつかの事例を使い，主成分分析によるデータ分析の考えかたをまとめる。到達レベルは，データ分析の明確なストーリーとデータの吟味，データ変換や転置によるご利益である。

そのために，教訓的な物語を紹介する。物語の前半では失望を，後半は勇気と希望を与えてくれるだろう。旅人よ，もし霧の深い数字の森に迷い込んでいるのなら，この剣（Regulation）を使い，抜けるような青空の下，データ分析の道に舞い戻られんことを。

3.4.1 従業員満足度

データは「部下の上司評価」[U] である。出典は日本品質管理学会テクノメトリックス研究会編（1999）による。データは，上司が部下の仕事内容をどの程度理解しているかについて 101 人の社員に 5 段階評点尺度—そう思わない（1点）〜そう思う（5 点）—でアンケートした結果である。なお，本書では従業員の属性に関する分析については言及しない。

（1）事前分析

分析に用いる変数は，業務指示，進捗管理，業務内容，部下対話，雰囲気の5 つである。変数の意味を以下に記す。

- 業務指示：上司が部下に業務指示を与えているかを部下の目で回答
- 進捗管理：上司が仕事の進捗管理を行っているかを部下の目で回答
- 業務内容：上司が仕事の内容を把握しているかを部下の目で回答
- 部下対話：上司が部下と気楽に対話を行っているかを部下の目で回答
- 雰囲気：上司は職場の雰囲気に気を使っているかを部下の目で回答

アンケートデータであるから，正確には順序尺度である。実務では連続尺度として処理されることが多い。ここでもそのように扱う。表 3.1 に示した基本統計量より，平均は評点の中央である 3 よりいずれも高く，部下対話や雰囲気といったコミュニケーション，すなわち集団維持能力の評価がやや高いことがわかる。標準偏差は，いずれの変数でも 1 点程度あることがわかる。

表 3.1 従業員満足度の基本統計量

変数	業務指示	進捗管理	業務内容	部下対話	雰囲気
平均	3.26	3.49	3.30	3.54	3.57
標準偏差	1.197	1.222	1.196	1.082	0.993

次に，2 変数の関係について調べる。5 段階評点尺度で得られたデータであるので，散布図行列を描画するよりも**バブルチャート**で分布を確認したほうがわかりやすい。図 3.11 のバブルチャートより，評点で 1 点や 2 点をつけた頻

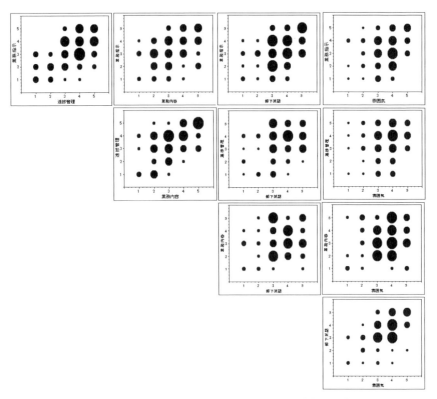

図 3.11 バブルチャートの行列 (レイアウトの関係で著者が編集した)

度は 5 点の頻度よりも少ないことがわかる。関連性のわかりやすい変数対は，(業務指示, 進捗管理)，(業務指示, 業務内容)，(業務指示, 部下対話)，(進捗管理, 業務内容)，(部下対話, 雰囲気) である。

(2) 主成分分析の実行

図 3.12 は 5 変数の相関係数行列である。この相関情報に基づいて主成分分析を実行する。図 3.13 の固有値，累積寄与率から，解釈するのは主成分 2 までと考える。主成分を解釈するには，因子負荷量がわかりやすい。なお，メニューの"多変量"から"多変量の相関"を使って主成分分析のコマンドを実行する場合は，因子負荷量の値を出力しない。このコマンドでは，"主成分の回転"コマンドを使ってバリマックス回転を行い，出力された"回転前の因子

パターン”の数値により主成分の解釈を行う。因子負荷量を“回転前の因子パターン”のブロックで出力してくれる。

操作 3.7：主成分分析

1. 「部下の上司評価」[U] を読み込み，“分析 (A)”メニューの“多変量”の下位コマンド“主成分分析”をクリックする。
2. 表示されたウインドウで，5 変数すべてを“Y，列”に選択し，“OK”ボタンをクリックすると主成分分析が実行され，固有値，寄与率などが表示される。
3. タイトルの“主成分：相関係数行列から”の左の赤い▼をクリックして，“負荷量行列”をクリックすると，ウインドウにその値が表示される。
4. 3 と同様な操作で，コマンドの“散布図行列”をクリックし，プロットする成分数（2 以上）を入力すると，散布図行列がプロットされる。
5. 3 と同様な操作で，コマンドの“バイプロット”をクリックし，プロットする成分数（2 以上）を入力すると，バイプロットが描画される。

相関

	業務指示	進捗管理	業務内容	部下対話	雰囲気
業務指示	1.0000	0.5634	0.4209	0.4253	0.2697
進捗管理	0.5634	1.0000	0.5711	0.2935	0.1801
業務内容	0.4209	0.5711	1.0000	0.1696	0.1580
部下対話	0.4253	0.2935	0.1696	1.0000	0.5394
雰囲気	0.2697	0.1801	0.1580	0.5394	1.0000

図 3.12 従業員満足度の散布図行列

操作 3.8：主成分の保存と因子負荷量

1. タイトルの“主成分：相関係数行列から”の左の赤い▼をクリックして，“主成分の保存”をクリックすると，ウインドウが表示される。
2. ウインドウで保存する主成分数を 2 と入力して，“OK”ボタンをクリックすると，データテーブルに主成分得点が追加される。
3. “分析 (A)”メニューの下位コマンド“多変量の相関”をクリックし，表示されたウインドウで，元の 5 変数と 2 つの主成分を“Y，列”に選択し，“OK”ボタンをクリックする。
4. 表示された相関係数行列の中で，元の変数と主成分との相関係数が因子負荷量である。

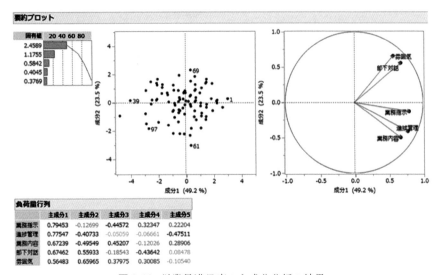

図 3.13 従業員満足度の主成分分析の結果

　図 3.13 の因子負荷量から，主成分 1 は，すべて正数であるから，総合的な上司評価と考えられる．主成分 2 は，（部下対話，雰囲気）が正数で，（進捗管理，業務内容）が負数であるので，集団維持能力 VS 実行計画能力と考えられる．図右の因子負荷量グラフでは，表示される変数が半径 1 の円の内側にプロットされる．プロットが円周上にある場合は，その変数が 2 つの主成分で完全に説明できることを意味する．つまり，中心から円周へ上に近づくほど，2 つの成分で変数を説明する力が強まっていくのである．

　図 3.14 は，V14（バージョン 14）から搭載された散布図行列で，右上三角部分が因子負荷量のプロット，左下三角部分が主成分得点のプロットである．図では主成分 3 までを描画している．この散布図行列を見比べることで，各主成分軸での変数と個体の位置関係を視覚的につかむことができる．また，図 3.15 は主成分 3 までのバイプロットである．バイプロットを使っても各主成分軸での変数と個体の位置関係を視覚的につかむことができる．

3 章 主成分分析（PCA） 103

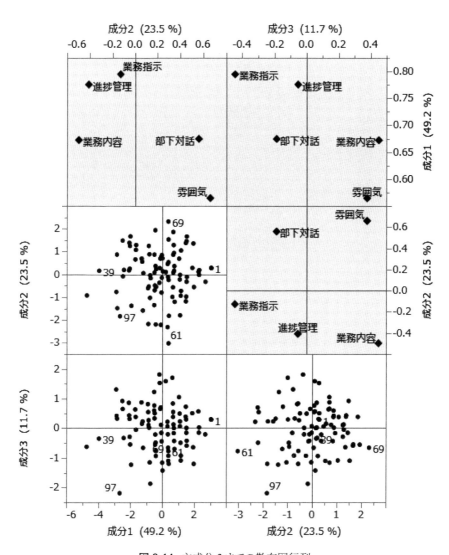

図 3.14 主成分 3 までの散布図行列

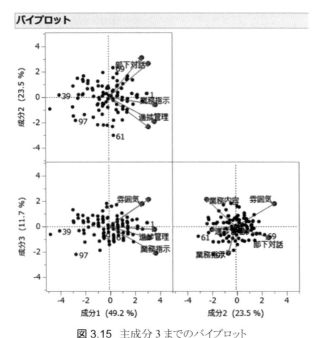

図 3.15 主成分 3 までのバイプロット

(3) バリマックス回転

次に，バリマックス回転により個別能力を測定する．ここでは，2つの主成分を回転して因子を抽出しよう．図 3.16 がバリマックス回転後の結果である．"回転後の因子のパターン"の値から，因子1が実行計画能力，因子2が集団維持能力であることがわかる．また，"回転行列"の対角要素の値 0.803 などから，主成分の軸を反時計回りに約 35 度回転させて因子を構成していることがわかる．"共通性"の値から，各変数への2因子の累積寄与率は少なくとも 0.7 程度あるいはそれ以上あることがわかる．ところで，注意しないといけないのは，回転させる主成分の数により回転後の結果が異なることである．分析者は固有値や知見から試行錯誤的に抽出する因子数を決めなければならない．この作業はなかなか悩ましい．

図 3.17 は因子得点の散布図である．実行計画能力と集団維持能力の2元による上司評価のマップの構成から，第 1 象限には実行計画能力と集団維持能力ともに高い上司評価の組織が布置され，第 2 象限には集団維持能力は高いが実

回転前の因子負荷量

事前共通性の推定値:ONE

	因子1	因子2
業務指示	0.794529	-0.126989
進捗管理	0.775473	-0.407328
業務内容	0.672390	-0.495486
部下対話	0.674623	0.559334
雰囲気	0.564830	0.659647

回転後の因子負荷量

	因子1	因子2
業務指示	0.7134310	0.3720457
進捗管理	0.8653696	0.1356822
業務内容	0.8352258	0.0034351
部下対話	0.2077797	0.8513505
雰囲気	0.0598214	0.8663648

回転行列

0.80259	0.59654
-0.59654	0.80259

最終的な共通性の推定値

業務指示	0.64740
進捗管理	0.76727
業務内容	0.69761
部下対話	0.76797
雰囲気	0.75417

標準化スコア係数

	因子1	因子2
業務指示	0.323777	0.106055
進捗管理	0.459818	-0.089966
業務内容	0.470908	-0.175164
部下対話	-0.063641	0.545546
雰囲気	-0.150382	0.587397

各因子によって説明される分散

因子	分散	寄与率	累積寄与率
因子1	2.0022	40.044	40.044
因子2	1.6322	32.645	72.689

図 3.16　バリマックス回転後の結果

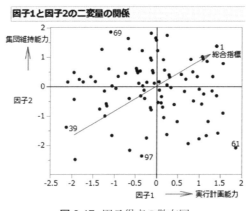

図 3.17　因子得点の散布図

行計画能力は低い上司評価の組織が布置され，第3象限には実行計画能力と集団維持能力ともに低い上司評価の組織が布置され，第4象限には集団維持能力は低いが実行計画能力は高い上司評価の組織が布置される。

　このような4象限分割マップは直感的に理解しやすいため，さまざまな分野でポートフォリオなどという名称で活用されるが，無理に因果的な解釈を行うと，しっぺ返しを受けることになりかねない。マップの判断は調査した個体内での相対評価であるため，あくまで記述的な利用やアイデア創出のヒントに利

用すべきである。

操作 3.9：主成分の回転と保存
1. タイトルの"主成分分析：相関係数行列から"の左の赤い▼をクリックして，"因子分析"をクリックし，バリマックス回転を行う。
2. 表示されたウインドウで，"因子数"に"2"を入力し，回転方法に"Varimax"を選択する。
3. 因子分析の方法で"主成分分析"にチェックを入れ，事前共通性で"主成分分析（対角要素＝1）"にチェックを入れて，"OK"ボタンをクリックすると，バリマックス回転が実行される。
3. タイトルの"主成分分析：相関係数行列から"の左の赤い▼をクリックして，"回転後の成分の保存"をクリックすると，データテーブルに因子得点が保存される。

注）直交回転と斜交回転

バリマックス回転は成分同士に直交性の制約がある。この制約のため，変数分類が緩やかになる場合もある。そのような場合には，直交性の制約を排した斜交回転である Quartimin 回転を使ってみるとよい。図 3.18 は，本事例におけるバリマックス回転（マーカー■）から**クォーティミン回転**（マーカー●）に変更した場合の因子負荷量の動きを図示したものである。直交回転から斜交回転にすることで，（業務内容，進捗管理，業務指示）は因子 1 との関係が強まり，（雰囲気，部下対話）は因子 2 との関係が強まっている。つまり，この例では，より変数分類が明快になったのである。

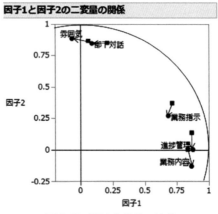

図 3.18　因子負荷量の比較

3.4.2　理想の恋人の重要度

　ある大学の「データ分析」の授業では，教官から「みなさんが理想の恋人を思い浮かべるとき何を重要視するか。重要視する項目間にはどのような関係があるか」という課題が与えられた。データは「理想の恋人」[U] である。

（1）調査前の議論

　はじめ学生たちは，重要度の項目を決めるにあたり，互いに関連が強いものを選ぶのは冗長であるから，できる限り関連が薄い異なる評価項目をいくつか用意することが合理的であるとした。しかし，これでは活用術 3.3 から，主成分分析のご利益が得られない。そこで，少し練り直し，以下の 7 つの項目が重要であろうということになり，5 段階評定尺度で調査をすることで意見が一致した。

- 経済力：相手の所得や金銭的余裕度
- 容姿：相手の容姿
- 性格：相手の性格
- 年齢：自分と相手との年齢の差
- 趣味：自分と相手との趣味の一致度
- 相性：自分と相手との相性の良さ
- 距離：自分と相手との居住地間の距離

　調査前，ある学生は「性格を重要視すれば経済力は重要視しないから負の相関があり，主成分分析の結果，対立概念が構成される」と主張した。また，別の学生は「性格と相性は共により重要な項目であるから正の相関が生じ，1 つの主成分か 1 つの因子を構成する」と主張した。

|活用術| 3.3：相関と主成分分析
　　　主成分分析は 1 組の相関のある変数を無相関な変数の新しい組に変換する。つまり，元の変数がほぼ無相関であれば主成分分析を使うメリットはない。

（2）第 1 回目の分析

　実際に $n = 20$ 人の男子学生に調査を行い，データをまとめた。読者は，データのモニタリングに引き続き，主成分分析を実行してほしい。主成分 3 までの固有値が 1 を超え（3 つの主成分の固有値は 1.96, 1.56, 1.09），累積寄与率は 0.66 になるであろう。

　図 3.19 に示す因子負荷量の値を見て，学生たちは狐につままれたような顔をして，やがて口々に「主成分分析が間違っている」あるいは「主成分分析は使えない」と発言した。いかなる事態が発生したのであろうか。主成分 1 についてのみ解釈してみよう。主成分 1 では，（経済力，性格）と年齢との対立概念が構成されているが，解釈困難である。これは n 数が少ないためだけとは言えない。

相関	経済力	容姿	性格	年齢	趣味	相性	距離
経済力	1.000	-0.083	0.584	-0.220	0.222	0.204	0.017
容姿	-0.083	1.000	0.222	-0.000	-0.170	0.076	0.009
性格	0.584	0.222	1.000	-0.429	-0.114	0.069	0.103
年齢	-0.220	-0.000	-0.429	1.000	0.000	-0.251	-0.172
趣味	0.222	-0.170	-0.114	0.000	1.000	0.288	-0.270
相性	0.204	0.076	0.069	-0.251	0.288	1.000	-0.177
距離	0.017	0.009	0.103	-0.172	-0.270	-0.177	1.000
主成分1	0.771	0.129	0.820	-0.672	0.162	0.438	0.097
主成分2	0.143	-0.327	-0.313	0.152	0.794	0.513	-0.649
主成分3	-0.243	0.865	0.063	0.097	-0.118	0.331	-0.379

図 3.19　元の変数の相関と因子負荷量の行列

　なぜ学生たちの主張と主成分分析の結果が食い違ったのであろうか。その謎を解くために，元の 7 変数の基本統計量を表示しよう（表 3.2）―本当は主成分分析を行う前に調べておく必要があるのだが―。確かに，平均を読むと，性格と相性の平均は高く，4 点を超えている。また，経済力や距離は 3 点以下で，重要度としては低い。学生たちが期待していたのは，平均の違いが主成分分析にも反映されることであった。これは，活用術 3.4 から誤りであることがわかる。

表 3.2　理想の恋人の重要度の基本統計量

変数	経済力	容姿	性格	年齢	趣味	相性	距離
平均	2.15	3.80	4.60	3.00	3.05	4.10	2.55
標準偏差	0.933	0.951	0.598	1.026	1.234	1.021	1.191

3 章　主成分分析（PCA）　109

|活用術| 3.4：主成分分析は相関構造の分解

　　主成分分析は相関構造を分解して解釈可能な成分を提供してくれるが，相関構造では，平均や標準偏差に関する情報が取り除かれている。つまり，主成分分析は変数の平均的な位置関係を表現するものではない。

(3) 第 2 回目の分析 ―データ行列の転置―

　それでは，学生たちの期待する結果を主成分分析で求めることはできないかというと，データ行列の転置という禁じ手がある。学生たちは回答者の重要度の順番 ―反応のパターン― についての情報が知りたかったのだから，回答者を変数に，項目を個体にして主成分分析を実行すれば期待に応えることができる。

　ただ，この方法は回答者数が多い場合には計算機の資源を大量消費するので，数百のオーダーの調査データには使えない。

|操作| 3.10：データテーブルの転置

　　1.　"テーブル (T)" メニューから，"転置" をクリックする。
　　2.　表示されたウインドウの "列の選択" から転置する変数を選び，"転置する列" のボタンをクリックし，"OK" ボタンをクリックする。
　　3.　転置された新しいデータテーブルが表示される。

　実際に転置されたデータセットに主成分分析を実行すると，主成分 3 までの累積寄与率が 0.8 ―主成分 1 の固有値が 9.72，主成分 2 の固有値が 3.96，主成分 3 の固有値が 2.31― ほどある。図 3.20 に主成分の散布図を示す。

　今度はうまくいった。主成分 1 は重要度の平均の小さいほうから大きいほうに布置されている。固有値の大きさから，共通の反応パターンは約 50 ％ の情報を持っている。重要度の評点は 20 人でほぼ同様な傾向があることがわかる。

　主成分 2 以降は学生の反応パターンの共通性からの残差と考えられる。たとえば，主成分 2 では趣味と距離という重要度の高くない項目について，しいて挙げればどちらを重要視するかという反応パターンの違いを表していると考えられる。これは全体の 20 ％ を占めているが，この分析での個体数がわずか 7 であるので，主成分 1 の解釈に留め，主成分 2 以降は残差として扱うのがよいだろう。

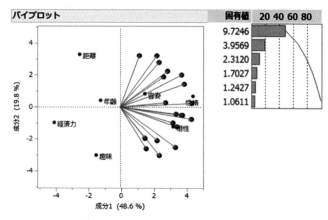

図 3.20 転置後の主成分1と主成分2のバイプロット

なお，転置後の主成分分析で得られた固有値は，図 3.20 では表示されないが，主成分7以降が0である．これは，全体の情報は変数の数 20 よりも少なく，個体数 7 —重要度の項目数— から平均情報1を引いた6までの次元しかないことを意味している．

3.4.3 食べ物の好みに関する調査

ある研修施設では，食堂のメニュー改善のために 27 品目の食品の好みについて 5 段階評点 —1点：大嫌い〜5点：大好き— のアンケート調査を行った．アンケートの結果，男性の回答者が圧倒的であったので，性別での分類をあきらめて，出身地と年齢で分類したときの平均をデータとしている．すなわち，20 代西日本，30 代西日本，40 代西日本，20 代東日本，30 代東日本，40 代東日本の 6 変数で構成される，27 行 × 6 列のデータセットである．

(1) 第 1 回目の分析

このデータは「食の好み」^{U} である．データセットにある変数は 12 で，個体は 27 である．はじめに使う変数は，20 代西日本，30 代西日本，40 代西日本，20 代東日本，30 代東日本，40 代東日本の 6 つである．

この問題における主成分分析の目的は，年齢や出身地により食の好みに違いがあるかどうかを調べることである．主成分分析を実行した担当者は思わず頭

を抱えてしまった。読者は「食の好み」のデータを JMP に読み込み，データのモニタリングに引き続き，主成分分析を実行して図 3.21 を確認してほしい。とくに，データ行列を吟味しておくこと。

　図の出力から，主成分 1 の固有値が 4.52，寄与率が 0.75 もあり，主成分 2 以降の固有値は 1 よりもはるかに小さい。主成分 1 は総合指標であるから，食の好みは出身地や年齢によらないということになる。せっかく分類して 6 つの変数を作ったにもかかわらず，違いが見られないという，つまらない結論になってしまった。無理に主成分 2 以降を解釈しようにも固有値が小さく，因子負荷量も無相関に近い値になっている。これは活用術 3.5 の典型的な例である。

固有値

番号	固有値	寄与率	20 40 60 80	累積寄与率
1	4.5234	75.390		75.390
2	0.5467	9.112		84.502
3	0.3724	6.207		90.710
4	0.2408	4.013		94.723
5	0.2167	3.612		98.335
6	0.0999	1.665		100.000

負荷量行列

	主成分1	主成分2	主成分3	主成分4	主成分5	主成分6
東日本20代	0.88032	0.17491	-0.35668	0.17839	-0.10126	0.15857
東日本30代	0.88841	0.03039	-0.28218	-0.28534	0.20022	-0.09319
東日本40代	0.84095	-0.43466	0.01664	0.28121	0.11908	-0.10169
西日本20代	0.79377	0.48943	0.30116	0.10424	0.16927	-0.01309
西日本30代	0.91684	0.05629	0.09188	-0.06789	-0.35149	-0.14012
西日本40代	0.88392	-0.28911	0.25726	-0.18161	-0.00111	0.18959

図 3.21 食の好みの主成分分析の出力

[活用術] 3.5：第 1 主成分
　　互いに強い相関を持つ同質な変数群に主成分分析を実行すると，第 1 固有値だけが大きくなり，解釈可能な主成分は総合指標（主成分 1）のみという結果が得られることが多い。

（2）第 2 回目の分析 ―行方向標準化―

　これを打開するための方法として，行方向の標準化という秘策がある。これは，総合指標そのものに興味のない場合に効力を持つ。

[活用術] 3.6：行方向の標準化
 1. 分散を 1 に調整する：個体の評点のばらつかせかたを考慮しない
 2. 分散を 1 に調整しない：個体の評点のばらつかせかたに意味がある

ここでは，食の好みに関する年齢と出身地によるばらつきの大きさに意味があると考えて，分散を 1 に調整しない．

データを行方向標準化するために，各変数から行平均―個体の反応についての平均―を引いて新しい変数を作る．新しい変数はデータセットの後ろの 6 変数で，変数名の最後に"1"がついているので確認してほしい．読者は新しい変数についてモニタリングによりデータを吟味してほしい．図 3.22 に，行方向標準化後の 6 変数の散布図行列を示す．図から，納豆は西日本の 20 代と 40 代に好まれていないことがわかる．それ以外には 95% 確率楕円から外れる食品は見当たらない．

新たな変数について主成分分析を実行したところ図 3.23 を得た．第 6 番目の固有値は 0 であるが，これは行方向について標準化したので，新たなデータ

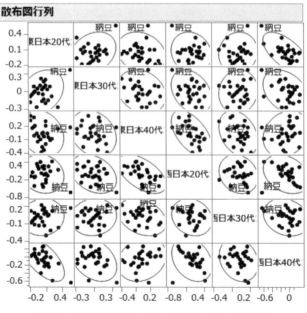

図 3.22 行方向標準化後の食の好みの散布図行列

固有値

番号	固有値	寄与率	20 40 60 80	累積寄与率
1	2.0922	34.871		34.871
2	1.5452	25.753		60.623
3	1.0664	17.773		78.397
4	0.8006	13.344		91.741
5	0.4956	8.259		100.000

負荷量行列

	主成分1	主成分2	主成分3	主成分4	主成分5
東日本20代1	0.72032	0.31568	-0.35145	0.29594	0.41278
東日本30代1	0.52541	0.51197	0.04410	-0.65780	-0.16490
東日本40代1	-0.62713	0.53761	-0.34653	0.30529	-0.32311
西日本20代1	0.23784	-0.93764	-0.19224	-0.03205	-0.16209
西日本30代1	0.38083	0.12146	0.83023	0.36528	-0.13229
西日本40代1	-0.83812	-0.02091	0.30759	-0.22958	0.38705

図 3.23 行標準化後の食の好みの主成分分析の出力

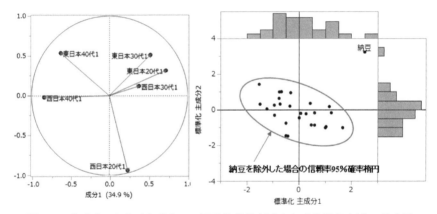

図 3.24 主成分 1 および主成分 2 の因子負荷量（左）と主成分得点（右）の散布図

セット —東日本 20 代 1〜西日本 40 代 1— の行和は 0 となり，制約から次元が 1 つ落ちて実質の次元が 5 次元となるためである。主成分を解釈するために，固有値が 1 より大きい主成分 3 までをデータテーブルに保存する。

今回のデータでは，個体に解釈を助ける情報 —食品名— があるので，主成分 1 と主成分 2 の標準化された主成分得点の散布図を描く。これが図 3.24 である。散布図には外れ値があることがわかる。

ラベルをつけると，それが「納豆」であることがわかる。図 3.22 から直ちに

納豆が主成分 1 および主成分 2 の布置で外れ値になるとはわからないであろう。主成分分析は，多変量空間の外れ値検出という優れた性質を持っている。

操作 3.11：グラフにラベルの追加

1. 「食の好み」[U] を読み込み，データテーブルの"列名"の"食品名"をクリックして，背景が反転していることを確認する。
2. "列 (C)"メニューの"ラベルあり/ラベルなし"をクリックすると，"テーブル情報パネル"のタイトル"列"の下に登録されている"食品名"の右にラベルの記号が追加される。
3. 行標準化した 6 変数を使って主成分分析を行い，主成分 3 までをデータテーブルに保存する。
4. "一変量の分布"プラットフォームで，主成分 1 および主成分 2 のヒストグラムを描き，標準化スコアをデータテーブルに保存する。
5. 標準化主成分 1 および標準化主成分 2 の散布図を描き，外れ値のプロットをクリックし，プロットが大きくなったことを確認後，右クリックしてメニューを表示させる。
6. "メニュー"の行ラベルをクリックすると，プロット付近に食品名のデータ ―納豆― がラベルとして表示される。

操作 3.12：外れ値を除外して確率楕円を描く

1. 操作 3.11 に引き続き，メニューから"ヒストグラム軸"をクリックする。
2. 散布図上の納豆のプロット点をクリックして，プロットが大きくなったことを確認後，右クリックしてメニューを表示させる。
3. メニューから"行の除外"を選択する。
4. タイトルの"標準化主成分 1 と…"の左の赤い▼をクリックして，"確率楕円"の"0.95"を選び，確率楕円を描く。

納豆を除外して再度主成分分析を実行する。図 3.25 に結果を示す。固有値，累積寄与率の値から主成分 4 まで解釈する。図 3.26 および図 3.27 は，そのときの因子負荷量と主成分得点の散布図である。図 3.26 は主成分 1 および主成分 2 の散布図である。横軸の主成分 1 からは，20 代と 40 代による食の好みの違いが読み取れる。主成分 2 は西日本および東日本の 30 代の因子負荷量が正数で大きな値を持っているので，30 代の好みの食品が縦軸の正側に布置される。図 3.26 左の追加された矢印の方向で，年代による食の好みの変化の様子が読み取れる。図 3.27 は主成分 3 および主成分 4 の散布図である。20 代，30 代の出身地による食の好みの違いが読み取れる。

3 章 主成分分析 (PCA)

固有値

番号	固有値	寄与率	20 40 60 80	累積寄与率
1	2.3759	39.598		39.598
2	1.2500	20.834		60.431
3	1.0489	17.482		77.914
4	0.7799	12.998		90.911
5	0.5453	9.089		100.000

負荷量行列

	主成分1	主成分2	主成分3	主成分4	主成分5
東日本20代1	0.60651	-0.33210	0.07212	0.71708	0.04946
東日本30代1	0.15706	0.60040	0.77029	-0.04220	0.14048
東日本40代1	-0.77206	-0.45380	0.00421	-0.11383	0.43013
西日本20代1	0.81937	-0.26328	-0.09948	-0.45558	-0.20460
西日本30代1	0.15968	0.69031	-0.66295	0.08775	0.22532
西日本40代1	-0.83090	0.16577	-0.03116	0.18883	-0.49548

図 3.25 納豆を除外した後の主成分分析の結果

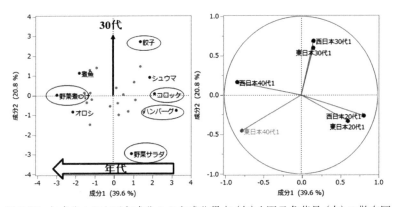

図 3.26 主成分 1 および主成分 2 の主成分得点 (左) と因子負荷量 (右) の散布図

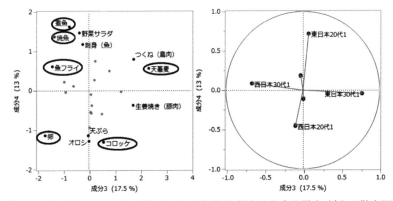

図 3.27 主成分 3 および主成分 4 の因子負荷量 (左) と主成分得点 (右) の散布図

[活用術] 3.7：主成分分析の外れ値分析
　小規模データセットに主成分分析を実行する場合は，主成分座標での外れ値に注意する。外れ値は2種類あり
- 大きい固有値に対する外れ値は主成分の解釈を困難にする。
- 小さい固有値に対する外れ値は無意味な主成分を抽出する。

3.4.4 選挙データから見た首相人気

　2000年衆議院選挙は，不透明な内閣運営により，大都市を抱える都道府県で与党が惨敗した。一転，2001年参議院選挙では，改革を旗印とした小泉党首の人気により与党が躍進した。「選挙データ2001」[U] は，2000年衆議院と2001年参議院の比例区における各政党の都道府県別得票数のデータである。

(1) 第1回目の分析

　元々のデータは，図3.28 左にあるような 都道府県 × 政党 × 選挙年 の3元データである。3元データとして表せるものは世の中にはたくさんある。元データを分析できる手法はいくつか提案されているが，一般的に利用可能なレベルまで環境が整備されているとは言い切れない。「選挙データ2001」も3元データであるが，ファイルには図右の形式で選挙年を積み重ねて2元データとしている。

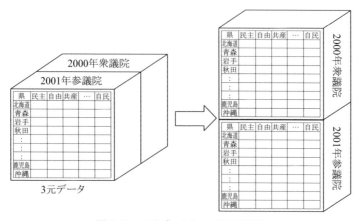

図 3.28　3元データを2元に再配置

3章　主成分分析（PCA）

　読者は，図 3.29 の選挙年ごとの政党別ヒストグラムや散布図行列や相関係数を確認した後，このままでは本当に欲しい情報の要約が主成分分析から得られないと思うはずである。たとえば，相関係数は政党間で強い正相関が見いだせるはずである。ここで何の感慨もない読者は先を読むことを中断して，少し考える時間をとってほしい。計算された政党間の相関係数は，事実だが真実ではない。

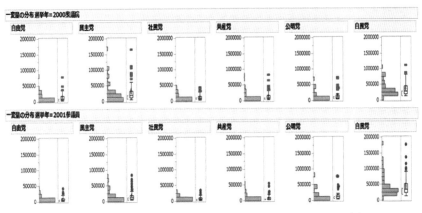

図 3.29　各政党の都道府県別得票数（上：2000 年，下 2001 年）

　散布図行列と相関係数を確認しただろうか。図 3.30 に得票数の相関係数行列を示す。相関情報の中に各都道府県のスケールの大きさ（選挙人口）の影響が混じっていると気づくべきである。各都道府県での選挙人口は限られているから，与党勢力と野党勢力の政党間に強い正相関があるのは好ましくない。対立的な要素が相関情報に現れないのは不合理である。得票数のままで主成分分析を行うことが不合理であるとわかった上で，どのような結果になるか見てみよう。百聞は一見にしかず。

相関	自由党	民主党	社民党	共産党	公明党	自民党
自由党	1.000	0.904	0.860	0.898	0.825	0.763
民主党	0.904	1.000	0.887	0.933	0.849	0.787
社民党	0.860	0.887	1.000	0.882	0.852	0.772
共産党	0.898	0.933	0.882	1.000	0.922	0.801
公明党	0.825	0.849	0.852	0.922	1.000	0.918
自民党	0.763	0.787	0.772	0.801	0.918	1.000

図 3.30　得票数の相関係数行列

主成分分析の結果，図 3.31 の出力が得られる。固有値は主成分 1 が圧倒的に大きく，主成分 2 の固有値は 1 をはるかに下回っている。ここでは，慣例に従わず，あえて主成分 2 までを解釈する。

主成分 1 は，すべての政党がほぼ等しい正数の因子負荷量を持つため，得票数の多さと解釈できる。主成分 2 は与党が正数，野党が負数の因子負荷量を持

固有値

番号	固有値	寄与率	20 40 60 80	累積寄与率
1	5.2874	88.123		88.123
2	0.3381	5.635		93.759
3	0.1437	2.395		96.153
4	0.1195	1.992		98.145
5	0.0875	1.458		99.603
6	0.0238	0.397		100.000

負荷量行列

	主成分1	主成分2	主成分3	主成分4	主成分5	主成分6
自由党	0.93275	-0.21724	-0.19097	0.17317	-0.12722	-0.01205
民主党	0.95263	-0.18130	-0.05911	-0.03721	0.22910	-0.04759
社民党	0.93314	-0.14392	0.31549	0.09090	-0.02485	0.01107
共産党	0.96620	-0.08957	-0.04753	-0.21222	-0.04447	0.09572
公明党	0.95257	0.23403	0.02126	-0.13096	-0.10393	-0.09716
自民党	0.89343	0.41777	-0.03838	0.13308	0.07339	0.05184
2000衆議院	0.28496	-0.35577	0.05266	-0.01213	0.01594	0.00622
2001参議員	-0.28496	0.35577	-0.05266	0.01213	-0.01594	-0.00622

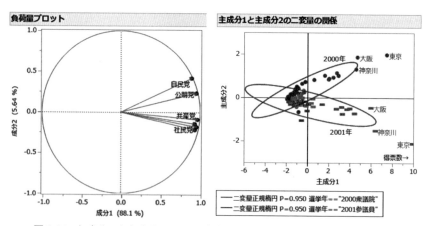

図 3.31 選挙データの主成分分析の結果

図 3.32 主成分 1 と主成分 2 の因子負荷量 (左)，主成分得点 (右) の散布図

つため，与野党対決による得票数の違いと解釈できる。

　また，図 3.32 に主成分 1 および主成分 2 の散布図を示す。95 ％ の確率楕円
は選挙年ごとに層別したものである。図より，得票数の多い県ほど小泉効果が
大きかったといえそうである。しかも，東京・神奈川・大阪といった都市部で
は，2000 年から 2001 年の 1 年間で，野党寄りから与党よりに傾向が変わった
と読むことができるかも知れない。しかし，これは大きな誤解を招く，まずい
分析である。

（2）第 2 回目の分析 －得票率への変数変換－

　図 3.32 の横軸は，得票数が多い県が正側にあるが，これは有権者が多い県
に過ぎないので，人口規模が大きく影響している。同様に確率楕円の傾きが
2000 年と 2001 年で違っているが，この傾きの正負の違いにも人口規模が影響
を与えている。また，自民党は有権者の少ない地方で票を集めているので，こ
れに主成分 1 の要素が入ってしまう。このように，分析の目的である要素とそ
うでない要素が混ざりあってしまうので －交絡という－ 好ましくない。そこ
で，得票率や比率に変数変換した後に主成分分析を行うとよい。

[活用術] 3.8：交絡
　　　元々規模が大きく異なる個体が含まれるようなデータの場合には，個体の規
　　　模を規定する要素と分析目的である要素が交絡して，好ましい結果が得られ
　　　ない。

　改めて得票率に関して主成分分析を実行する。読者はモニタリングを行い，
散布図行列から，岩手県，大分県，沖縄県が大きな外れ値であることを確認し
てほしい。主成分の解釈に影響を与える可能性があるので，ここでは分析から
除外する。岩手県は自由党党首の小沢氏のお膝元で，自由党の得票率が他県に
比べて著しく高い結果となっている。2000 年の大分は村山元首相のお膝元で，
社民党が高い得票率を得ている。沖縄県は，米軍基地移転問題で社民党の得票
率が他県に比べて著しく高い結果となっており，自民党と民主党いずれの得票
率も低いという特異な状況であった。

　主成分分析の結果，図 3.33 の出力を得る。主成分 1 は与党と野党の対立を
意味する成分が抽出された。主成分 2 は公明党と共産党が正数の因子負荷量を

固有値

番号	固有値	寄与率	累積寄与率
1	2.6047	43.411	43.411
2	1.5097	25.162	68.573
3	0.8209	13.682	82.255
4	0.6609	11.014	93.270
5	0.3789	6.314	99.584
6	0.0250	0.416	100.000

負荷量行列

	主成分1	主成分2	主成分3	主成分4	主成分5	主成分6
自由得票率	0.57971	-0.48526	0.05103	0.64697	-0.07558	0.03978
民主得票率	0.80270	0.07342	-0.45897	-0.16736	0.32781	0.06446
社民得票率	0.46521	-0.47046	0.66341	-0.33428	0.09685	0.03174
共産得票率	0.68302	0.57284	0.04582	-0.13482	-0.42754	0.04766
公明得票率	-0.31025	0.78566	0.38579	0.27286	0.24636	0.04997
自民得票率	-0.91928	-0.31952	-0.12901	-0.09957	-0.11322	0.11598

図 3.33 得票率の主成分分析の結果

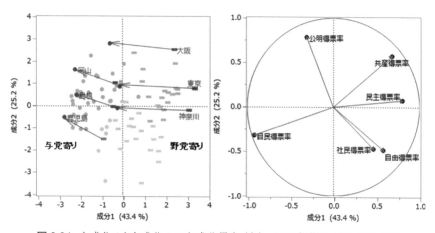

図 3.34 主成分1と主成分2の主成分得点 (左)，因子負荷量 (右) の散布図

持ち，社民党と自由党が負数の因子負荷量を持っているため，組織力が強い政党と弱い政党の対立を意味する成分と思われる．主成分3以降は各政党の特徴を表したものと考えられるため，解釈には用いない．

主成分1および2で散布図を描くと図3.34が得られる．■が2000年―グラフの右側に布置されている―，●が2001年―グラフの左側に布置されている―の点を表している．また，変化に特徴のある都道府県には矢線を付けてあ

る。2000 年の選挙では，大都市周辺の県と長野県 ―羽田氏のお膝元― では野
党寄りの投票が行われ，地方の岡山県，島根県，鹿児島県などは 2000 年とし
ては与党よりの投票が行われた。2000 年から 2001 年への変化は，どの県も同
じように与党寄りに推移していることがわかる。東京都や神奈川県などは 1 年
で与党寄りに推移したが，2001 年で見れば，それでも野党寄りのポジション
にある。岡山県や島根県など地方の保守王国は左上がりに推移しているため，
より強固に ―組織票も増加し― 与党優勢の選挙であったことがうかがえる。

　以上から，2000 年から 2001 年の選挙の変化は，どの県も同程度の比率で野
党寄りから与党寄りに得票率が流れたと思われる。それこそが無党派層を中心
とした小泉人気による与党回帰であったのかも知れない。

(3) 第 3 回目の分析 ―分散共分散行列の分解―

　自民党と民主党の得票率が比較的高いため，その影響を加味した分析をした
い。相関係数行列から出発した主成分分析では，政党の平均的な得票率が大き
く違っていても，同じウエイトで分析がなされる。これはある意味で，実情を
正しく反映したものにならない。そこで，分散共分散行列から出発した主成分
分析を実行してみる。"分析 (A)"メニューの"多変量解析"の"主成分分析"
を実行し，"主成分分析：相関係数行列から"の左にある赤い▼をクリックし
て，メニューの"主成分分析"の下位コマンドの"共分散行列から"をクリッ
クする。図 3.35 がそのときの出力である。図 3.33 とは明らかに異なる結果と
なった。固有値が 1 よりすべて小さい値となった。これは心配する必要はな
い。各変数の分散の大きさがすべて 1 よりはるかに小さく，その和も非常に
小さいためである。分散の合計に対する配分であるから，固有値も小さいので
ある。

　分散共分散行列から出発した主成分分析の場合には，累積寄与率の値で主成
分の解釈を試みよう。図 3.35 の固有値より，主成分 2 までで全体の 82 ％を説
明できることがわかるため，解釈は主成分 2 までとしよう。図の因子負荷量か
ら，2 つの成分では得票率の低い自由党や社民党の値が小さくなり，得票率の
高い自民党，民主党，公明党，共産党の値が大きいことがわかる。明らかに，
相関係数行列から出発した主成分分析の結果と異なることがわかる。

固有値

番号	固有値	寄与率	20 40 60 80	累積寄与率
1	0.0088	68.941		68.941
2	0.0017	13.474		82.415
3	0.0012	9.064		91.479
4	0.0006	4.469		95.948
5	0.0005	3.634		99.582
6	0.0001	0.418		100.000

負荷量行列

	主成分1	主成分2	主成分3	主成分4	主成分5	主成分6
自由得票率	0.43562	0.29160	0.66823	-0.46490	-0.22935	0.09970
民主得票率	0.82852	0.44682	-0.32315	-0.03112	0.08043	0.04512
社民得票率	0.31463	0.13724	0.67484	0.51240	0.39308	0.09811
共産得票率	0.73859	-0.37307	-0.15363	0.32126	-0.42483	0.08949
公明得票率	-0.06884	-0.87431	-0.25018	-0.26832	0.28714	0.11749
自民得票率	-0.98162	0.16322	-0.08220	0.02449	-0.02919	0.03957

図 3.35 分散共分散行列から出発した主成分分析の結果

[活用術] 3.9：分散共分散からの主成分分析

　　分散共分散行列を分解する主成分分析は測定単位に依存し，分散共分散の大きい変数のウエイトが大きくなる．特別な場合でない限り，相関係数行列を分解する主成分分析を使うのが安全である．

　主成分1は自民党と（民主党，共産党）の対立概念を意味する成分であることがわかる．主成分2は公明党の得票率を意味する成分であることがわかる．

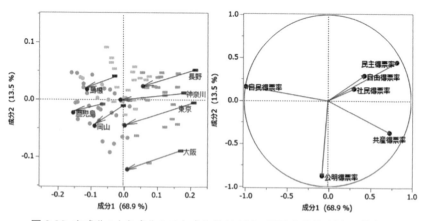

図 3.36 主成分1と主成分2の主成分得点（左），因子負荷量（右）の散布図

3 章　主成分分析（PCA）　　123

図 3.36 から，小泉政権誕生により東京都や神奈川県など大都市圏でも民主党
や共産党支持から自民党支持に大きく推移したことがわかる。

　また，図 3.34 と図 3.36 の布置は，主成分 2 の符号を逆にしたとしても異な
る布置であることも読み取れる。分散共分散行列から出発する主成分分析を使
うのは，変数の測定単位が等しく，かつ変数間の関係のウエイトを変えること
に意味がある場合だけで，通常は相関係数行列から出発する主成分分析を使え
ばよい。

3.5　適用上の問題

　適用上の問題や他の手法との関連について簡単にまとめる。分析過程の物語
となる教訓はなく，手法の特徴に関する問題であるから，初学者は飛ばしても
よい。

3.5.1　相関係数行列と固有ベクトル

　JMP では固有ベクトルも表示される。固有ベクトルの見かたには注意が必
要である。実は，2 つの異なる相関係数行列があったとき，それらの非対角要
素の比がほぼ同じであれば，主成分分析の結果，ほぼ同じ値を持つ固有ベクト
ルが得られる。

> **活用術** 3.10：相関係数行列と固有ベクトル
>
> 　　2 組の相関行列 **R**，**R*** があるとき，**R** の非対角要素が **R*** の定数倍になって
> いる関係にあれば，両者の固有ベクトルは一致することが知られている。つま
> り，p 変数間の相関の強さとは別の問題により固有ベクトルの値が決まる。

　図 3.37 に示すような 2 組の相関係数行列がある。左側の相関係数行列のほ
うが右側に比べて大きく意味がありそうなことが一見してわかる。右はほとん
ど相関がないような相関係数の集まりである。それぞれに主成分分析を行うと
図 3.38 のような結果が出力される。

　2 つの組の固有値は明らかに異なっているが，固有ベクトルはほとんど同
じ値である。元の相関行列の非対角要素の比 C/D は 4.8 倍である。固有値は
ちょうど $\lambda' = (\lambda + k - 1)/k$ の関係，$1.175 \fallingdotseq (1.843 + 4.8 - 1)/4.8 = 1.176$ にな

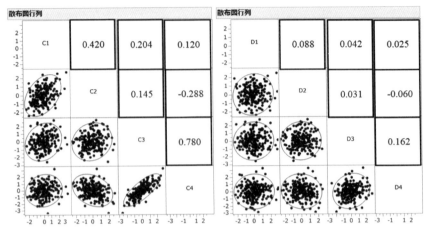

図 3.37　2 組の $n = 200$ の散布図行列と相関係数（数値例）

固有値

番号	固有値	寄与率	累積寄与率
1	1.8429	46.073	46.073
2	1.4586	36.464	82.537
3	0.5956	14.891	97.427
4	0.1029	2.573	100.000

固有ベクトル

	主成分1	主成分2	主成分3	主成分4
C1	0.27681	0.60568	-0.73538	-0.12549
C2	0.02837	0.74042	0.55632	0.37614
C3	0.69005	0.00865	0.37273	-0.62035
C4	0.66813	-0.29130	-0.10391	0.67672

固有値

番号	固有値	寄与率	累積寄与率
1	1.1753	29.383	29.383
2	1.0959	27.396	56.779
3	0.9157	22.893	79.673
4	0.8131	20.327	100.000

固有ベクトル

	主成分1	主成分2	主成分3	主成分4
D1	0.27859	0.60447	-0.73518	-0.12853
D2	0.03211	0.74028	0.55465	0.37857
D3	0.69006	0.00599	0.37468	-0.61919
D4	0.66721	-0.29422	-0.10723	0.67585

図 3.38　2 組の $n = 200$ の散布図行列からの主成分分析の結果

っている。この結果から，主成分の解釈は，固有ベクトルに主成分の強さ（固有値の平方根）を掛けた因子負荷量による判断が良いことがわかる。なお，本数値例は「主成分数値」[U] からセット C，D を使っている。

3.5.2　群間変動と群内変動の問題

ブランドやデザインの感性を評価する場合には，3 元データを扱うことが多い。図 3.39 で考えよう。3 元データは，n 個の試料について m 人が p 項目を 5 段階なり 7 段階の評点で回答する形式で得られるものである。分析方法はいくつか考えられる。

3 章　主成分分析（PCA）　　125

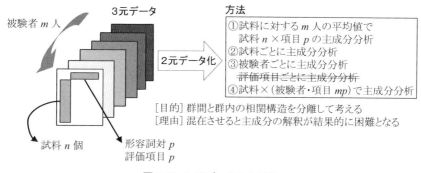

図 3.39　3 元データの 2 元化

1. 個人の反応パターンをひとまず無視して，各試料について m 人の平均を計算する．平均を特性として，試料 n × 評価項目 p の 2 元データで主成分分析を行う．
2. 試料ごとに被験者 m × 評価項目 p の主成分分析，被験者ごとに試料 n × 評価項目 p の主成分分析を行う．
3. 選挙データの例のように $nm \times p$ の 2 元データで主成分分析を行う．このとき，単純に併合するのではなく，各被験者が評価した値から平均を引いた後に併合する場合もある．

3 の場合は，試料 n の群間の相関関係と試料 n の群内相関が混じることに注意が必要である．たとえば，図 3.40 にコンパクトカメラのデザイン評価を示す．7 つのコンパクトカメラのデザインを m 人の被験者が 14 項目について 7 段階評点で評価したものの模式図である．$m \times 7$ を個体，14 項目を変数として主成分分析を行うと図 3.41 が得られた．左側の布置が主成分 1 および主成分 2 の因子負荷量の模式図である．

右側の布置が主成分 1 および主成分 2 の主成分得点の模式図である．これは，6 つのカメラで群分けして，それぞれについて主成分得点の楕円を描いたものである．全体としては無相関であるが，群間変動—カメラ間—と群内変動—カメラ内—が混在した形で主成分が構成されており，群内では相関が生じている．

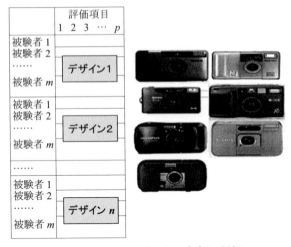

図 3.40 コンパクトカメラのデザイン評価

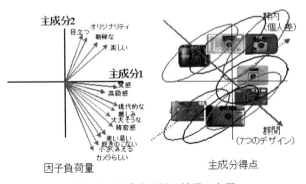

図 3.41 主成分分析の結果の布置

注）メニューのコマンドを同時に複数選ぶ

　　分析プラットフォームにおいて，キーボードの Alt キーを押しながら赤い▼をクリックすると，図 3.42 にあるような分析コマンドの一覧をウインドウに表示することができる。表示されたウインドウの□にチェックを入れ，"OK"ボタンをクリックすると，チェックされたコマンドが同時に実行される。

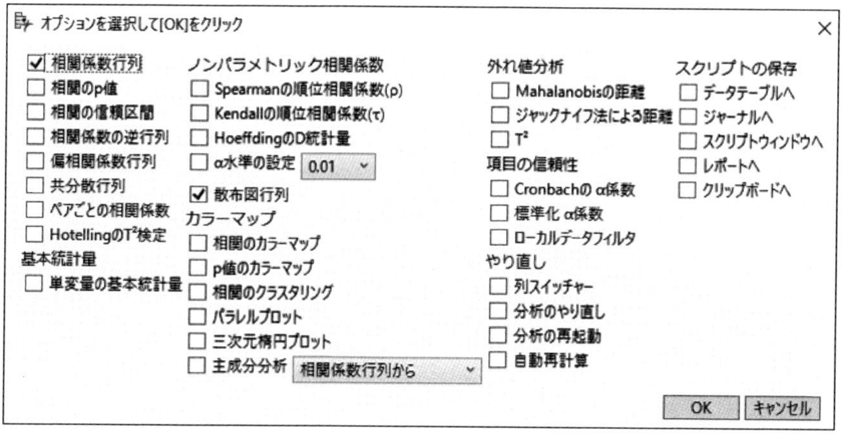

図 3.42 多変量の相関の一括選択ウインドウ

注）散布図行列の並べ替え

　　出力した散布図行列について，変数の位置を簡単に並べ替えることができる。それには，対角要素にある変数名のセルを移動先の対角要素へドラッグ＆ドロップすればよい。

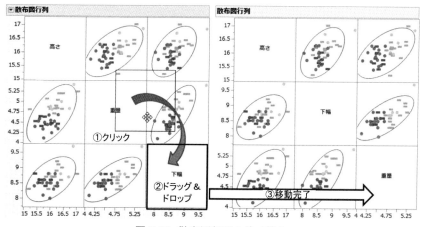

図 3.43 散布図行列の並べ替え

4章 ▶▶▶ 対応分析（CA）

　対応分析（CA : Correspondence Analysis）の目的は，共に質的データである2変数の関連を視覚的，数量的に評価したり，カテゴリ間の反応パターンの類似性から知覚マップなどを作成したりすることである。

　対応分析は，集計表では見えなかったカテゴリ間の関係が数量的に表現できる。アンケート調査のデータでは，クロス集計表がうんざりするほど出力されるが，その1つ1つを吟味した報告書に出くわすことは少ない。クロス集計表という石ころを大量に掘り出しても，その使い道を知らなければ，たとえその中に宝石の原石があっても見つけ出すことはできないのではないだろうか。

4.1　クロス集計表から対応分析へ

　ピアソン検定は全体として，2つの変数間に関連があるかどうかという検定である。2つの変数のカテゴリ数が少ない場合には，それで事足りる。しかし，カテゴリ数が多い場合には，どのカテゴリ同士の関連が強く，どのカテゴリが対立的関係にあるのか知りたくなるのが人情である。その要求に応えてくれるのが対応分析である。

4.1.1　車の調査

　「Car Poll」のデータを使い，対応分析を行う。図4.1は生産国とサイズの対応分析の結果である。図左は，クロス集計表の行側と列側のカテゴリが同時にプロットされているので，同時布置図とも言われる。縦軸のc1が成分1のスコア，横軸のc2が成分2のスコアである。c2の変動は非常に小さいので，c1のみ解釈すればよいことがわかる。同時布置図から，（小型と日本）（中型とヨーロッパ）（大型と米国）という関連性が把握でき，（小型と日本）と（大型と米国）が対峙していることもわかる。

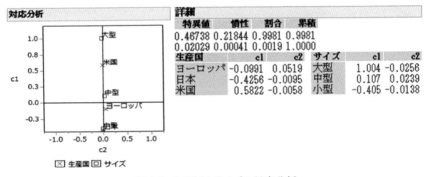

図 4.1 生産国とサイズの対応分析

操作 4.1：対応分析の実行－その 1
1. 「Car Poll」[S] を読み込み，"二変量の関係"を使い，生産国とサイズのクロス集計表の分析を行う。
2. 出力ウインドウの下にある"生産国とサイズの分割表に対する分析"の左の赤い▼をクリックし，メニューを表示する。
3. メニューの"対応分析"をクリックすると，"検定"のブロックの下に対応分析の結果が表示される。
4. "詳細"の左の▷をクリックすると，割合，累積，スコアなどが表示される。
5. 出力ウインドウのスコアの位置で右クリックして，メニューから"データテーブルに出力"をクリックすると，対応分析のスコアが新しいデータテーブルに出力される。

　図 4.1 右の詳細を見よう。**特異値**という言葉は主成分分析の固有値に対応し，**慣性**という言葉は特異値の平方である。**割合**は主成分分析の寄与率に対応し，**累積**は主成分分析の累積寄与率に対応する。このブロックから c1 は全体の 99.8 ％ を説明していることがわかる。その下のブロックが各カテゴリのスコアである。対応分析の解釈は主成分分析に準じて行えばよく，通常はせいぜい成分 3 までの解釈で事足りるであろう。

活用術 4.1：対応分析の対象となるデータ
　対応分析はクロス集計表の分析を詳細に行うものであるから
1. 行と列のカテゴリ数の多いものを対象とする。
2. 行と列のカテゴリの結びつきが強いものを対象とする。

4.1.2 クロス集計表の行と列の並べ替え

　対応分析の考えかたを理解するには「Car Poll」のデータではカテゴリ数が少ない。クロス集計表で対応分析が威力を発揮するのは，活用術 4.1 を満たす場合である。

　表 4.1 は，8 人の好物の評価を行った結果である。あなたは，好物と人物との間に関連があると思うか。もし関連があるとしたら，どのようなものか。表

表 4.1　8 人の好物

氏名	年齢	出身地	好物								
			豆腐	ハンバーグ	野菜煮つけ	生卵	納豆	お好焼き	天蕎麦	ハンバーガ	餃子
小島	36 歳	東日本					○		○		○
長谷部	24 歳	西日本		○		○		○		○	
太田	54 歳	西日本	○		○						
奥	26 歳	東日本		○			○	○	○		
吉川	33 歳	西日本				○					○
岡本	46 歳	東日本			○		○		○		○
川原	22 歳	東日本		○			○			○	
永田	44 歳	西日本			○			○	○		

表 4.2　8 人の好物（行の並べ替え）

氏名	年齢	出身地	好物								
			豆腐	ハンバーグ	野菜煮つけ	生卵	納豆	お好焼き	天蕎麦	ハンバーガ	餃子
太田	54 歳	西日本	○								
岡本	46 歳	東日本			○		○		○		○
永田	44 歳	西日本			○			○	○		
小島	36 歳	東日本					○		○		○
吉川	33 歳	西日本				○					○
奥	26 歳	東日本		○			○	○	○		
長谷部	24 歳	西日本		○		○		○		○	
川原	22 歳	東日本		○			○			○	

表 4.3　8 人の好物（行列の並べ替え）

氏名	年齢	出身地	好物								
			豆腐	野菜煮つけ	餃子	天蕎麦	納豆	お好焼き	生卵	ハンバーグ	ハンバーガ
太田	54 歳	西日本	○								
岡本	46 歳	東日本		○	○	○	○				
永田	44 歳	西日本		○			○	○	○		
小島	36 歳	東日本			○	○	○				
吉川	33 歳	西日本			○			○	○		
奥	26 歳	東日本					○	○		○	
長谷部	24 歳	西日本						○	○	○	○
川原	22 歳	東日本					○			○	○

4.1 を一見しただけでは，関連があるようには思えないであろう．行と列の変数はいずれも名義尺度であるから，いずれのカテゴリも並べ替えることができる．関連性を見るために，できるだけ〇が表の対角線上に並ぶように入れ替えを行う．まず行について入れ替えると，表 4.2 になる．ついで，列について並べ替えると，表 4.3 のように対角線上に〇が並び，今度は行と列に関連があるように見える．

[活用術] 4.2：対応分析によるカテゴリの並べ替え
　　並べ替えにより，似たものが近くに，異なるものが遠くに配置される．行同士，列同士，行と列の反応パターンの分類が行われる．

4.1.3　スコアの計算

　表 4.3 の〇の並びは，あたかも散布図のプロットのようである．そこで，行と列に適当なスコアを与えることを考える．このとき，与えられたスコアで計算した相関係数が最大となるのが良いスコアであるとしよう．表 4.3 のデータを使って相関係数が最大となるスコアを計算するには骨が折れるので，もっと小さな表 4.4 左のデータで考える．

表 4.4　スコアの算出のためのパターン

	B1	B2	B3	B4
A1	〇	〇		
A2		〇	〇	
A3			〇	〇

$\longrightarrow$

	B1	B2	B3	B4
A1	(x_1, y_1)	(x_2, y_1)		
A2		(x_2, y_2)	(x_3, y_2)	
A3			(x_3, y_3)	(x_4, y_3)

　いま，スコアをいくつにすればよいかわからないから，記号 $(x,\ y)$ で考える．相関係数は位置に対して普遍であったから，行と列の平均はゼロであるとする．すなわち，制約式 $x_1 + 2x_2 + 2x_3 + x_4 = 0$，$y_1 + y_2 + y_3 = 0$ である．この条件で相関係数を記号 $x,\ y$ で表すことを考える．x と y の平方和をそれぞれ S_{xx}，S_{yy} とする．また偏差積和を S_{xy} とすると

$$S_{xx} = x_1^2 + 2x_2^2 + 2x_3^2 + x_4^2 \tag{4.1}$$

$$S_{yy} = 2(y_1^2 + y_2^2 + y_3^2) \tag{4.2}$$

$$S_{xy} = x_1 y_1 + x_2 y_1 + x_2 y_2 + x_3 y_2 + x_3 y_3 + x_4 y_3 \tag{4.3}$$

である。相関係数は，標準偏差あたりの結びつきの強さであったから，ここでも制約として平方和を 1 に固定する。見通しをよくするために，$(u_1, u_2, u_3, u_4) = (x_1, \sqrt{2}\, x_2, \sqrt{2}\, x_3, x_4)$, $(v_1, v_2, v_3) = (\sqrt{2}\, y_1, \sqrt{2}\, y_2, \sqrt{2}\, y_3)$ と変換しておくと，偏差積和は相関係数であり，$S_{xy} = r_{xy}$ は

$$r_{xy} = S_{xy} = S_{uv} = \frac{1}{2}\left(\sqrt{2}\, u_1 v_1 + u_2 v_1 + u_2 v_2 + u_3 v_2 + u_3 v_3 + \sqrt{2}\, u_4 v_3 \right) \tag{4.4}$$

となる。この S_{uv} を最大にすることを考える。ラグランジュの未定係数法を使い

$$S_{uv} - \frac{\lambda}{2}(S_{xx} - 1) - \frac{\eta}{2}(S_{yy} - 1) \to \max \tag{4.5}$$

(4.5) 式を偏微分してゼロと置いた連立方程式を解く。u_1, u_2, u_3, u_4 側を考える。

$$
\begin{cases}
\dfrac{\sqrt{2}}{2}v_1 - \lambda u_1 = 0 & \dfrac{\sqrt{2}}{2}u_1 v_1 - \lambda u_1{}^2 = 0 \\[2mm]
\dfrac{1}{2}v_1 + \dfrac{1}{2}v_2 - \lambda u_2 = 0 & \dfrac{1}{2}u_2 v_1 + \dfrac{1}{2}u_2 v_2 - \lambda u_2{}^2 = 0 \\[2mm]
\dfrac{1}{2}v_2 + \dfrac{1}{2}v_3 - \lambda u_3 = 0 & \dfrac{1}{2}u_3 v_2 + \dfrac{1}{2}u_3 v_3 - \lambda u_3{}^2 = 0 \\[2mm]
\dfrac{\sqrt{2}}{2}v_3 - \lambda u_4 = 0 & \dfrac{\sqrt{2}}{2}u_4 v_3 - \lambda u_4{}^2 = 0
\end{cases}
\quad \Rightarrow \tag{4.6}
$$

(4.6) 式を上から加え，$u_1{}^2 + u_2{}^2 + u_3{}^2 + u_4{}^2 = 1$ を使い整理すると，偏差積和 $\lambda = S_{uv} = r_{xy}$ になることがわかる。

$$
\begin{cases}
\dfrac{\sqrt{2}}{2}u_1 + \dfrac{1}{2}u_2 - \eta v_1 = 0 & \dfrac{\sqrt{2}}{2}u_1 v_1 + \dfrac{1}{2}u_2 v_1 - \eta v_1{}^2 = 0 \\[2mm]
\dfrac{1}{2}u_2 + \dfrac{1}{2}u_3 - \eta v_2 = 0 & \dfrac{1}{2}u_2 v_2 + \dfrac{1}{2}u_3 v_2 - \eta v_2{}^2 = 0 \\[2mm]
\dfrac{1}{2}u_3 + \dfrac{\sqrt{2}}{2}u_4 - \eta v_3 = 0 & \dfrac{1}{2}u_3 v_3 + \dfrac{\sqrt{2}}{2}u_4 v_3 - \eta v_3{}^2 = 0
\end{cases}
\quad \Rightarrow \tag{4.7}
$$

v_1, v_2, v_3 側も同様な計算から，$\eta = S_{uv} = r_{xy}$ になる。以上の結果を踏まえて，$(u_1, u_2, u_3, u_4) = \left(v_1 \sqrt{2}/(2r_{xy}), (v_1 + v_2)/(2r_{xy}), (v_2 + v_3)/(2r_{xy}), v_3 \sqrt{2}/(2r_{xy}) \right)$

の関係を得る。さらに，この関係を (4.7) 式に代入すれば

$$\begin{pmatrix} 3/4 & 1/4 & 0 \\ 1/4 & 1/2 & 1/4 \\ 0 & 1/4 & 3/4 \end{pmatrix} \begin{pmatrix} v_1 \\ v_2 \\ v_3 \end{pmatrix} = r_{xy}^2 \begin{pmatrix} v_1 \\ v_2 \\ v_3 \end{pmatrix} \tag{4.8}$$

の固有値問題に帰着する。r_{xy}^2 は相関係数の 2 乗，すなわち寄与率であるから，0 から 1 の間の値をとり，1 以下の正数であることがわかる。第 1 固有値は 1，固有ベクトルは $(v_1, v_2, v_3) = (1, 1, 1)$ である。これを元に戻すと $(y_1, y_2, y_3) = (1/\sqrt{2}, 1/\sqrt{2}, 1/\sqrt{2})$ となり，$\bar{y} = 0$ を満たさないから不適解である。対応分析では，必ず固有値=1 の解が得られるが不適解となる。第 2 固有値以下が条件に合う解となることが知られている。第 2 固有値は計算の結果 3/4 となり，その平方根をとった値が相関係数の 0.866 である。第 3 固有値は 1/4 で，その平方根が相関係数の 0.500 である。なお，(u_1, u_2, u_3, u_4) 側からも同じ結果が得られる。

図 4.2 が JMP で計算させた結果である。JMP の特異値は行と列のスコアの相関係数を意味し，慣性は相関係数の 2 乗を意味する。スコアは固有ベクトルから計算される。

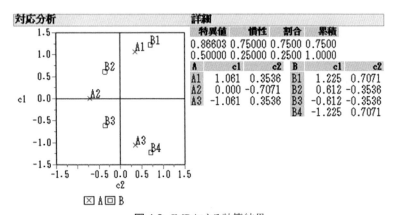

図 4.2 JMP による計算結果

4.1.4 8 人の好物の分析

8 人の好物の分析に戻る。対応分析を実行すると図 4.3，図 4.4 の出力が得られる。

4 章 対応分析（CA）　　135

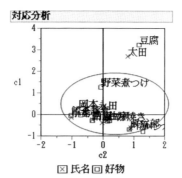

図 4.3　好物の同時布置

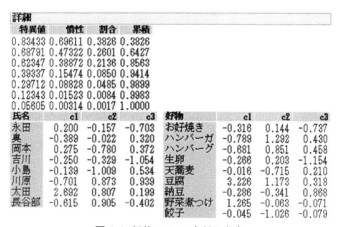

図 4.4　好物のスコアなどの出力

操作 4.2：対応分析の実行―その 2

1. 「8 人の好物」^{U} を読み込む．
2. "分析 (A)"メニューの"二変量の関係"をクリックする．
3. 表示されたウインドウで，"列の選択"から"氏名"を選択し，"X，説明変数"ボタンをクリックする．
4. 表示されたウインドウで，"列の選択"から"好物"を選択し，"Y，目的変数"ボタンをクリックする．
5. 表示されたウインドウで，"列の選択"から"度数"を選択し，"度数"ボタンをクリックし，"OK"ボタンをクリックする．
6. 出力ウインドウの下にある"氏名と好物の分割表…"の左の赤い▼をクリックし，メニューを表示する．

7. メニューの"対応分析"をクリックすると，"検定"の下に対応分析の結果が表示される．
8. "詳細"の左の▷をクリックし，割合，累積，スコアなどを表示させる．

　図 4.3 の同時布置から，太田氏と豆腐が成分 1 方向で外れている．図 4.4 のスコアからも豆腐と太田氏のスコアが圧倒的に大きいことがわかる．外れ値処理が得策のようである．これは，豆腐を好物としたのが太田氏ただ 1 人であったことに起因する．活用術 4.3 に抵触したのである．このような場合は，それ以外のスコアが 0 近くにあり，成分の解釈を困難にする．できれば，このようなカテゴリはカテゴリ合併するか，分析から除外したい．

|活用術| 4.3：対応分析による外れ値
　　　同時布置で，飛び離れたスコアを持つカテゴリがあると，成分の解釈を不当に歪める．できるならば分析から除外する．外れ値は，行または列のカテゴリの小計に極端に小さい値がある場合に起きる．

　太田氏と豆腐を除外して対応分析を行い，図 4.5 の結果を得た．今度は，カテゴリが同時布置上にバランスよく布置された．成分 2 までの累積寄与率が 70% を超えているので，ここまでを解釈する．解釈に年齢と出身地の情報を使う．活用術 4.4 を参考に，原点 (0,0) 付近のカテゴリは，成分 1 = c1，成分 2 = c2 の平面に適合しないと考えて，解釈に用いない．同時布置の両端から，c1 は年齢による好物の違い，c2 は出身地による好物の違いを表していると考えられる．

図 4.5 第 2 回目の対応分析の結果

4 章　対応分析（CA）　　137

[活用術] 4.4：布置の読み方

　　　布置の両端にプロットされたカテゴリで軸の解釈を行う。成分は頻度の割合
のパターンを強調するので，カテゴリによる頻度の割合に変化がないものはカ
テゴリ小計の大小にかかわらず中心に集まる。

4.2　対応分析の活用指針

　対応分析はクロス集計表の詳細分析であり，パターン分類であるから，行と
列のカテゴリ数が多い場合にその威力を発揮する。活用術 4.3 にあるとおり，
対応分析を実行する前にクロス集計表のセルの頻度や行和，列和を確認してお
く。また，行と列の変数が独立なものを対応分析にかけてもうまくいかない。

4.2.1　対応分析の目的と到達レベル

データ分析者の対応分析の目的は，主に以下のような事柄であろう。

- クロス集計表のデータを少数の成分（1〜3 程度）で説明する。
- 新しい指標を作り，カテゴリの分類と意味づけを行う。

データ分析者の対応分析の到達レベルは，たとえば以下のようなものであろ
う。

- 質的情報から知覚マップやプロダクトマップを作成する。
- 各種アンケートの情報から支店や営業所の強み・弱みを抽出する。
- 買い替えにおける競合商品の勝敗表から事業戦略を検討する。

4.2.2　対応分析の主要な用語とアウトプット

　対応分析を行う場合の主要な用語と必要なアウトプットについて以下にまと
める。

- 特異値：行と列のスコアの相関係数で，結びつきの強さの指標である。
- 慣性：特異値の 2 乗，主成分分析の固有値に対応する。
- 割合：慣性の総和に対する各成分の寄与率である。

$$成分1の割合 = \frac{\lambda_2^2}{\lambda_2^2 + \lambda_3^2 + \cdots + \lambda_p^2}$$

$$成分2の割合 = \frac{\lambda_3^2}{\lambda_2^2 + \lambda_3^2 + \cdots + \lambda_p^2}$$

$$成分iの割合 = \frac{\lambda_i^2}{\lambda_2^2 + \lambda_3^2 + \cdots + \lambda_p^2}$$

- **累積**：大きい慣性を持つほうから割合（寄与率）を累積した指標である。

$$成分1までの累積 = \frac{\lambda_2^2}{\lambda_2^2 + \lambda_3^2 + \cdots + \lambda_p^2}$$

$$成分2までの累積 = \frac{\lambda_2^2 + \lambda_3^2}{\lambda_2^2 + \lambda_3^2 + \cdots + \lambda_p^2}$$

$$成分iまでの累積 = \frac{\lambda_2^2 + \lambda_3^2 + \cdots + \lambda_i^2}{\lambda_2^2 + \lambda_3^2 + \cdots + \lambda_i^2 + \cdots + \lambda_p^2}$$

- **スコア**：行と列の相関を最大にするために，各カテゴリに与えられた数量。

4.2.3　対応分析の手順

対応分析の一般的な分析手順を以下に示す。分析にあたっては，対応分析を行う前のクロス集計表のチェックが重要であることを強調しておく。

1. 分析に必要な変数対を選定する。独立関係にある変数対を選んでも無意味である。また，カテゴリ数の多い変数対が有効である。
2. 頻度の総数 n は，少なくとも 100 以上が望ましい。頻度の総数 n が少ない場合は，手許にあるデータの記述に留める。
3. データベースを活用したり，実際にアンケートなどを行うことによりデータを収集する。収集されたデータは分析しやすいようにデータ行列にまとめる。JMP の対応分析は"二変量の関係"の分析を使うため，クロス集計表の形式から図 4.6 右のようなデータ形式に変更しておくこと。
4. 対応分析を実行する。特異値と割合を求める。解釈する成分の選択方法は，経験的に以下の基準が知られているが，絶対的なルールではないこ

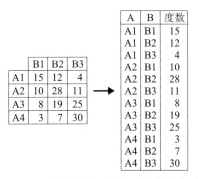

図 4.6 JMP の対応分析のための多変量データ化

とを理解する。
- 累積が 0.7〜0.8 を超えるところまでの成分を解釈する。
- せいぜい成分 3 までの解釈に留める。
5. 特徴あるカテゴリの抽出を行う。成分の両端に布置されたカテゴリを比較することで新たな知見が得られる場合がある。
6. 同時布置を用いて成分の命名，キャッチフレーズをつける。

活用術 4.5：対称性

行と列（変数とサンプル）を入れ替えても結果は変わらない（対称性）ので，主成分分析よりも扱いやすい。

活用術 4.6：総合的指標

主成分分析と違い，総合的指標に関する軸は抽出されない。

練習問題 4.1：チーズ

「Cheese」^{S} を使い対応分析を実行せよ。分析には，チーズ，評価，度数を使う。

練習問題 4.2：メール

「Mail Messages」^{S} を使い，送信者，受信者で分析せよ。

4.3 対応分析の実際

　対応分析から収穫を得るには，目的を明確にし，対応分析を理解した上で分析を行うことである。JMP では簡単に多重対応分析（MCA：Multiple Correspondence Analysis）が可能になった。ここでは，いくつかの例題を見てみよう。

4.3.1 プリンタ画質の感性評価

　インクジェットプリンタ（以下プリンタと記す）は低価格かつ高画質，高解像度と各社しのぎを削っている。ある評価団体が市場にある代表的な 9 種類のプリンタの画質について調査した結果をまとめたものが，「プリンタ評価」[1] のデータセットである。評価データは，3 種類の原稿—テキスト原稿，グラフ原稿，ライン（線画）原稿— を用意して，原稿種ごとに，4 社 9 種類のプリンタ出力に対して 1 位から 9 位までの順位をつけたものである。ただし，同順位は許さず，必ず優劣をつけてある。評価者は 31 人の消費者である。データセットは，（原稿・プリンタ）× 順位の形式で保存されている。

　対応分析を行う前に，モザイク図やクロス集計表でプリンタの優劣を比較した。図 4.7 は，そのときのモザイク図である。プリンタ H, I が比較的良い評価で，A，B が比較的悪い評価であることがわかる。

　ここでは，原稿種類を縦（行方向）に重ね合わせて，一度に分析する戦略をとった。すなわち 27 × 9 のクロス集計表の分析を行うのである。このようなクロス集計表の独立性の検定を行って有意な結果が得られても，どのカテゴリ間に関連があるのかさっぱりわからない。そこで，（多重）対応分析の出番である。

　"多変量"から"多重対応分析"を選び，変数の役割として，次のように指定する。すなわち，"X，説明変数"に"ラベル"，"Y，目的変数"に"順位"，"度数"に"度数"を指定し，多重対応分析を実行する。図 4.8 の特異値や割合，累積などを得た。

　成分 1 の割合は 0.40 であるから，クロス集計表の情報の 40 % を説明できることがわかる。成分 2 では約 20 % を，成分 3 では約 15 % を説明できるので，成分 3 までを解釈する候補とする。図 4.9 は順位の散布図とスコアである。こ

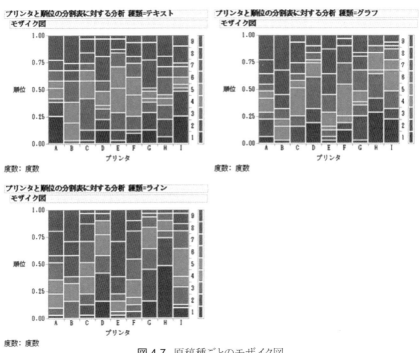

図 4.7 原稿種ごとのモザイク図

図 4.8 対応分析の出力

れから，成分 1 は，相対的に評価の良いものが正数の大きな値をとり，逆に評価の悪いものが負数の小さな値をとる．成分 2 は両端の順位 (1, 9) と真中の順位 (3, 4, 5, 6) の頻度パターンの違いを表し，成分 3 は (3, 4) と (5, 6) の頻度パターンの違いを表しているものと思われる．図左の散布図から順位は馬蹄形になっており，2 次関数で近似している．データの持つ情報が 1 元的，あるいは順序関係が明快な場合には，馬蹄形が現れることが知られている．このような場合は，成分 2 以降を解釈しないほうがよい．

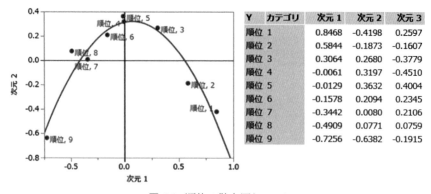

図 4.9 順位の散布図とスコア

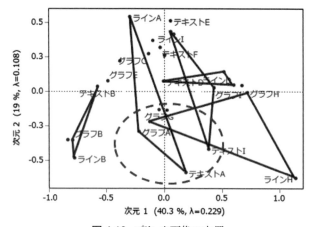

図 4.10 プリンタ画像の布置

　図 4.10 は，成分 1 と成分 2 のプリンタの出力画像の布置である．図が煩雑になるので，プリンタ A・B・D・H・I についてのみ，テキストとグラフおよびラインのプロットを線でつないで三角形を作っている．こちらのプロットでは，馬蹄形が崩れている．図の破線で囲った楕円の空間にプリンタ評価のプロットが無ければ，原稿×プリンタは 1 元的な順位に関する情報だけであるが，いくつかのプロットがこの領域にあり，評価が分かれたものと考えられる．馬蹄形からの外れ具合を考慮して，プリンタ評価を総括してみよう．
　プリンタ H は相対的には良い評価であるが，テキストの評価が悪いことがわかる．調査したところ，このプリンタの文字は，どちらかというと細く印字

4 章　対応分析（CA）　　143

されるため，年配者には目が疲れる気がして敬遠されたが，若者には受け入れられていた。プリンタ I は，どの原稿でも比較的高い評価であるが，テキスト原稿は馬蹄形から外れている。これは，図 4.7 のモザイク図から，全体的には高評価であるにもかかわらず，中に低い順位（8，9 位）をつけた評価者がいるためと思われる。プリンタ A のテキストの評価は，図 4.9 左の順位の馬蹄形から大きく外れているが，これは図 4.7 のモザイク図からわかるように，好き嫌いが割れたためと思われる。プリンタ B は相対的に評価が低く，とくにラインやグラフ出力が劣っていることがわかり，馬蹄形からの外れは少ないため，悪いほうで順位の一致度が高かったようである。

操作 4.3：多重対応分析の実行

1. 「プリンタ評価」[U] を読み込む。
2. "分析 (A)" メニューの "多変量" の下位コマンドの "多重対応分析" をクリックする。
3. 表示されたウインドウで，"列の選択" から "ラベル" を選択し，"X，説明変数" ボタンをクリックする。
4. 表示されたウインドウで，"列の選択" から "順位" を選択し，"Y，目的変数" ボタンをクリックする。
5. 表示されたウインドウで，"列の選択" から "度数" を選択し，"度数" ボタンをクリックし，"OK" ボタンをクリックする。
6. 出力ウインドウの下にある "多重対応分析" の左の赤い▼をクリックし，メニューを表示する。
7. メニューの "対応分析" から "座標の表示" をクリックすると，"詳細" の下に多重対応分析のスコアが表示される。
8. "ツール (O)" メニューの "直線" を使って，プリンタごとに三角形を描く。
9. "行座標と列座標" のテーブルを右クリックして，メニューを表示させる。
10. メニューの "データテーブルに出力" を選び，得られたデータテーブルで "二変量の関係" を使って，次元 1 と次元 2 で散布図を描画する。

4.3.2　車の調査の多重対応分析（1）

「Car Poll」を使い多重対応分析を行う。練習問題 2.2 のクロス集計表の分析では，既婚/未婚と性別を連結し，タイプとサイズを連結したため，カテゴリ数が多く考察しづらい結果となった。この問題を再び取り上げよう。既婚/未婚お

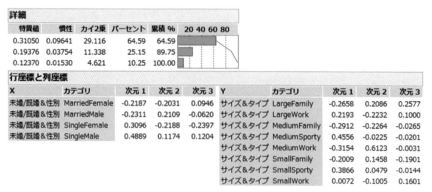

図 4.11 多重対応分析の結果

よび性別という変数は，ちょうど既婚/未婚×性別の形になっている 2 次元の情報を有している．また，タイプおよびサイズも同様である．

これを多重対応分析で分析してみると，図 4.11 の結果が得られた．2 成分までで全体の 90% 弱を説明できるから，成分 1 および成分 2 のスコアを布置する．

図 4.12 が本事例の同時布置図である．うまく 4 つの象限に割れてくれた．12 のプロット位置に注意して考察しよう．既婚はファミリータイプとの関連が強く，女性既婚は中型ファミリータイプとの関連が強いことがわかる．また，未婚男性はスポーツタイプとの関連が強く，未婚女性にはワークタイプの関連が強い．最後の未婚女性とワークタイプとの関連については直感的でない．中型ワークタイプでは，男性既婚の頻度が 7 件，男性未婚の頻度が 2 件，女性既婚の頻度が 2 件，女性未婚にいたっては 0 件であり，構成比率により中型ワークの布置は原点を中心に女性未婚から遠い方向にプロットされたと考えられる．それに対峙して小型ワーク，大型ワークが未婚女性の近くにプロットされたと考えられる．（多重）対応分析を行う場合には，セル内の度数に注意しておく必要がある．とくに度数が極端に少ないものは要注意である．活用術 4.3 や 4.4 を加味して成分の解釈を行わなければならない．

なお，今回の分析では個体番号 #254 を除外している．この個体のタイプおよびサイズのカテゴリは大型スポーツであり，大型スポーツのカテゴリ頻度はこの個体ただ 1 つだったからである．図 4.13 は，#254 を除外しない場合の成分 1 および成分 2 の布置である．大型スポーツのプロットが大きく外れている

4 章 対応分析（CA） 145

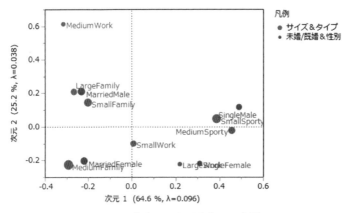

図 4.12 成分 1 および成分 2 の布置

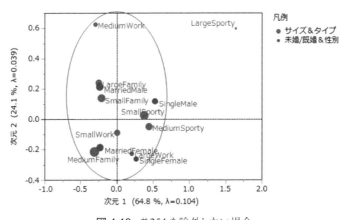

図 4.13 #254 を除外しない場合

ことがわかる．

練習問題 4.3：ソフトウエアの使いやすさ

「ソフトウエアの使いやすさ」[U] を使い，以下の手順で分析せよ．
1. 変数の説明書について，読まない個体を分析から除外する．
2. 説明書内容と説明書検索を連結して，新しい変数"説明書の出来"を作成せよ．
3. 使いかたと操作性を連結して，新しい変数"ソフトの出来"を作成せよ．
4. "説明書の出来"と"ソフトの出来"により多重対応分析を行い考察せよ．
5. 変数の説明書について，読まない個体に着目して，使いかたと操作性について関連を調べよ．

4.3.3　車の調査の多重対応分析（2）

　4.3.2 では，列側の変数と行側の変数のそれぞれについて，2 つの変数を連結した。このため，性別と既婚/未婚の組み合わせに対するサイズとタイプの組み合わせによるクロス集計表から出発した分析になっている。この形式は，変数の組み合わせ効果まで詳細に分析することができるが，どこかのセル内の頻度が極端に少なくなる可能性があり，局所的に解釈を困難にすることがある。単純に変数間の関係を調べたい場合は，表 4.5 に示すクロス集計表の集合住宅とも言える**バート表**から出発する多重対応分析を行えばよい。

表 4.5　バート表

Burt表

度数		性別		既婚/未婚		サイズ			タイプ			合計
		女性	男性	既婚	未婚	大型	中型	小型	スポーツ	ファミリー	ワーク	
性別	女性	138	0	95	43	17	63	58	41	76	21	552
	男性	0	165	101	64	25	61	79	59	79	27	660
既婚/未婚	既婚	95	101	196	0	30	84	82	45	119	32	784
	未婚	43	64	0	107	12	40	55	55	36	16	428
サイズ	大型	17	25	30	12	42	0	0	1	30	11	168
	中型	63	61	84	40	0	124	0	37	76	11	496
	小型	58	79	82	55	0	0	137	62	49	26	548
タイプ	スポーツ	41	59	45	55	1	37	62	100	0	0	400
	ファミリー	76	79	119	36	30	76	49	0	155	0	620
	ワーク	21	27	32	16	11	11	26	0	0	48	192
	合計	552	660	784	428	168	496	548	400	620	192	4848

　多重対応分析の結果から得られた布置を図 4.14 に示す。図より，横軸の成分 1 は車のサイズに関するものであり，小型車は（スポーツタイプ，未婚）と関連があり，男性の反応パターンは中型車よりも小型車に近い。中型車は（ファミリータイプ，既婚，女性）と関連がある。大型車は，とくに関連のあるカテゴリはないことがわかる。縦軸の成分 2 は大型車とワークタイプが正のスコアを持ち，他のカテゴリから離れた布置である。これらは他のカテゴリに比べて頻度が少なく，平面上で近くに他のカテゴリが布置していない。とくに解釈に値しない軸である。

　図 4.12 と図 4.14 を比較すると，似たような傾向が読み取れるが，同じ結果ではない。図 4.14 では，カテゴリを通して変数同士の関連の強さを布置している。図 4.12 では，変数同士に加えて変数間の組み合わせ効果まで含んだ情報を布置したものになっており，より複雑である。情報量の多さと解釈のしや

すさは別ものなので，知見と出力結果を比較しながら対応分析を活用してほしい。

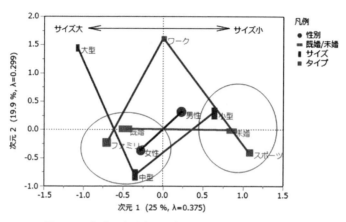

図 4.14 多重対応分析よる成分 1 および成分 2 の布置

操作 4.4：バート表と多重対応分析
1. 「Car Poll」[S] を読み込む。
2. "分析 (A)" メニューの "多変量" の下位コマンドの "多重対応分析" をクリックする。
3. 表示されたウインドウで，"列の選択" から "性別"・"既婚/未婚"・"サイズ"・"タイプ" を選択し，"Y，目的変数" ボタンをクリックし，"OK" ボタンをクリックする。
4. 出力ウインドウに同時布置図が描画され，その下の "詳細" のブロックに分析結果が表示される。
5. 同時布置図の下にある "マーカーサイズを度数に比例させる" にチェック（✓）を入れる。
6. 出力ウインドウの下にある "Burt 表" の左の ▷ をクリックし，バート表を表示させる。
7. 出力ウインドウの "多重対応分析" の左の赤い▼をクリックして，メニューの "対応分析" の下位コマンドの "座標の表示" をクリックする。
8. 多重対応分析のスコアが表示される。

[活用術] 4.7：分析をスタートさせる分割表の選択

　（多重）対応分析では，同じデータセットでも分析をスタートさせる分割表によって分析結果が異なる。JMP の多重対応分析では，説明変数と目的変数の指定により出発する分割表を変えることができる。

表 4.6　同じデータでも出発する分割表が異なる例

①
		A		B		C	
		1	2	1	2	1	2
A	1	50	0	10	40	18	32
	2	0	50	40	10	32	18
B	1	10	40	50	0	37	13
	2	40	10	0	50	13	37
C	1	18	32	37	13	50	0
	2	32	18	13	37	0	50

②
		A	
		1	2
B	1	10	40
	2	40	10
C	1	18	32
	2	32	18

③
		A	
		1	2
B1	C1	6	31
	C2	4	9
B2	C1	12	1
	C2	28	9

④
		A	
		1	2
B	1	10	40
	2	40	10
C	1	18	32
	2	32	18

　①はすべてを目的変数に指定した場合で，バート表の分析になる。②は説明変数に B と C を，目的変数に A を指定した場合の分割表の分析になる。③は②の設定で説明変数間に組み合わせ効果を考慮した場合の分析になる。④は A を目的変数，B を説明変数，C を追加変数に指定した場合の分析になる。④では，B と A の分割表の分析結果を使って C のスコアを予測する分析になる。それぞれの結果を図 4.15 に示す。スタートする分割表が違うと異なる結果が得られることが理解できるであろう。

①
特異値	慣性	カイ2乗	パーセント	累積 %
0.79976	0.63962	277.44	63.96	63.96
0.49300	0.24305	105.42	24.30	88.27
0.34254	0.11733	50.89	11.73	100.00

Y	カテゴリ	次元 1	次元 2	次元 3
A	1	-0.7949	0.5052	0.3360
A	2	0.7949	-0.5052	-0.3360
B	1	0.8879	-0.0904	0.4510
B	2	-0.8879	0.0904	-0.4510
C	1	0.7061	0.6825	-0.1889
C	2	-0.7061	-0.6825	0.1889

②
特異値	慣性	カイ2乗	パーセント	累積 %
0.46819	0.21920	43.840	100.00	100.00

X	カテゴリ	次元 1	Y	カテゴリ	次元 1
B	1	-0.6000	A	1	0.4682
B	2	0.6000	A	2	-0.4682
C	1	-0.2800			
C	2	0.2800			

③
特異値	慣性	カイ2乗	パーセント	累積 %
0.61546	0.37879	37.879	100.00	100.00

X	カテゴリ	次元 1	Y	カテゴリ	次元 1
BXC [1 1]	-0.6757		A	1	0.6155
BXC [1 2]	-0.3846		A	2	-0.6155
BXC [2 1]	0.8462				
BXC [2 2]	0.5135				

④
特異値	慣性	カイ2乗	パーセント	累積 %
0.60000	0.36000	36.000	100.00	100.00

X	カテゴリ	次元 1	Y	カテゴリ	次元 1
B	1	0.6000	A	1	-0.6000
B	2	-0.6000	A	2	0.6000
Z	カテゴリ	次元 1	Z	カテゴリ	次元 1
C	1	0.2800	C	1	0.4800
C	2	-0.2800	C	2	-0.4800

図 4.15　同じデータセットでもスタートが異なる分割表の分析結果

5章 ▶▶▶ クラスター分析（CLUST）

クラスター分析（CLUST：Cluster Analysis）の目的は，多変量の直接的な距離から，個体や変数の分類を行うことである。一般的な到達レベルは，個体や変数の距離の定義，いくつかのクラスター（潜在的な群）の抽出，その好ましい解釈と研究仮説の立案である。

マーケティングの世界では，価値のある分類を目的として，あらかじめわかっている層別因子に従って市場の様子を多母集団に細分化することを，**セグメンテーション**と呼んでいる。

不幸にして，層別因子が得られていない多変量データしか手許になかったとしても，セグメンテーションに役立つ変数を複数観測してあれば，その空間内では似たような性格の個体は集まり，クラスターを構成するはずである。クラスターを白日の下にさらけ出す目的には，クラスター分析が役立つであろう。

ただ，最終的なゴールはクラスターの抽出だけではないため，クラスターの解釈や仮説発見は先行研究や知見と照らし合わせて検討する。クラスター分析は単独よりは，他の多変量解析手法，たとえば主成分分析と組み合わせて利用すると，データ分析からの収穫は大きくなるであろう。

5.1　1次元のクラスター分析

クラスター分析は得られたデータについて，もしあるとすれば，その自然なクラスターを見つけ出すことである。

図5.1は，「Big Class」の身長と体重のプロットに，6つのクラスターの確率楕円を表示したものである。いかにも特別な事情で分かれたプロットのように見える。

これらは身長と体重の2次元での個体の距離情報のみで決められている。記号 A の人と B の人は身長と体重が近い。このように距離が近い個体を，あるルールに従って寄せ集めて，体の大きいクラスター（右上確率楕円），体の小

さいクラスター（左下確率楕円），太っているクラスター，痩せているクラスターといった，いくつかのクラスターに分ける方法がクラスター分析である．本節では，現実的ではないが，考えかたを理解するためだけに1変数のクラスター分析を行う．

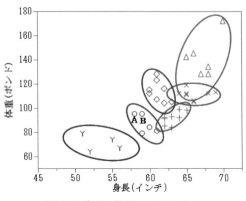

図 5.1 身長と体重でのクラスター

5.1.1 階層的方法と非階層的方法

たとえば，以下のような光景を思い浮かべてほしい．

- 沢山の商品カタログが分類されないで山積みになっている．
- 飲み干したワインのラベルが整理されないで箱に数多く入っている．
- 商品のCS（顧客満足度）調査の生データがデータベースに記録されたままになっている．

分類情報などが曖昧であるとして，急ぎ整理する必要が生じた場合，どのような手順で整理するのがよいだろうか．

＜方法1＞
1. カタログやラベルなどを大きなテーブル—コンピュータ内の仮想的なものを含む—の上に並べる．
2. 内容のよく似た個体を一緒にまとめる．
3. 2を繰り返すことで，似た個体の束ができる．束の数や大きさが適当になったところで打ち切る．

＜方法2＞
1. あらかじめいくつに分類するか決めて箱を用意する．
2. 各箱に1つ個体を入れ，箱の代表とする．

5 章　クラスター分析（CLUST）　151

3. 箱の代表の選びかたは，知見から典型的な個体を選ぶか，適当に仮決めして逐次修正するかのいずれかである。

4. 各個体を箱の代表と比べて，いちばん近い箱に必ず入れる。

5. すべてが箱に入ったら中身を吟味し，箱の代表を再び選ぶ。

6. 箱の中の個体を代表と比べ，内容があまりにも違っている個体は他の箱の代表と比べ，いちばん近い箱へ移動させる。

7. 入れ替えがなくなるまで，5〜6 を繰り返す。

分類する個体が多い場合には，方法 1 は困難であり，方法 2 が有利である。しかし，方法 1 は結果を見てクラスター数を決めることができる。方法 1 を**階層的方法**，方法 2 を**非階層的方法**と呼ぶ。非階層的方法は k 個の代表—すなわち平均— を用いて分類するため，**k-means 法**と呼ばれる。クラスター分析では

1. 個体間の距離をどう定義するか
2. 階層的方法では，いくつかの個体が寄り集まってできたクラスター間の距離をどう定義するか

によっていろいろな方法が提案されており，方法によって結果が異なる。

1 の問題は，測定の単位を変えると分析結果が異なるため，何かしらの処置が必要である。「Big Class」では，身長はインチ，体重はポンドで測定されているが，身長をセンチ，体重をキログラムに単位を変更したとき，結果が変わってしまうようでは，普遍的な分析とは言えないであろう。そもそも，測定単位の違う次元の距離を定義することは難しい。

[活用術] 5.1：標準化とクラスター分析
　　　距離はすべての次元が等しく扱われるため，測定単位の違う変数を分析に用いる場合は，測定単位に依存しない距離 —標準化— に変換する必要がある。

2 の問題は，提案方法には長所短所があり，問題によってどの方法を選ぶのがよいか悩ましい。知見と組み合わせて大きな成果を目指すことになる。

5.1.2 　階層的クラスター分析

　表 5.1 は，あるカップアイスの印象について評価用語を使って調査したデータから，10 個の評価用語の得点を示したものである。1 行目に評価用語，2 行目に評価得点が表示されている。このデータに基づいてクラスターをつくる。

表 5.1　カップアイスの評価得点

語句	楽しい	冷たい	安心感	コクのある	美味しい	とても甘い	シンプルな	高カロリーな	親しみやすい	ボリューム感
得点	11	31	50	60	78	91	98	106	160	220

　まず，近い 2 つを逐次的にまとめてみる。昇順に並んでいるデータの隣り合う 2 つの得点の距離を計算すると，最も距離が小さい値は（とても甘い，シンプルな）であることがわかる。この 2 つをまとめて 1 つのクラスターにする。

　次に，どれを一緒にするかを決める。（とても甘い，シンプルな）と他の個体の距離をどう定義するかである。JMP では 5 つの距離を設定することができるが，わかりやすい 3 つの方法の違いを図 5.2 に示した。名前からわかるように，最短距離法はいちばん近い対象間の距離をクラスター間の距離と定義する。最長距離法はいちばん遠い対象間の距離をクラスター間の距離と定義する。重心法はクラスターの平均間の距離をクラスター間の距離と定義する。

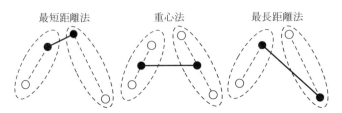

図 5.2　クラスター間の距離の定義

5.1.3　最短距離法

　最短距離法は，2 つのクラスターから 1 点ずつを選択したときに距離が最短になる 2 点間の距離をクラスター間の距離とする。

表 5.2 は最短距離法によるクラスター形成過程を示したものである。最短距離法では，（とても甘い，シンプルな）の次のクラスターは，（とても甘い，シンプルな，高カロリーな）となる。クラスター間の距離は変化しない。クラスターの数を 5 で止めると，（安心感，コクのある，美味しい，とても甘い，シンプルな，高カロリーな）と（楽しい）（冷たい）（親しみやすい）（ボリューム感）となり，最初のクラスター以外は 1 個のクラスターになっている。

この例のように，最短距離法はクラスターの形状が制約されないため，長く延びたクラスター ―鎖効果― が構成されがちで，コンパクトなクラスターを形成できないことがある。

表 5.2 最短距離法の計算

語句	楽しい	冷たい	安心感	コクのある	美味しい	とても甘い	シンプルな	高カロリーな	親しみやすい	ボリューム感
得点	11	31	50	60	78	91	98	106	160	220
隣同士の距離	20	19	10	18	13	7	8	54	60	
得点	11	31	50	60	78	(91, 98)		106	160	220
隣同士の距離	20	19	10	18	13		8	54	60	
得点	11	31	50	60	78	(91, 98, 106)			160	220
隣同士の距離	20	19	10	18	13			54	60	
得点	11	31	(50, 60)		78	(91, 98, 106)			160	220
隣同士の距離	20	19		18	13			54	60	
得点	11	31	(50, 60)		(78, 91, 98, 106)				160	220
隣同士の距離	20	19		18				54	60	
得点	11	31	(50, 60, 78, 91, 98, 106)						160	220

5.1.4 最長距離法

今度は，形成されたクラスターの中で距離の遠いほうで定義する**最長距離法**によりクラスターを構成する。最長距離法もクラスター間の距離は変化しない。

クラスターの数を 5 で止めると，（とても甘い，シンプルな，高カロリー）（安心感，コクのある，美味しい）（楽しい，冷たい）（親しみやすい）（ボリューム感）となる。この結果は最短距離法とは異なっている。なお，JMP では距離が等しい場合は個体番号の小さいものが優先される。

最長距離法ではクラスター内の距離がほぼ同じになる傾向が強く，それほど極端でない外れ値にも影響されてしまうことがある。

表 5.3　最長距離法の計算

語句	楽しい	冷たい	安心感	コクのある	美味しい	とても甘い	シンプルな	高カロリーな	親しみやすい	ボリューム感
得点	11	31	50	60	78	91	98	106	160	220
隣同士の距離	20	19	10	18	13	**7**	8	54	60	
得点	11	31	50	60	78	(91, 98)		106	160	220
隣同士の距離	20	19	**10**	18	20	15		54	60	
得点	11	31	(50, 60)		78	(91, 98)		106	160	220
隣同士の距離	20	29	28		20	**15**		54	60	
得点	11	31	(50, 60)		78	(91, 98, 106)			160	220
隣同士の距離	**20**	29	28		28	69			60	
得点	(11, 31)		(50, 60)		78	(91, 98, 106)			160	220
隣同士の距離	49		**28**		28	69			60	
得点	(11, 31)		(50, 60, 78)			(91, 98, 106)			160	220

5.1.5　重心法

重心法では，（とても甘い，シンプルな）の平均に 2 つの観測値が集まっていると考える。表 5.4 の得点は，平均値の 94.5 が記入されている。その値を用いて隣との距離を求める。新しい距離は古い距離よりも大きくなる。

同様な手順で，クラスターの数を 5 で止めると，（美味しい，とても甘い，シンプルな，高カロリー）（安心感，コクのある）（楽しい，冷たい）（親しみやすい）（ボリューム感）となっている。以上 3 つの方法の結果は，いずれも異なっている。

表 5.4　重心法の計算

語句	楽しい	冷たい	安心感	コクのある	美味しい	とても甘い	シンプルな	高カロリーな	親しみやすい	ボリューム感
得点	11	31	50	60	78	91	98	106	160	220
隣同士の距離	20	19	10	18	13	**7**	8	54	60	
得点	11	31	50	60	78	94.5		106	160	220
隣同士の距離	20	19	**10**	18	16.5	11.5		54	60	
得点	11	31	55		78	94.5		106	160	220
隣同士の距離	20	24	23		16.5	**11.5**		54	60	
得点	11	31	55		78	98.33333333			160	220
隣同士の距離	**20**	24	23		20.333	61.66666667			60	
得点	21		55		78	98.33333333			160	220
隣同士の距離	34		23		**20.333**	61.66666667			60	
得点	21		55		93.25				160	220

5.1.6 群平均法

2つのクラスターに属する個体間のすべての組み合わせの距離を求めて，その平均を距離とする方法である。クラスターの形成過程については省略するが，図5.3（後出）に示した**デンドログラム**（樹形図）から，重心法と同じ結果が得られている。なお，**群平均法**では，分散の小さいクラスターが結合され，クラスターの分散が等しくなる傾向がある。

5.1.7 Ward 法

Ward 法は鎖効果の起きにくい実用性の高い方法である。Ward 法は，クラスター内の平方和 S_W ができるだけ小さくなるように，あるいはクラスター間の平方和 S_B ができるだけ大きくなるようにクラスターを形成する。クラスター形成のたびに，前回の形成で生じた 2 つのクラスターを合わせたすべてのクラスターで，クラスター内の平方和 S_W が最小化される。

全体の平方和を S_T とすると，n 個の個体がそれぞれにクラスターを形成している初期状態では，$S_B = S_T$，$S_W = 0$ である。距離 d だけ離れた 2 つの点をクラスターにすると，$S_W = d^2/2$ で，S_B はそれだけ減少する。クラスター内の平方和 S_W の増加が最小になるような 2 つの点を選ぶのは，d が最小の対を探すことである。すでに n_1 個の平均 $\bar{x}_1$ のクラスターと n_2 個の平均 $\bar{x}_2$ のクラスターがあるとき，この 2 つのクラスターをまとめると，クラスター内の平方和の増加量 ΔS_W は

$$\Delta S_W = \frac{(\bar{x}_1 - \bar{x}_2)^2}{1/n_1 + 1/n_2} = \frac{n_1 n_2}{n_1 + n_2}(\bar{x}_1 - \bar{x}_2)^2 = \frac{n_1 n_2}{n_1 + n_2}d^2 \tag{5.1}$$

である。重心法では d が最小の対に着目したが，Ward 法は (5.1) 式の値が最小の対をクラスターにする。d^2 が同じでも ΔS_W は異なる。n_1，n_2 が大きい 2 つのクラスターはクラスター化されにくい。また，$n_1 + n_2$ が同じときは，不揃いであるほうがクラスターになりやすい。表5.5にクラスター形成の過程を示す。表では JMP 同様，(5.1) 式の平方根をとった値を距離の代わりに表示している。図5.3 に示したデンドログラムから，重心法や群平均法と同じ結果が得られている。

表 5.5 Ward 法の計算

語句	楽しい	冷たい	安心感	コクのある	美味しい	とても甘い	シンプルな	高カロリーな	親しみやすい	ボリュー
得点	11	31	50	60	78	91	98	106	160	220
$\sqrt{(\Delta S_W)}$	14.14	13.44	7.07	12.73	9.19	**4.95**	5.66	38.18	42.43	
得点	11	31	50	60	78	94.5		106	160	220
$\sqrt{(\Delta S_W)}$	14.14	13.44	**7.07**	12.73	13.47		9.39	38.18	42.43	
得点	11	31	55		78	94.5		106	160	220
$\sqrt{(\Delta S_W)}$	14.14	19.60		18.78	13.47		**9.39**	38.18	42.43	
得点	11	31	55		78		98.33		160	220
$\sqrt{(\Delta S_W)}$	**14.14**	19.60		18.78	17.61			53.40	42.43	
得点		21	55		78		98.33		160	220
$\sqrt{(\Delta S_W)}$		27.76		18.78	**17.61**			53.40	42.43	
得点		21	55			93.25			160	220

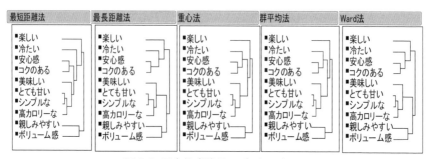

図 5.3　5 つの方法によるデンドログラム

図 5.4　平方根変換後のデンドログラム

また，このデータを平方根変換してデンドログラムを描かせた結果が図 5.4 である．この例が示すように，変換によってデンドログラムの形がまったく異なることが多い．活用術 5.2 のように，問題によっては，適当な変数変換を施

した後でクラスター分析を行うのが望ましい。

また，JMP では初期条件が標準化後の**ユークリッド距離**に基づいているので，ユークリッド距離として扱ってよいデータかどうか事前に判断しておく必要がある。

[活用術] 5.2：変数変換とクラスター分析
　　所得などのように分布が歪んでいる場合には，そのままクラスター分析を適用すると高所得者が細分され，低所得者が全部ひとまとまりになる。分析の前に対数変換などを施して対称分布にしておく。

5.1.8　非階層的クラスター分析

n 個の個体が K 個のクラスターに分解されるとき，各クラスターの平均を $\bar{x}_k\ (k=1, 2, \cdots, K)$ とする。全体の平方和 S_T はクラスター間平方和 S_B とクラスター内平方和 S_W に分解することができる。クラスター内の平方和 S_W を最小とする

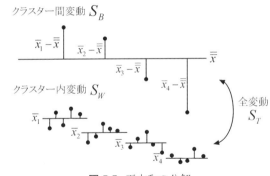

図 5.5　平方和の分解

ことは，クラスターを均一にすることに対応する。

表 5.1 のデータを使い，4 つのクラスターを形成することを考える。いま，クラスターの核となる代表―**種子（シード）**―をランダムに 3 点選んだ。これが表 5.6 の 3 行目の○である。1 次元の場合は，隣り合う 2 つのクラスターの種子の平均を求め，それを境界として対象を分割すればよい。境界値は表 5.6 の境界値の欄に示す数値である。C1［11, 31, 50, 60］と C2［78, 91, 98］と C3［106, 160, 220］に分けられた。［　］内の数値は，評価用語の得点である。

表 5.6 k-means 法の計算

語句	楽しい　安心感　　美味しい　シンプルな　親しみやすい 冷たい　　コクのある　とても甘い　高カロリーな　ボリューム感
得点	11　31　50　60　78　91　98　106　160　220
種子 境界値	○ (50)　　○ (91)　　○ (106)　　70.50　98.50
Δ S_W 境界値	−659.92　　30.67　81.75　162.00
Δ S_W 境界値	2719.92　　30.67　81.75　162.00
Δ S_W 境界値	−4233.55　　30.67　86.60　190.00
Δ S_W 境界値	−239.12　　38.00　93.25　190.00

次に，C1 の右端を C2 に移したときの平方和 S_W の変化を計算する。n 個の個体（$x_1, x_2, \cdots, x_n$）の平均と平方和をそれぞれ $\bar{x}_n$, S_n とする。ここから 1 個を除いた後の平均 $\bar{x}_{n-1}$ と平方和 S_{n-1} は，$d = x_i - \bar{x}_n$ として

$$\bar{x}_{n-1} = \bar{x}_n - d/(n-1) \tag{5.2}$$

$$S_{n-1} = S_n - nd^2/(n-1) \tag{5.3}$$

となる。また，その逆に，x_{n+1} を追加した後の平均 $\bar{x}_{n+1}$ と平方和 S_{n+1} は，$d = x_{n+1} - \bar{x}_n$ として

$$\bar{x}_{n+1} = \bar{x}_n + d/n \tag{5.4}$$

$$S_{n+1} = S_n + nd^2/(n+1) \tag{5.5}$$

となる。

この関係を利用して計算する。C1 から C2 に右端が移動することで，C1 の平方和は 1290.70 減少し，C2 の平方和は 630.75 増加する。全体として 659.92 減少するので，この個体を C2 に移動する。新たな C2 から C3 に右端を移動させても平方和は減少しない。しかし，C3 から C2 への移動は 4233.55 減少するので，左端の個体を C2 に移動する。今度は，新たな C2 から C1 へ移動させる。このときは 239.12 減少するので，C2 の左端の個体を C1 に戻す。これで分割を終了する。これが，k-means 法の考え方である。

5.2 クラスター分析の活用指針

　クラスター分析が有効であるための条件として，とくに仮定は必要ない。しかし，他の多変量解析と同様に，取り上げる変数はさまざまな角度から検討しなければならない。クラスター分析のご利益は，手許のデータに分類基準がなくても，多次元の距離から潜在的なクラスターを提供してくれることである。分析に用いる手法によっては，大きくクラスター構成が異なることが欠点であり，求めたクラスターについて何らかの方法で性格を与える必要がある。

5.2.1　クラスター分析の目的と到達レベル

　データ分析者のクラスター分析の目的は，主に以下のような事柄であろう。

- 多変量データを少数個（2〜5程度）のクラスターで説明する。
- 発見されたクラスターで個体の特徴をつかむ。
- 主成分上のクラスターの布置で仮説を発見する。

　データ分析者のクラスター分析の到達レベルは，たとえば以下のようなものであろう。

- 主成分分析や因子分析と複合させて，ポジショニングや狙いのセグメントを探索する。
- 顧客の使用実態と商品満足度を結びつけ，商品の持つ強み弱みを抽出する。
- 業界の特許や技術動向などからいくつかの群を求め，技術戦略を立案する。

5.2.2　クラスター分析の手順

　クラスター分析の一般的な分析手順を以下に示す。分析にあたっては，クラスター自体が検討する必要のない場合や，あらかじめ分類情報を持った変数がある場合など，本当にクラスター分析の問題かどうか検討しておく。また，事前に知見から，どの程度のクラスターが想定されるか仮説を立てたり，直接クラスター分析には使わないがクラスターの性格を決めるような項目を準備する

など，事前検討に時間を使う。

1. 分析に必要な変数を選定する。分析目的に対して無意味な変数を含んでいると分析結果の解釈が困難になるため，変数の選定には十分な吟味が必要である。

2. 個体の数は目的に応じて集める。クラスター分析は記述の意味合いが強い手法であるので，無作為に集められた個体でも，意図的に集められた個体でもよい。

3. データベースを活用したり，実際にアンケートなどを行ってデータを収集する。収集されたデータは分析しやすいようにデータ行列にまとめる。必要であれば，対数変換や単位当たりの比率に加工しておく。

4. データのモニタリングによって，外れ値—たった1個でクラスターが形成されそうな個体—は色を変えたり，マーカを変えたりしておく。

5. 距離の定義を決める。JMPの階層的方法では，標準化ユークリッド距離が初期設定になっている。

6. 目的や個体数から階層的方法か非階層的方法かを選ぶ。ビッグデータは個体数が非常に多いため，必然的に非階層的方法を選択せざるをえない。

7. 階層的方法：Ward法を実行し，他の方法と比較する。クラスター数はデンドログラムの結合の形や知見などから決定する。
   非階層的方法：クラスター数を決める。

8. 階層的方法：クラスターの性格を決める。事前情報や分析に使わなかった項目も活用し，クラスターとのクロス集計表分析などを行う。
   非階層的方法：何度か初期値を変えてクラスター分析を実行する。知見とバイプロットやパラレルプロットからクラスターの性格を決める。

9. クラスターの解釈が困難な場合には，7に戻り再検討する。場合によっては，変数や個体を見直し，クラスター分析を再実行する。

[練習問題] 5.1：カップアイスの印象

「カップアイスの印象」[U] のデータを使い，反応で階層的クラスター分析を行え。また，平方根で階層的クラスター分析を行い，両者を比較せよ。

5 章　クラスター分析（CLUST）　161

[練習問題] 5.2：吟醸酒

　　「吟醸酒」[U] のデータを使い，酸度，日本酒度，アルコール度で，階層的クラスター分析を行え。得られたクラスターと感性評価項目 —甘い–辛い，濃い–淡い，旨さ— を使い，クラスターの特徴について考察せよ。

5.3　クラスター分析の実際

　今度は，変数が p 個ある場合のクラスター分析の例を紹介する。次元が増えても考えかたは同じである。

5.3.1　理想の恋人の分析（1）—個体側の階層的クラスター分析—

　「理想の恋人」のデータを使う。主成分分析の第 1 回目の分析は，学生たちの評判がよくなかった。ここでは，アンケートに回答した学生の回答パターンを分類する。個体数が $n = 20$ と少ないため，階層的クラスター分析を利用する。

[操作] 5.1：階層的クラスター分析
1. 「理想の恋人」[U] を読み込み，"分析 (A)" の "クラスター分析" から "階層型クラスター分析" を選ぶ。
2. 表示されたウインドウの "列の選択" で "経済力"〜"距離" を選び，"Y, 列" をクリックして分析対象とする。
3. "オプション" ブロックの "手法" で Ward 法を選び，"OK" をクリックする。
4. "クラスター分析の履歴" の左の ▷ をクリックし，クラスター形成過程を表示する。
5. "階層型クラスター" の左の赤い▼をクリックし，メニューの "変数間クラスター" をクリックすると，相関係数による変数側のクラスター分析が実行される。
6. "階層型クラスター" の左の赤い▼をクリックし，メニューの "クラスターの保存" を選ぶと，データテーブルにクラスター番号が追加される。

　各変数を標準化した後に Ward 法を使い，図 5.6 に示すデンドログラムの様子から主観的に 3 つのクラスターを抽出した。階層的クラスター分析では，分析結果からクラスター数を探索的に決める必要がある。得られた 3 つのクラスターの特徴や意味について検討する。それには，各変数についてクラスターごとの平均を計算し，図 5.7 のようなパラレルプロットにより相対的な検討を行

えばよい．クラスター 1 および 3 とクラスター 2 の違いは，クラスター 2 は経済力，容姿，性格，距離といった外観的な項目を相対的に重要視していない．クラスター 1 とクラスター 2 および 3 の違いは，クラスター 1 は相性や趣味といった項目を相対的に重要視していない．

なお，図 5.6 では個体側と変数側の両方でデンドログラムが描画されている．これは JMP 固有の描画である．変数側のデンドログラムは変数間の相関

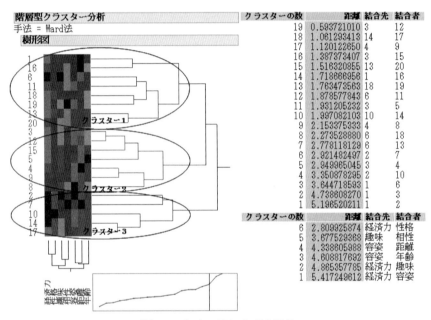

図 5.6 デンドログラムと形成過程

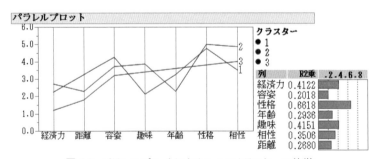

図 5.7 パラレルプロットによる 3 つのクラスターの特徴

に基づいたクラスターである。変数側のクラスターは主成分分析の第1回目の結果と整合がとれている。ここでは，変数側のクラスターには興味がない。

5.3.2　理想の恋人の分析(2)－主成分の階層的クラスター分析－

今度は，ユークリッド距離ではなく，変数間の相関を考慮したマハラノビス距離についてクラスター分析を行えないか考える。主成分分析を実行し，標準偏差を1に標準化した主成分得点を求めると，個体間の距離が相関を考慮したものになる。そこで，第1主成分，第2主成分について標準化した得点を使い，クラスター分析を行ったものが図5.8である。

図右の主成分1および2のプロットを説明する。プロットのマーカの違いが，先の標準ユークリッド距離による3つのクラスターである。3つの楕円で分類されたプロットがマハラノビス距離による3つのクラスターである。似た結果であるが同じではない。このように，ユークリッド距離を使うかマハラノビス距離を使うかによっても構成されるクラスターは変化する。どの結果がより良いのかを判断する物差しがないところが，クラスター分析の難しいところである。

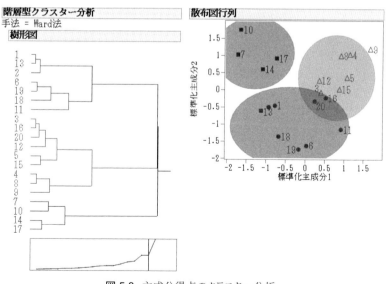

図 5.8 主成分得点のクラスター分析

活用術 5.3 は，主成分得点に基づいてクラスター分析を行う場合の注意点である。とくに 2 番目が重要で，主成分得点を標準化しているため，固有値の大きい主成分も小さい主成分も，みな平等に扱われる。誤差のような成分まで含むと，何のための分析かわからない。解釈可能な上位数個の主成分を使うことを勧める。

活用術 5.3：主成分得点のクラスター分析

主成分得点に基づいてクラスター分析を行う場合は，以下の点に注意する。
- 得点は標準化したものを使う。
- 用いる主成分の数は固有値上位のものに限る。

5.3.3　選挙データの分析

分析するデータは「選挙データ 2001」である。読者は得票率の主成分分析の結果を思い出してほしい。主成分 1 は与野党対決軸，主成分 2 は組織票の強さであった。今回は，6 大政党の得票率を使い，非階層的クラスター分析を行う。ここではクラスター数は 3 と設定し，k-means 法によりどのようなクラスターが形成されるか検討する。なお，投票率に顕著な傾向がある岩手県・大分県・沖縄県のデータは，第 3 章の主成分分析と同様，分析から除外してある。

操作 5.2：非階層的クラスター分析

1. 「選挙データ 2001」[U] を読み込み，"分析 (A)" の "クラスター分析" から "K Means クラスター分析" を選ぶ。
2. 表示されたウインドウの "列の選択" で "自由党得票率" 〜 "自民党得票率" を選び，"Y，列" をクリックし，"OK" をクリックする。
3. 表示されたウインドウの "設定パネル" で "k-means 法" を選び，クラスター数を 3 と入力し，"実行" をクリックする。
4. 表示ウインドウの "K Means 法クラスター数=3" の左の赤い▼をクリックし，メニューの "バイプロット" を選ぶと，第 1 主成分と第 2 主成分のバイプロットが表示され，そのグラフに k-means 法の結果が布置される。
5. "K Means 法クラスター…" の左の赤い▼をクリックし，メニューの "クラスターの保存" を選ぶと，データテーブルにクラスター番号と距離が追加される。

図 5.9 は，第 1 および第 2 主成分上での，k-means 法により得られた 3 つのクラスターの様子である。クラスターの分類はおおよそ第 1 主成分で説明がつ

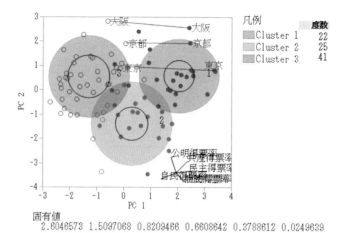

図 5.9 k-means 法によるクラスター化

き，第 2 クラスターと（第 1・第 3）クラスターの分類に第 2 主成分がかかわっていると考えられる．図 5.9 の情報からは，各クラスターがどのような特徴を持っているかまではわからない．

そこで，図 5.10 を使い，各クラスターについて詳細な検討を行うことにする．図のクラスター平均のブロックから，クラスター 1—図 5.9 では右上の赤色のプロットで表示されている—は相対的に民主党，共産党の得票率が高く，自民党の得票率が低いグループで，自民党 VS 民主党の構成比率はほぼ 1 対 1 の互角である．このクラスターは全体の約 1/4 を占める．

クラスター 2—図 5.9 では中央下側の緑色のプロットで表示されている—は，クラスター 1 に比べて民主党，共産党の得票率が下がり，自民党 VS 民主党の構成比率はほぼ 2 対 1 である．このクラスターは全体の 1/4 強を占める．

クラスター 3—図 5.9 では左上の青色のプロットで表示されている—は，クラスター 1 に比べて民主党，共産党の得票率がさらに下がり，自民党 VS 民主党の構成比率はほぼ 5 対 2 である．このクラスターは全体の約 1/2 を占める．

さらに，図 5.10 に加えて図 5.11 のモザイク図を使って，2000 年と 2001 年の変化を加味した考察を加えよう．クラスター 1 は主に 2000 年衆議院選の野党得票率の高いグループで，大都市を持つ県が多い．このクラスターでは，与党である公明党の得票率も相対的に高い．

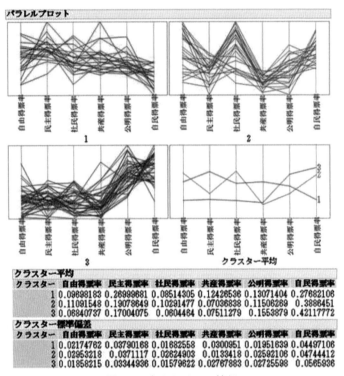

図 5.10 各クラスターの情報

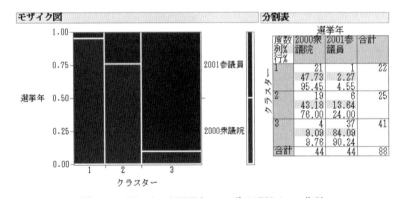

図 5.11 クラスターと選挙年のモザイク図とクロス集計

　クラスター 2 は主に 2000 年衆議院選の与党得票率の高いグループで，公明党得票率はクラスター 1 よりも低い。自民党が地方での当選を目指し，公明党

が大都市部での当選を目指す与党戦略の合意があったとしたら，公明党はこの年の選挙では損をしたのかも知れない。このクラスターには，2001 年参議院選の野党支持県が一部含まれる。

クラスター 3 は 2001 年参議院選のグループである。2001 年は，小泉効果もあり，与野党対決軸は薄れてしまっている。どの県でも 2000 年選挙時の無党派層 —非与党層と言い換えたほうがよいかも知れない— が小泉氏に期待して与党に投票し，その結果として与党圧勝となってしまった。このため，2001 年の選挙では都道府県の投票パターンの差が小さくなり，1 つのクラスターとして表されたのかも知れない。

5.4　高度な手法（正規混合分布法と自己組織化マップ）

JMP では非階層クラスター分析の手法として，k-means 法の拡張として正規混合分布法や自己組織化マップ（SOM）を指定できる。正規混合分布法は，ユークリッド距離の代わりに，多変量正規分布を仮定した各クラスターの平均位置からの発生確率に基づいたマハラノビス距離を使う。SOM はニューラルネットワークを応用したものであり，データマイニングなどで用いられる。

5.4.1　正規混合分布法

これまでに説明してきた k-means 法には，下記のような欠点がある。

1. クラスターが重複している場合，あまり良く機能しない。
2. 遠く離れた個体によって，簡単にクラスターが中心から引っ張られてしまう。
3. 各個体はクラスターの内にも外にもなりうる。ある個体が他の個体よりも，それらが割り当てられたクラスターに本当に含まれるべきであるという規準がない。

正規混合分布法は k-means 法に確率的概念を導入したものである。この方法は名前のとおり多変量正規分布に由来する。シードを正規分布の平均ベクトルに設定する。クラスターの構成過程では，推定ステップと最大化ステップを繰り返して収束させる。推定ステップでは，各シードの多変量正規分布の平均

ベクトルからデータ間の距離に基づいて信頼度 —帰属確率— を計算する。多変量正規分布では平均ベクトルに近い点に対しては信頼度が高く設定される。逆に，遠く離れた点に対しては信頼度が低く設定される。この信頼度を利用して最大化ステップが実行される。点と各クラスターの平均ベクトルとの距離を計算して，目的のクラスターに帰属する確率が最大となり，そうでないクラスターに帰属する確率が最小になるように各平均ベクトルを移動させながら，2つのステップを繰り返していくのである。正規混合分布法では，標本数が少ない場合や分析するデータの性質によっては，シードの与えかたによって大きく異なる分析結果が得られる場合がある。何度か分析を繰り返して，分析結果が安定なものであるかを確認する必要がある。

ここでは，「選挙データ2001」を使って正規混合分布法を確認しよう。変数間の共分散（相関）を考慮した分析では，分析を行うたびに結果が変わり，安定しない。そこで，設定を変数間の共分散を無効化した正規混合分布法を行うと図5.12左が得られる。図右の二元表はk-means法の結果と正規混合分布法の結果を比較したものである。読者は勉強のために，2つのバイプロットを比較して解釈を行ってほしい。図5.13は各クラスターへの帰属確率を三角図で表示したものである。プロットの多くは三角形の頂点付近に布置されているので，固有のクラスターに帰属する確率は1に近い。つまり，3つのクラスター

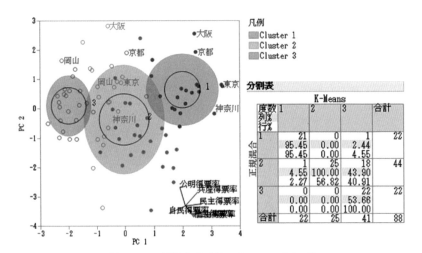

図5.12 正規混合分布法によるクラスタリング

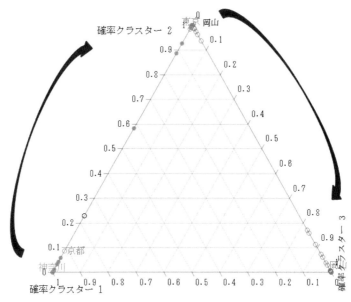
図 5.13 各クラスターへの帰属確率

への峻別ができていることがわかる。また，興味深いことに，2000 年の選挙でクラスター 1 であった東京・神奈川などは，2001 年の選挙ではクラスター 2 に移っている。2000 年の選挙でクラスター 2 であった岡山などは，2001 年の選挙ではクラスター 3 に移っている。

操作 5.3：正規混合分析法

1. 「選挙データ 2001」を読み込み，"分析 (A)" の "クラスター分析" から "正規混合" をクリックする。
2. 表示されたウインドウの "列の選択" で "自由党得票率" ～ "自民党得票率" を選び，"Y, 列" ボタンをクリックして，"OK" ボタンをクリックする。
3. 表示されたウインドウで，"クラスターの数" に 3 を入力し，"対角分散" にチェックを入れる。
4. "実行" ボタンをクリックする。
5. "正規混合 クラスター数=3" の左の赤い▼をクリックし，メニューの "バイプロット" をクリックすると，第 1 主成分と第 2 主成分のバイプロットが表示される。
6. "正規混合 クラスター数=3" の左の赤い▼をクリックし，メニューの "混合確率の保存" をクリックすると，データテーブルに帰属確率が保存される。

5.4.2 自己組織化マップ

自己組織化マップ（SOM）は，フィンランドのコホネンによって開発された手法であり，教師なしのニューラルネットワークと言われている。JMP の自己組織化マップは，主成分分析により計算された第 1 主成分と第 2 主成分の平面上にクラスターを形成し，自己組織化マップのグリッド座標を構成する。k-means 法と同様に各点を最も近いクラスターに割りあて，各クラスターの平均を計算する。そして，各変数におけるクラスター平均を目的変数，自己組織化マップのグリッド座標を説明変数とした予測を行う。この計算により求めた予測値を新しいクラスター平均と設定する。以上の手順について処理が収束するまで反復計算を行うものである。

ここでは，比較の意味もあり「選挙データ 2001」を使って自己組織化マップを作成する。図 5.14 は，クラスター数を 8 とした場合の結果である。マップを解釈するために，"一変量の分布"で県名を使ってヒストグラムを作成し，JMP のリンク機能により各県の 2000 年から 2001 年の選挙結果の推移をバイプロット上で確認する。

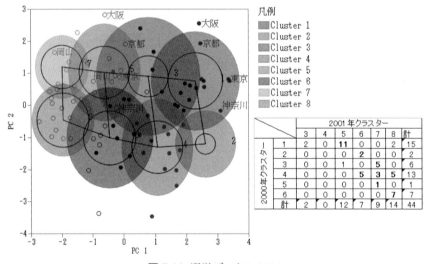

図 5.14 選挙データの SOM

意外な事実を発見できた。全体的な傾向として，奇数クラスター行では，クラスター 1 の県は 1 年後にはクラスター 5 へ，クラスター 3 の県はクラスター 7 へ，クラスター 5 の県はクラスター 7 へ推移していた。同様に，偶数クラスター行も，クラスター 2 の県はクラスター 6 へ，クラスター 4 の県はクラスター 6 と 8 へ推移していた。つまり，2000 年時点から 2001 年にかけて，小泉ブームにより野党雪崩現象が起きて与党回帰となったが，これは特定の県の固有な現象ではなく，野党支持の強い都府県（東京，神奈川，大阪），与党支持の強い県（北陸，中国各県）に関係なく，全国まんべんなく同じ割合で与党回帰が起きたと見ることができる。

操作 5.4：自己組織化マップ

1. 「選挙データ 2001」を読み込み，"分析 (A)" の "クラスター分析" から "K Means クラスター分析" をクリックする。
2. 表示されたウインドウの "列の選択" で "自由党得票率" 〜 "自民党得票率" を選び，"Y，列" ボタンをクリックして，"OK" ボタンをクリックする。
3. 表示されたウインドウの "k-mean クラスター分析" のボタンをクリックし，表示されたリストから "自己組織化マップ" を選択する。行数を 2，列数を 4 とし，帯域幅を 1 に変更する。
4. "実行" ボタンをクリックする。
5. "自己組織化マップ 2×4 グリッド" の左の赤い▼をクリックし，メニューの "バイプロット" をクリックすると，第 1 主成分と第 2 主成分のバイプロットが表示され，そのグラフに SOM 法の結果が布置される。
6. "反復クラスター分析" の左の赤い▼をクリックし，メニューの "パラレルプロット" をクリックすると，各クラスターとクラスター平均についてのパラレルプロットが描画される。
7. クラスターの数をいろいろ変えながらマップの変化を体感する。クラスター数の変更の際には，"設定パネル" の右の ▷ をクリックして，行数と列数および帯域幅を変更して，"実行" ボタンをクリックする。

6章 ▶▶▶ 判別分析（DISC）

判別分析（DISC：Discriminate Analysis）の目的は，複数の群をあらかじめ設定して，ある個体がどの群に属するのかを分類する方法である．目的変数が質的である場合の分析手法として，重回帰分析と比較される．いくつかのソフトウエアでは，目的変数に母集団の違いを表す質的変数を，説明変数には判別ルールを作るために用いられる変数群を指定する．しかし，JMP では異なる指定をする．その理由は，この 6 章で解明される．

判別の問題は世の中に多い．元々異なる集団を項目によって分類する問題と，生産工程のようにいろいろと作業を行った結果，品質に良不良が生じ，それを層別する問題とは根本が異なる．問題によって利用する方法を誤らないようにしよう．魔法の剣（多変量解析）も，使いかたによって効力を発揮しないこともあるのだ．

6.1　2 変数の判別分析

判別分析の問題に入る前に，2 変数の問題を考える．「Big Class」を使い，説明変数が質的で，目的変数が量的な分析を示す．これは，2.5.1 のおさらいでもある．

6.1.1　標準化距離 D

「Big Class」のデータでは，男子生徒の身長と女子生徒の身長の母平均に差が認められた．男子か女子かは確率的なものではなく，あらかじめわかっている．身長の変動を使い，ある閾値で区切ったときに性別によって身長の違いが明瞭となるか調べよう．

性別による身長の違いを示す指標は，平均の差 $\bar{d} = \bar{x}_M - \bar{x}_F$ である．ここで，添字の M が男子，F が女子の群を表す．平均の差という概念はきわめて

単純であるが，差は2群の変動に依存するだけでなく，測定単位に依存するという欠点を持っている。平均の差と変動の大きさを何らかの方法で関連づけなければ，その差が大きいのかどうか判断できない。

ここで，**標準化距離 D** を考える。D は，互いの群平均からの距離 $\bar{d} = \bar{x}_M - \bar{x}_F$ を，各人の身長から属する群平均を引いた値を使って計算した標準偏差 s_d で割ったものとして定義される。すなわち (6.1) 式である。

$$D = (\bar{x}_M - \bar{x}_F)/s_d \tag{6.1}$$

ここで男子と女子の群内の母標準偏差が等しいと仮定すれば

$$s_d = \sqrt{(S_M + S_F)/(n_M + n_F - 2)} \tag{6.2}$$

と表すことができる。

平均の差は 3.02 インチで，分母の標準偏差 s_d の値は 4.012 インチと計算できるから，その比 0.7528 が標準化距離 D である。

D は 1 よりも小さな値であり，同じ標準偏差を持つ正規分布を仮定したとき，$x =$ 身長 の情報だけでは男子と女子の違いをうまく判別できない。判別の問題は，平均だけでなく，個々の値について評論する点に注意してほしい。

$x =$ 身長 の情報だけでは性別を判別できないが，判別の手順を考える。話を簡単にするために，2群の母集団の大きさは等しく，母標準偏差も等しいが，母平均は違っていると仮定しよう。実際，標本の値は仮定を支持している。この状態での判別には，平均から標本までの距離を比較すればよい。距離は，今後の拡張を考えて標準化距離にしておく。

つまり，$D_1 = (x - \bar{x}_F)/s_d$, $D_2 = (x - \bar{x}_M)/s_d$ の大小関係で判断する。分母は s_d を使うことに注意する。すなわち，$D_1 - D_2$ あるいは $D_1^2 - D_2^2$ の符号により，どちらの群に属するかを決めるのだ。

このとき，2 つの母平均の差が大きければよいが，見てきたとおり，その差は標準偏差の値よりも小さい。図 6.1 は男子と女子の母集団の様子をグラフにしたものである。2 つの群の分布は，重なり合っている面積が大きい。重なり合っている部分のデータは，どちらに判定しても誤る可能性をゼロにはできない。

そこで，この**誤判別**を最小とする境界を見いだすことを考える。2 群の母集団比率は等しいと仮定したのだから，正規分布の確率密度の面積は等しい。図

6.1において，$x < \mu$ ならば女子，その反対 $x \geq \mu$ であれば男子と判定する。面積 E2 は本当は男子なのに誤って女子と判定される確率，面積 E1 は逆に女子なのに誤って男子と判定される確率である。誤判別の和は E1 + E2 であるから，2群の母平均の

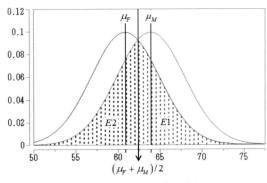

図 6.1 想定した2群の分布

平均 $(\mu_F + \mu_M)/2$ を判定境界 μ にするのだ。このとき，母集団比率や2群の母標準偏差が著しく異なる場合は，判定境界の計算は少し難しくなる。

6.2 多変量の判別分析

1つの変数だけではうまく判別できないとき，多変量空間での判別を考えると，良い判別のルールが見つかるかも知れない。**判別関数**は，あらかじめ特徴のある2群が与えられたとき，ある対象がどちらの群に属するかを予測するために，重要と思われる項目を測定し，分類ルールを作る。確率的に変動するのは複数の測定項目のほうで，群の値は始めから定まっているのだ。このことを十分理解してほしい。

6.2.1 判別関数

ある企業では部品Aに部品Bを組みつけて商品を製造している。コストダウンの一環として，部品Aを別の会社から購入することにした。購入品の品質を比較するために，自社品と購入品についてデータを収集した。そのデータが「部品調達」[U] である。

事前分析として，図 6.2 のヒストグラムを作成した。ヒストグラムの柱で強調されているところが自社品の頻度である。高さや整列度に違いがあるように思われるが，はっきりと分類できる変数はない。1変数で考えると両群の重なり合う面積が大きいが，同時に別の変数，たとえば整列度に高さを加えると，

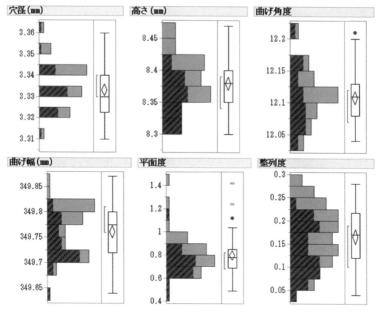

図 6.2 部品の寸法などのヒストグラム

2次元で分類を考えるため，線形結合の与えかたによっては2群の判別ができるかも知れない．こうして作られた最良の線形結合を判別関数と呼ぶ．

操作 6.1：三次元散布図と2群の判別

1. 「部品調達」[U] を読み込む．
2. "グラフ (G)" メニューの "三次元散布図" を押す．
3. 表示されたウインドウで "列の選択" から "整列度" と "高さ（mm）" を選び，"Y, 列" ボタンをクリックした後，"OK" ボタンをクリックする．
4. 表示された三次元散布図にカーソルを移し，カーソルが に変わったら，適当にマウスを動かすと，その指示にしたがってプロットが回転する．回転により，うまく2群（自社品，購入品）を判別できる回転角度が見つかる．

図 6.3 は高さと整列度の三次元散布図を時計回りに回転させて，様子を調べたものである．赤い■のプロットが購入品，青い●が自社品である．回転角によっては，水平方向において2群の重なりが大きい場合や，ほとんど重なりがない場合があることがわかる．回転によって，水平方向に対する群内のばらつ

6章 判別分析(DISC) 177

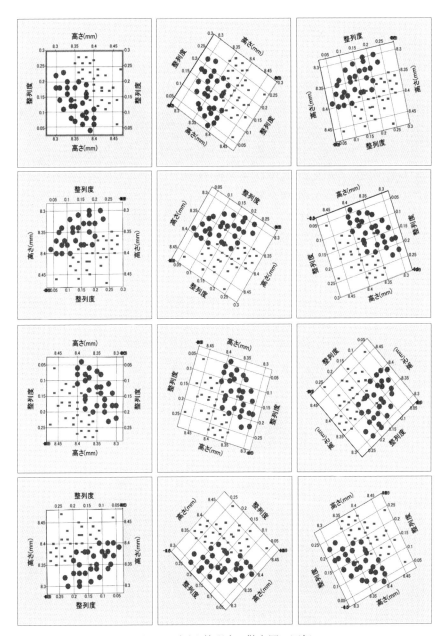

図6.3 高さと整列度の散布図の回転

きをできるだけ小さくして，群間の距離を大きくする方向が求められることがわかる。

このように，三次元散布図を使えば直感的に2群を判別する方向を求めることができる。新しい観測値が手許に来たときに，それがどちらの群に属するかわからないとしても，その値をプロットすることで群の予測ができるであろう。

今度は $x_1 =$ 整列度，$x_2 =$ 高さ としたときに，計算によって判別の方向，すなわち判別関数 $DF = \omega_1 x_1 + \omega_2 x_2$ の係数 ω_1，ω_2 の求めかたと判別の方法を説明する。群ごとの平均を計算し，自社品 $\left(\overline{x}_1^{(1)}, \overline{x}_2^{(1)}\right) = (0.135, 8.35)$，購入品 $\left(\overline{x}_1^{(2)}, \overline{x}_2^{(2)}\right) = (0.195, 8.40)$ とする。また，新しいデータを (x_{10}, x_{20}) とする。このデータがどちらの群に所属するのかを決めるには，この点から両群の平均までの距離が小さいほうの群を選べばよいだろう。このことは 6.1 の議論からわかるであろう。

新しいデータ（図 6.4 の＊印の点）が $(0.18, 8.34)$ であるとき，このデータが自社品と購入品のどちらの群に所属するか判定してみよう。たとえば，$DF = x_1 + 2 x_2$ という線形結合を考え，この直線上で判定値 μ を作り，μ に対して垂線を引くと，新しいデータがその垂線に対して上か下かによって判定で

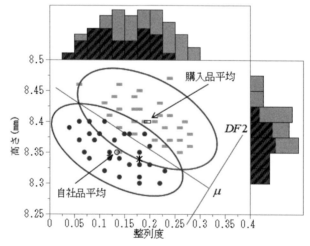

図 6.4　整列度と高さの層別散布図

きる。正確な計算は，群内の母標準偏差と母相関係数が等しいと仮定して，マハラノビス距離の 2 乗を活用して判別関数を計算するのだ。

2 変数の場合のマハラノビス距離は，2 群に共通の相関係数 r と共通の標準偏差 s_1，s_2 を使い

$$
\begin{aligned}
D_1{}^2 &= \left\{\left(u_1^{(1)}\right)^2 + \left(u_2^{(1)}\right)^2 - 2r\left(u_1^{(1)}\right)\left(u_2^{(1)}\right)\right\} \Big/ (1 - r^2) \\
D_2{}^2 &= \left\{\left(u_1^{(2)}\right)^2 + \left(u_2^{(2)}\right)^2 - 2r\left(u_1^{(2)}\right)\left(u_2^{(2)}\right)\right\} \Big/ (1 - r^2)
\end{aligned}
\tag{6.3}
$$

で計算する。ここで，$u_1^{(1)}$，$u_2^{(1)}$ は変数 x_1，x_2 の群 1 の平均から個体への標準化スコアであり，$u_1^{(2)}$，$u_2^{(2)}$ は変数 x_1，x_2 の群 2 の平均から個体への標準化スコアである。この差 $D_1{}^2 - D_2{}^2$ の符号でどちらの群に属するか決めればよいから，分子について計算すればよい。また，群平均の差を $\overline{d}_1 = \overline{x}_1^{(1)} - \overline{x}_1^{(2)}$，$\overline{d}_2 = \overline{x}_2^{(1)} - \overline{x}_2^{(2)}$ として，$D_1{}^2 - D_2{}^2$ を展開すれば

$$
\Delta D^2 = a + \left(\frac{1}{s_1{}^2}\overline{d}_1 - \frac{r}{s_1\,s_2}\overline{d}_2\right)x_1 + \left(\frac{1}{s_2{}^2}\overline{d}_2 - \frac{r}{s_1\,s_2}\overline{d}_1\right)x_2
\tag{6.4}
$$

となる。ここに

$$
a = \frac{1}{2}\left\{\frac{\left(\overline{x}_1^{(1)}\right)^2 - \left(\overline{x}_1^{(2)}\right)^2}{s_1{}^2} + \frac{\left(\overline{x}_2^{(1)}\right)^2 - \left(\overline{x}_2^{(2)}\right)^2}{s_2{}^2} + \frac{r}{s_1\,s_2}\left(\overline{x}_1^{(1)}\,\overline{x}_2^{(1)} - \overline{x}_1^{(2)}\,\overline{x}_2^{(2)}\right)\right\}
\tag{6.5}
$$

である。定数項 a は判別境界を 0 とするためのもので，本質的な意味はない。ここで，定数項 a を除いた状態での判別関数 DF を，JMP を活用して求めると

$$
\begin{aligned}
DF = &\left\{\frac{1}{(0.055)^2}0.061 - \frac{-0.53}{(0.032)(0.055)}0.050\right\}x_1 \\
&+ \left\{\frac{1}{(0.032)^2}0.050 - \frac{-0.53}{(0.032)(0.055)}0.061\right\}x_2
\end{aligned}
\tag{6.6}
$$

となる。

(6.6) 式を用いた判別状況は図 6.5 のようになり，60 個体中，自社品を購入品と誤判別したのが 1 件，逆に購入品を自社品と誤判別したのが 2 件であった。判別率は $1 - 3/60 = 0.95$ であるから，完全ではないが良い判別ができたと考える。

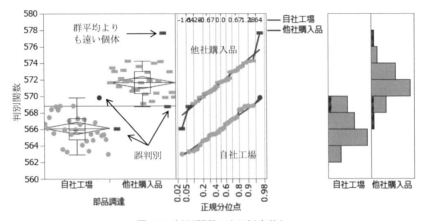

図 6.5 判別関数による判定状況

ここで,判別関数を求めるために必要な共通の標準偏差と相関係数は,データから各群の平均を引いた値を使って計算する。このため,群 1 と群 2 で母標準偏差や母相関係数が等しいと考えてよいかどうか,モニタリングにより確認することが大切である。

また,2 群の判別は $D_1^2 - D_2^2$ のみで決まるため,$D_1^2 = 0.3$,$D_2^2 = 6$ の場合も $D_1^2 = 9.3$,$D_2^2 = 15$ の場合も同じ結果となる。前者は群 1 に属すると予測してもよいだろうが,後者は両方の群平均から遠いところに個体が位置しているから,両方に属さない未知なる第 3 の群に所属すると考えたほうがよいかも知れない。

このように,判別分析では単に個体を 2 群に振り分けるだけでなく,両方の群平均からのマハラノビス距離も考慮しなければならない。判別に用いる変数が増えると,計算が煩雑になり,JMP の手助けが必要だ。しかし,考えかたは変わらない。

操作 6.2:判別関数の作成と判別状況の確認
1. 「部品調達」^{U} を読み込む。
2. "分析 (A)" メニューの "二変量の関係" から,X に "部品調達",Y に "高さ" と "整列度" を設定し,それぞれ群平均と群平均の差を調べる。
3. 新しい列を 2 列追加し,それぞれ計算式を使い,データから群平均を引く。たとえば,高さは

と計算式を作る．条件比較に用いる文字列は，半角英数の""で囲む．新しい変数名は"高さ群平均調整"，"整列度群平均調整"とする．

4. "分析(A)"メニューの"二変量の関係"から，Xに"高さ群平均調整"，Yに"整列度群平均調整"を設定し，相関係数と各変数の標準偏差を求める．
5. 新しい列を1つ追加し，変数名を"判別関数"とする．その上で，計算式に(6.6)式を入力する．
6. "分析(A)"メニューの"二変量の関係"から，Xに"部品調達"，Yに"判別関数"を設定し，図6.5を表示させる．
7. 必要であれば注釈ツール，直線ツールを使い，グラフにコメントを書き込む．

6.2.2 判別分析の変数選択と事後評価

今度は，すべての変数を使って判別分析を実行する．JMPでは質的な変数を取り込むことができないが，変数選択機能を有している．

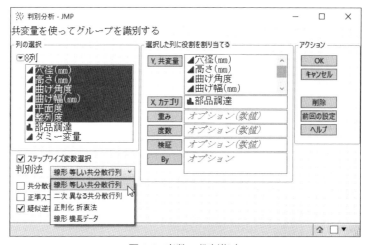

図6.6 変数の役割指定

操作 6.3：判別分析の実行（図6.6）

1. "分析(A)"メニューの"多変量"から"判別分析"を選ぶ．

2. 表示されたウインドウの"列の選択"で，"穴径（mm)"～"整列度"を選び，"Y，共変量"をクリックする。
3. "列の選択"で"部品調達"を選び，"X，カテゴリ"をクリックする。
4. ステップワイズ変数選択の□にチェックを入れ，リストから"線形 等しい共分散行列"を選び，"OK"をクリックする。
5. 変数選択を行う。
6. 変数選択ウインドウにある"このモデルを適用"をクリックし，判別分析を実行する。

変数選択では F 値の大きいものから順にモデルに取り込み，モデルに取り込まれた変数のうちで F 値が小さくなったら，モデルから除外する。モデルに取り込んだり除外したりする判断は p 値（Prob > F）で行う。このような操作は，説明変数間の相関により生じる冗長性をモデルから排除することに役立つ。

モデルの**変数選択**の様子を見よう。図 6.7 が初期状態であり，まだどの変数も選択されていない。図 6.2 を思い浮かべ，最初にモデルに取り込む変数を決めよう。図 6.7 の F 値と p 値から変数の高さを選択しよう。図 6.8 は高さをモデルに取り込んだ後の状態である。整列度の F 値が大きくなった。あなたは整列度を選択した後，図 6.4 を思い浮かべ，ほとんどの個体がうまく分類されたことを確認し，満足するだろう。整列度を取り込んだ後（図 6.9），p 値（Prob > F）が 0.05 以下の変数に平面度があるが，最大の F に比べて 1/10 以下であるのでモデルに取り込まない。こうして変数選択を終える。

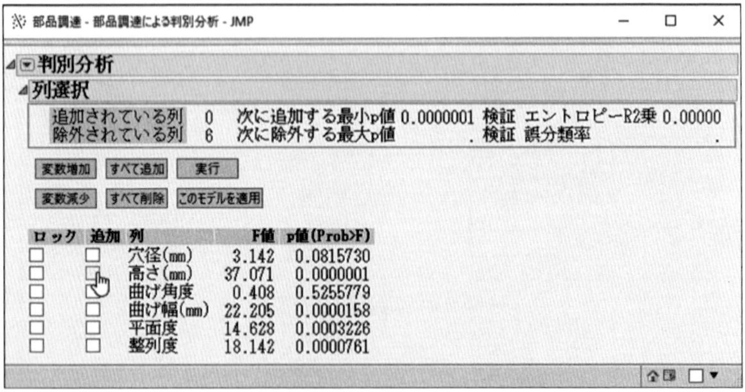

図 6.7 判別分析の変数選択初期画面

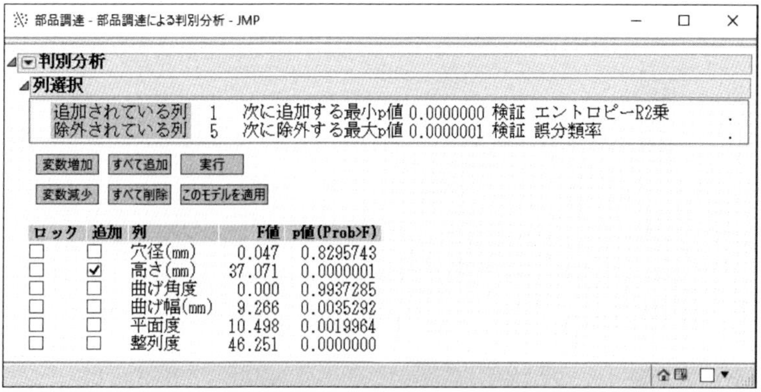

6 章　判別分析（DISC）　　183

図 6.8 高さをモデルに取り込む

部品調達 - 部品調達による判別分析 - JMP

▲▼判別分析
　▲列選択
　　追加されている列　1　次に追加する最小p値 0.0000000 検証 エントロピーR2乗
　　除外されている列　5　次に除外する最大p値 0.0000001 検証 誤分類率

[変数増加] [すべて追加] [実行]
[変数減少] [すべて削除] [このモデルを適用]

ロック	追加	列	F値	p値(Prob>F)
☐	☐	穴径(mm)	0.047	0.8295743
☐	☑	高さ(mm)	37.071	0.0000001
☐	☐	曲げ角度	0.000	0.9937285
☐	☐	曲げ幅(mm)	9.266	0.0035292
☐	☐	平面度	10.498	0.0019964
☐	☐	整列度	46.251	0.0000000

図 6.8　高さをモデルに取り込む

部品調達 - 部品調達による判別分析 - JMP

▲▼判別分析
　▲列選択
　　追加されている列　2　次に追加する最小p値 0.0435515 検証 エントロピーR2乗
　　除外されている列　4　次に除外する最大p値 0.0000000 検証 誤分類率

[変数増加] [すべて追加] [実行]
[変数減少] [すべて削除] [このモデルを適用]

ロック	追加	列	F値	p値(Prob>F)
☐	☐	穴径(mm)	0.121	0.7289492
☐	☑	高さ(mm)	71.919	0.0000000
☐	☐	曲げ角度	0.091	0.7645520
☐	☐	曲げ幅(mm)	1.305	0.2581504
☐	☐	平面度	4.265	0.0435515
☐	☑	整列度	46.251	0.0000000

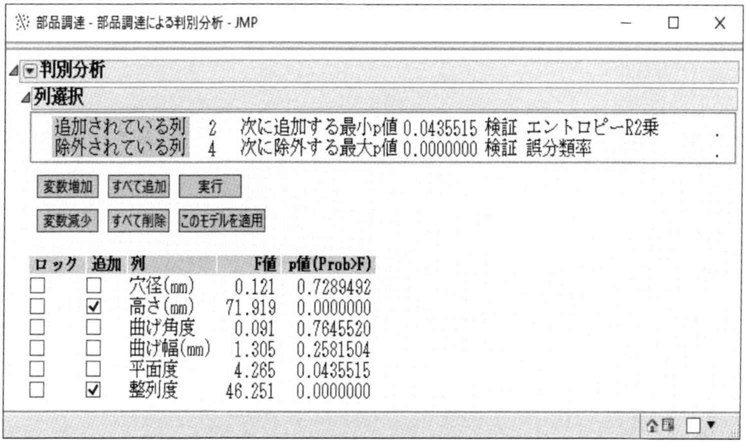

図 6.9　整列度をモデルに取り込む

[活用術] 6.1：判別分析の変数選択指針

- 変数選択は p 値基準で行うが，知見から落とせない変数はあらかじめモデルに取り込んでおく。
- p 値は，モデルへの取り込み，除外ともに 0.25〜0.05 を目安とする。ただし，F 値の最大のものとの比が 1/10 以下であれば，p 値基準を満たしてもモデルに取り込む価値は低い。

得られた判別関数（正準［1］）は $DF = 17.526\,x_1 + 33.698\,x_2$ である。JMPの出力では，判別関数を正準［1］と表示する。これは，多群の判別に対応できるようなアルゴリズム―正準判別分析という―で設計されているための表記である。この式の係数は(6.6)式とは異なるが，比例関係（約半分）にあり，実質は同じである。ソフトウエアによっては，判別境界を0と置くために定数項が追加されたものがある。JMPでは"正準スコアの保存"というコマンドを使うと，計算式に定数項を追加した判別関数を保存することができる。

図6.10は今回の判定結果である。6.2.1の結果と同様に，自社品を誤って購入品としたのが1例，逆に購入品を誤って自社品としたのが2例あり，誤判別率は5%である。図のROCを見ると，自社品も購入品も左上コーナーにはりついた階段関数が得られており，良い判別ができたと考える。

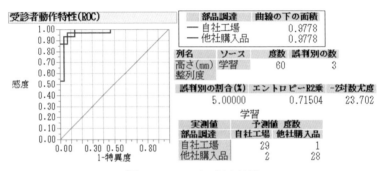

図 6.10　DF による判定結果

モデルの安定性を見るには，誤判別率だけでなく，群平均からの距離 D^2 も重要な指標である。そこで，得られた判別関数と各群から個体への D^2 の散布図により検討を加える。図6.11は，横軸に正準［1］―判別関数―をとり，縦軸に自社品あるいは購入品の平均からの D^2 をとった散布図である。図中の水平線は $D^2 = 9$ の線であり，垂線は判別境界である。図左から，自社品側では自身の群平均から距離の遠い個体はない。購入品側に対しては判別関数の値が大きく，自社品の群平均からの距離も遠いので，良好である。右図の購入品側では，自身の群平均からの距離が遠い個体が3つ発見された。誤判別された個体だけでなく，正しく判別された個体でも自群の群平均から遠い場合には注意を払い，その理由についての深掘りが必要な場合もあるだろう。なお，判別状

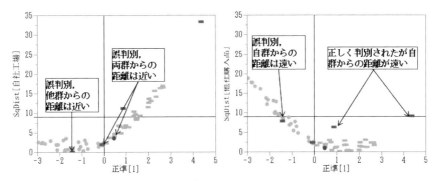

図 6.11 正準[1]（判別関数）と D^2（左：自社工場，右：他社購入品）の散布図

況を確認するには，図 6.5 あるいは図 6.11 のどちらか一方でよい．あなたの理解に好ましいほうを活用してほしい．

判別関数が得られたら，新しい観測値を使って予測を行う．JMP では，計算式を保存し，データテーブルに新しい観測値を入力すると，その個体がどちらの群に属するか予測できる．

操作 6.4：判別関数と D^2 の散布図
1. 判別分析の出力ウインドウの"判別分析"の左の赤い▼をクリックし，メニューの"スコアオプション"から"計算式の保存"を選ぶ．
2. "判別分析"の左の赤い▼をクリックし，メニューの"正準オプション"から"正準スコアの保存"を選ぶ．
3. 正準［1］と SqDist［自社工場］，SqDist［他社購入品］で散布図を描く．

6.3 判別分析の活用指針

判別の問題は，事前に与えられた群について測定された項目を使った特徴化やネーミングなどの探索的側面と，新たな個体が現れたときにどの群に属するのかを決める予測の側面がある．

6.3.1 判別分析の目的と到達レベル

判別分析に使うデータは，すでにどの群に属するのかわかっている素性が知れた個体の集まりである．できることなら，各群の個体数は同程度にそろえて

186

おくことが望ましい。また，判別問題では，どの手法を課題に適用するのかを決めておかなければならない。

データ分析者が判別分析に期待するのは，主に以下のような事柄であろう。

- 層別や判別に効果のある変数を探索する。
- 判別のためのルールを作り，新しい個体を効率良く振り分ける。

データ分析者の判別分析の到達レベルは，たとえば以下のようなものであろう。

- 顧客の評価や品質特性などを測定して，異なる集団の特徴をあぶりだす。
- 市場情報やスペックなどから，ヒット商品につながるか判断する。
- 買い替えにおける競合商品の勝敗表から，事業戦略を検討する。

6.3.2 判別分析の手順

判別分析の一般的な手順を以下に示す。分析にあたり，ヒストグラムや層別散布図など，事前のモニタリングが重要である。

1. 分析に必要な変数対を選定する。群を説明する変数は，共変量であるか説明変数であるかを明確にしておく。
2. データベースを活用して，あるいは実際にアンケートを行うなどして，データを収集する。得られたデータは分析しやすいようにデータ行列にまとめる。
3. モニタリングとして，群内のばらつきや相関の様子を確認する。
4. 判別分析を実行する。誤判別の判定結果だけでなく，D^2 の値にも注意する。
5. 各群の特徴をまとめる。判別関数と元の変数との散布図や相関係数などから知見を活用する。
6. 手許データの判別が終わったら，未知の個体に対する判別ルールを作成する。

[練習問題] 6.1：あやめの判別分析

「Iris」^{S} を使い，事前分析を行え。その後で 3 つの品種のうち 2 つを選び，判

別分析を実行せよ。

6.4 判別分析の実際

判別分析の実際について，2 群の判別問題の他に，応用例として**多群判別分析（正準判別分析）**や**識別分析**について，手順を含めて紹介する。

6.4.1 デジタルカメラのデザイン評価

このデータは，ある大学の 49 名の男子学生に 3 種類のデジタルカメラを提示し，そのデザインについて 18 項目の両極 7 段階の SD 尺度により評価したものだ。両極 7 段階の SD 尺度とは，表 6.1 に示すように対照的な形容詞対を左右に配置し，2 つの形容詞のどちらともいえない場合を中心の値 0 点として，その印象の程度を −3，−2，−1，0，1，2，3 といった得点に換算する方法である。「デジタルカメラ」[U] を読み込み，データを眺めよう。変数名は，表 6.1 の形容詞の右側を採用している。データテーブルは（デジタルカメラデザイン・評価者）× 評価項目 の形式である。それぞれのカメラデザインがどのような印象を持たれているかを調べたものが図 6.12 の重ね合わせプロットである。デザイン A は標準的なカメラらしいデザインで，重厚な印象である。一方，デザイン C は斬新な印象である。デザイン B は小さく見えて，形の良いデザインである。また，好まれるデザインの順番は，B > C > A の順である。

表 6.1 デジタルカメラデザインの SD 標語例

形容詞(左側)	評価							形容詞(右側)
	非常に	かなり	やや	どちらとも言えない	やや	かなり	非常に	
	−3点	−2点	−1点	0点	1点	2点	3点	
ありふれた								個性的な
廉価な								高級な
飽きのくる								飽きのこない
新鮮な								見慣れた
大きく見える								小さく見える
カメラらしくない								カメラらしい
⋮								⋮
硬そうな								柔らかな
軽快な								重厚な
嫌いな								好きな

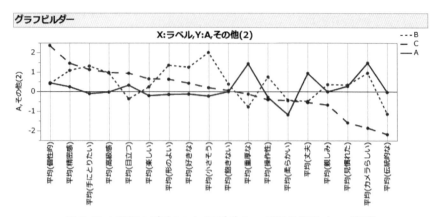

図 6.12 3 種類のデジタルカメラデザインの平均的印象 (C の降順)

操作 6.5：群平均の要約テーブルの作成
1. 「デジタルカメラ」[U] を読み込む。
2. "テーブル (T)" メニューの "要約" を選ぶ。
3. 表示されたウインドウの左のリストから変数 "カメラ" を選択し，"グループ化" をクリックする。
4. 変数の "個性的"〜"好きな" を選択し，"統計量" をクリックすると，計算する統計指標のメニューが表示される。
5. メニューの "平均" を選び，"OK" をクリックすると，カメラデザインごとの平均のデータテーブルが表示される。

操作 6.6：テーブルの転置と群平均の重ね合わせプロット
1. 操作 6.5 で得られた要約テーブルをアクティブにし，"テーブル (T)" メニューの "転置" を選ぶ。
2. 表示されたウインドウで，変数 "カメラ" を選び，"ラベル" をクリックした後，"OK" をクリックする。
3. 転置された要約テーブルをアクティブにし，1 行目の個体を "行 (R)" メニューから "行の削除" で消去する。(1 行目には "n 数 = 49" が入力されており，それを消去する処理)
4. "グラフ (G)" メニューから "グラフビルダー" を選ぶ。
5. 表示されたウインドウの "変数リスト" から "A"，"B"，"C" を選び，"Y" へドラッグ＆ドロップする。
6. "変数リスト" から "ラベル" を選び，"X" へドラッグ＆ドロップする。

7. ウインドウ上部にある折れ線のアイコン ∿ をクリックし，"終了"ボタンをクリックする．
8. 横軸目盛りをダブルクリックし，"ラベルの向き"の"自動"ボタンをクリックして，"軸と垂直"を選ぶ．
9. 縦軸目盛りをダブルクリックし，"参照線"に値"0"を入れて，"追加"ボタンをクリックして，"OK"ボタンをクリックする．
10. 凡例の A を右クリックしてメニューを表示させ，折れ線の色や種類を変更する．同様にして，折れ線 B，C についても色や種類を変更する．
11. 横軸を右クリックしてメニューを表示させて，"順序"から"C，降順"を選ぶと項目の並べ替えができる．

---

(1) 2 群の判別分析

ここではデザイン A と C の違いを判別することを考える．はじめにデザイン B を除外したサブセットを作る．6.2.2 の変数選択の手順に従って判別分析を実行する．用いる Y の変数は"個性的"から"重厚な"までの 17 変数である．図 6.13 は変数選択の結果である．これより"個性的"，"カメラらしい"，"伝統的な"，"柔らかい"という 4 つの変数が判別関数に採択されたことがわかる．

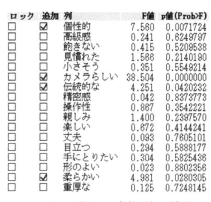

図 6.13 手動による変数選択の結果

こうして得られた判別関数による判定結果を図 6.14 に示す．誤判別された個数は 3 + 7 = 10 で，全体の 1 割ほどであるから，2 つのデジタルカメラデザインの印象の違いは，4 つの変数による判別関数で十分説明できるだろう．得られた判別関数は

$DF = -0.258x_1 + 0.483x_2 + 0.209x_3 - 0.186x_4$

である．ここに，x_1 = 個性的，x_2 = カメラらしい，x_3 = 伝統的な，x_4 = 柔らかい である．

図 6.14 判別関数による判定結果

図 6.15 は，判別関数と各群平均からの D^2 距離である．1 つの個体が誤判別かつ D^2 でも大きいことがわかる．

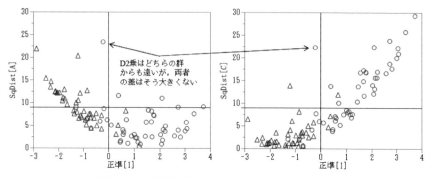

図 6.15 正準 [1]（判別関数の値）と D^2 の散布図

操作 6.7：サブセットの作成
1. "分析 (A)" メニューの "一変量の分布" で変数 "カメラ" のヒストグラムを表示する．
2. グラフ上で，デザイン A と C の柱をクリックする．
3. データテーブルでは，デザイン A と C についての回答行が選択されている．この状態で，"テーブル (T)" メニューの "サブセット" を選び，"OK" をクリックして，サブセットのデータテーブルを表示する．

(2) 多群の判別分析 ―正準判別分析―

今度は，A，B，C の 3 つの判別を行う．元のデータテーブルをアクティブにして，先ほどと同様な手順で，判別分析の変数選択を行う．このときも "好きな" は分析対象から外しておく．図 6.16 に変数選択の結果を示す．今度は 7 つの変数が選択された．先の 2 群判別に使われた変数の他に，"小さそう"，"丈夫"，"重厚な" が選択された．

多群判別でも正準プロットが表示される．初期状態はバイプロット表示である．見づらい場合は "判別分析" の左の赤い▼をクリックし，"正準オプション" から "バイプロット線の表示" を選び，バイプロット線を消去する．図 6.17 はバイプロット線を表示した状態の散布図である．図中の小さい円が多変

量平均の 95％ 信頼区間を，大きい円が 50％ 信頼区間を表している。有意な差がある群では，95％ 信頼区間の円が重ならない。本ケースでは，7 つの変数を使って有意な結果が得られた。図の正準変量とは，すべての群から 2 つの群を取り出して，その組み合わせ分の判別関数を求め，得られた判別関数について主成分分析により次元を縮約したものだ。実際には，この手順を一気に進める**正準判別分析**のアルゴリズムを使っている。

ロック	追加	列	F値	p値(Prob>F)
☐	☑	個性的	6.201	0.0026378
☐	☐	高級感	2.149	0.1204836
☐	☐	飽きない	0.043	0.9583997
☐	☐	見慣れた	0.494	0.6112452
☐	☑	小さそう	17.956	0.0000001
☐	☑	カメラらしい	28.152	0.0000000
☐	☑	伝統的な	4.534	0.0123908
☐	☐	精密感	0.218	0.8041401
☐	☐	操作性	1.596	0.2064136
☐	☐	親しみ	0.358	0.6999834
☐	☐	楽しい	0.287	0.7509801
☐	☑	丈夫	3.824	0.0241873
☐	☐	目立つ	1.108	0.3332185
☐	☐	手にとりたい	0.637	0.5304529
☐	☐	形のよい	1.056	0.3506519
☐	☑	柔らかい	5.910	0.0034472
☐	☑	重厚な	15.288	0.0000010

図 6.16　3 群判別の変数選択結果

変数	平均	標準偏差	相関
正準1のクラス平均	-3.33e-8	1.217838	0.774981
正準[1]	-6e-18	1.571442	

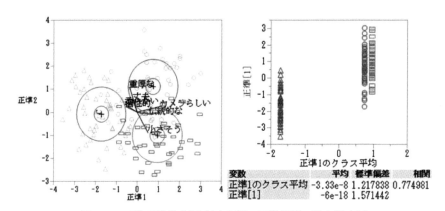

図 6.17　正準変数散布図（左）と第 1 正準相関の散布図（右）

次に，“判別分析”の左の赤い▼をクリックし，“正準オプション”から“正準の詳細”を選ぶ。図 6.18 に分析結果の詳細を示す。本ケースは，群数が 3 つあるから，成分は第 2 成分までが表示される。図の**正準相関**とは，正準変数と正準変数のクラス平均との相関係数である。この値が 1 に近いほど，良い群間の分離ができていることを意味する。

“検定”のブロックには 4 種類の検定結果が表示され，いずれも高度に有意である。上の 3 つは固有値や正準相関に関する検定であり，分子の自由度は選

固有値	寄与率	累積寄与率	正準相関
1.5037279	66.0105	66.0105	0.77498102
0.77428608	33.9895	100.0000	0.66060051

検定	値	近似のF検定	分子自由度	分母自由度	p値(Prob>F)
Wilksのλ	0.2251071	21.8372	14	276	<.0001*
Pillaiのトレース	1.0369886	21.3825	14	278	<.0001*
Hotelling-Lawley	2.278014	22.3347	14	217.47	<.0001*
Royの最大根	1.5037279	29.8597	7	139	<.0001*

スコア係数

	個性的	小さそう	カメラらしい	伝統的な	丈夫	柔らかい	重厚な
正準1	-0.24706	0.2179661	0.5022237	0.2774872	-0.0814	-0.245686	-0.159154
正準2	0.1095745	-0.381977	0.1097558	-0.044566	0.2230715	0.141224	0.4790342

図6.18 3群判別の統計量出力

択された変数の数に 2 つの固有値分をかけた 14 である。Pillai のトレースの分母の自由度は，個体総数 147 から選択された変数の数 7 + 1 を引いた 139 に，2 つの固有値分をかけた 278 である。4 番目の Roy の最大根は第 1 固有値に対する検定であり，分子と

実測値	予測値		度数
カメラ	A	B	C
A	34	9	6
B	7	38	4
C	3	3	43

図6.19 判別結果

分母の自由度が半分の 7 と 139 である。**固有ベクトル**と**スコア係数**は同じものであり，正準スコアの計算に使う係数である。

図 6.19 が判別結果の二元表である。誤判別率は 20 ％ ほどでやや悪いが，学生たちはデジタルカメラのデザインについて共通的なイメージを持っていたようだ。

最後に，個々の当てはまりを確認しておこう。図 6.20 の "判別スコア" のレポートは，個体がどれほどよく分類されたかを示している。最初の 5 列は，そ

行	実測値	平方距離(実測値)	確率(実測値)	-Log(確率)		予測値	確率(予測値)	その他
4	A	6.27415	0.7942	0.230		A	0.7942	B 0.20
5	B	3.17171	0.8626	0.148		B	0.8626	
6	C	5.46965	0.3694	0.996		*B	0.6130	
8	B	11.88708	0.8680	0.142		B	0.8680	A 0.11
9	C	9.46087	0.1331	2.017		*A	0.6413	B 0.23
11	B	6.10184	0.3355	1.092		*C	0.6372	
12	C	5.46171	0.8169	0.202		C	0.8169	A 0.18
13	A	1.81425	0.8588	0.152		A	0.8588	
15	C	5.38677	0.4379	0.826		*B	0.4480	A 0.11
17	B	6.68434	0.4301	0.844		*A	0.5291	
20	B	12.78572	0.8993	0.106		B	0.8993	
26	B	13.17114	0.0884	2.426		*C	0.7150	A 0.20
28	A	14.99547	0.3891	0.944		*C	0.6043	
29	B	9.23632	0.9107	0.094		B	0.9107	
30	C	19.49531	0.0608	2.800		*A	0.7807	B 0.16
31	A	2.05683	0.8546	0.157		A	0.8546	B 0.11
32	B	3.39182	0.7641	0.269		B	0.7641	A 0.23
33	C	3.28049	0.9031	0.102		C	0.9031	

図6.20 判別スコア（一部）

れぞれ行番号，実際の観測値，分類グループの平均までの距離，およびその確率を示している。"−Log（確率）"の値からはグラフも作成され，点の予測が不完全な場合の対数尤度の損失が視覚化される。バーが長いものは，点の予測がよくないことを表している。グラフの右には，予測確率の最も高いカテゴリと，他にも予測確率が 0.1 を超えているカテゴリがあるときはそのカテゴリが表示される。誤判別された点にはアスタリスク（＊）がつく。判別スコアから，評価者の反応パターンを調べると面白いことが発見できるかもしれない。読者への宿題としよう。

6.4.2　異常値の分析 ─識別分析（IDF）─

　判別分析は異なる 2 群の分類方法であった。工場では，良品群＝正常群といくつかの不良品群＝異常群とに分かれたデータについて，良不良を識別する。このようなとき，判別分析では不良の群を適切に設定することができず，扱うことが困難である。そこで，異常群はたった 1 つの個体から構成された特殊な群であると考えたらどうであろうか。異常群は個体が 1 つなので群内変動が計算できないが，判別分析の等分散・等共分散の仮説を使って，群内変動は正常群のもので代用する。このような考え方は**識別分析**（IDF : Identification analysis）と呼ばれる。

　2.6.2 で扱った外れ値分析の「色差と嗜好」[U] のデータを使う。正常群を色差 C，D 平面での 90 ％ 確率楕円内の個体とする。それから外れる 2 つの個体 ─個体 1，個体 22─ を異常値として扱う。

　個体 1 の識別分析を行う。変数 IDF (#1) として登録されている列を見てほしい。正常群にはスコア 0 を，異常の個体 1 にはスコア 100 を割り当ててある。このとき，個体 22 が分析に混じらないように簡単な工夫をする。個体 22 の IDF (#1) セルを空欄にするだけである。

　IDF (#1) の尺度を名義尺度として判別分析を行う。共変量は色差 A から色差 E までの変数を使い，変数選択によりモデルを求める。変数選択の結果，選択されたのは x_3 ＝ 色差C だけであり，識別関数は IDF (#1) ＝ 0.1533 x_3 となった。個体 1 は色差 C 方向の 1 次元の外れである。図 6.21 左は識別の様子を層別ヒストグラムで表したものである。

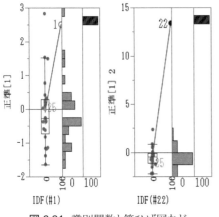
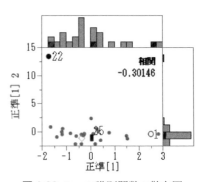

図 6.21 識別関数と箱ひげ図など　　図 6.22 2つの識別関数の散布図

個体1の識別は，箱ひげ図のひげの外にあるものの，明快ではない。

同様に，個体22の識別を行ってみよう。今度は IDF (#22) を使う。変数選択の結果得られたモデルは，個体1とは異なるものである。色差 C に加え，2つの変数 x_2 = 色差 B, x_4 = 色差 D が採択され，IDF (#22) = $0.559\,x_2 - 0.712\,x_3 + 0.376\,x_4$ が得られた。図右に示すように，個体22はきれいに識別された。2つの識別関数で散布図を描くと図6.22が得られる。図から，正常な個体でも個体1に近いものが1つあり，正常群から孤立している。また，2つの識別関数の相関は0.3程度であるから，個体1と個体22は，選択された三次元では離れた値である。このように，マハラノビス距離を使い，識別関数によって個体がどの方向に外れているかを定量的に判断できる。

識別分析の拡張として，ある標本の平均と規格値（ターゲット）というあらかじめ規定された仮想的平均を比較する問題には**規格分析**（Specification Analysis）が提案されている。分析手順は識別分析と同じであるが，識別分析との違いは，規格という理想状態と比較するため，変数選択の F 検定に若干の修正を行う。修正は簡単で，識別分析の手順で求めた F 値を $(n+1)$ で除した値で変数選択を行うだけだ。

6.5　高度な手法（ロジット分析）

今度は，目的変数が名義尺度や順序尺度の場合の判別を行う手法を紹介する。説明変数が1つの場合は，2.5.2 ですでに紹介したロジット分析を使う。

説明変数が複数の場合はロジット分析を多変量に拡張する。

6.5.1 商品購入重要度のブランド比較 —多重ロジット判別—

JMPでは，説明変数が複数ある場合についてもロジット分析が可能であり，説明変数は量的データにも質的データにも対応している。ここでは「商品購入重要度」[U]のデータを例に使う。このファイルにある変数は，すべて名義尺度の2カテゴリで構成されている。このデータは，404名の顧客が購入時に何を重要視したかを（1.はい，2.いいえ）で回答したデータに加え，実際に購入した2種のブランド（ACEとChampion）のデータで構成されている。

まず，事前分析として重要度のヒストグラムを図6.23に示す。ヒストグラムで色が濃くなっている領域がACEを購入した頻度である。重要度では，知名度がいちばん重要視されており，60％が重要視したと回答している。他の項

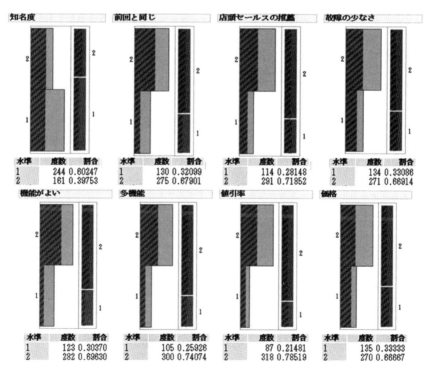

図6.23 重要度のヒストグラム

目は，20〜35％が重要視したと回答している。相対的にACEは価格，Championは知名度や前と同じブランドであることが購入にあたって重視されている。

次に，重要度同士の関連を見てみよう。重要度で関連が認められるのは，図6.25に示すように値引率と価格のみである。値引率と価格に関連性が認められるのは自然であろう。読者はその他の変数についての関連性も確認してほしい。

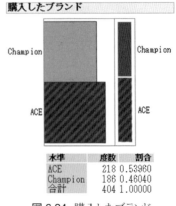

図6.24 購入したブランド

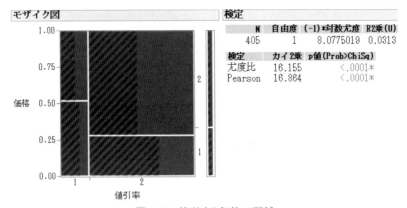

図6.25 値引率と価格の関係

[活用術] 6.2：マルチアンサから得られた変数の関連性

　アンケート調査では，重要度などマルチアンサの設問が意外に多い。この形式では，2値データ（重要であると回答した場合=1，無記入=2）として加工されデータ分析されるが，知見から無関係に思える変数間に相関関係や関連が示唆されることがある。無記入が多い変数同士について相関や独立性検定を行った場合に解釈困難な関連性が得られる。たとえば，ある商品の購入理由について調べたところ，図6.26のクロス集計表が得られたとしよう。独立性の検定では高度に有意である。また，2値データとして相関係数を計算すると $r = 0.29$ で，こちらも高度に有意である。これは共に重視したという意味の関連性ではなく，共に無記入であったという関連性を反映している。また，無記入の意味

が，反重要視か非重要視か区別がつかない。マルチアンサからのデータ分析は，なかない難しいのである。

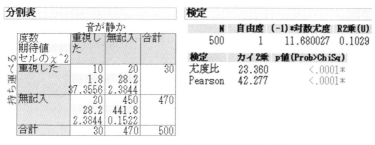

図 6.26 マルチアンサの無記入が多い例

次に，多重ロジット判別を行う。

操作 6.8：多重ロジット判別
1. 「商品購入重要度」^{U} を読み込む。
2. "分析 (A)" メニューの "モデルのあてはめ" を選ぶ。
3. 表示されたウインドウの "列の選択" から "購入したブランド" を選び，"Y" をクリックする。
4. 手法の "名義ロジスティック" をクリックして "ステップワイズ" に変えると，変数選択が可能となる（図 6.27）。
5. "列の選択" で "知名度" ～ "価格" を選び，"追加" をクリックする。
6. "モデルの実行" をクリックする。
7. 変数選択を行う。

JMP のロジット判別は変数選択が可能である。各変数の p 値（Prob > ChiSq）を見て，手動で変数選択することもできる。本例では，"値引き率" と "多機能" の p 値（Prob > ChiSq）が大きな値であったので，モデルから削除している。

図 6.28 が分析結果である。"モデル全体の検定" のブロックを見ると，このモデルは統計的に支持されていることがわかる。次のブロックの "あてはまりの悪さ（LOF）" では，p 値（Prob > ChiSq）がやや小さく，重要度の質問に対してまったく同じ回答をしたのに購入したブランドが違っていることで，モデルへのあてはまりが悪くなったことが示唆される。購入結果を予測するために

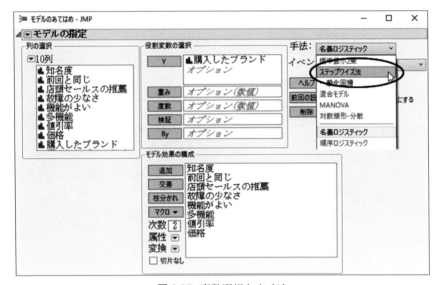

図 6.27 変数選択ウインドウ

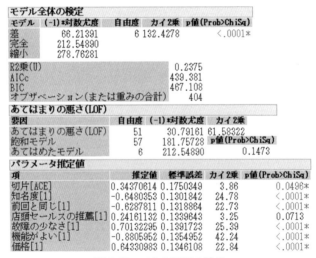

図 6.28 ロジット判別の結果

は，重要度に関する設問や顧客属性などの周辺情報が不足していたのかも知れない。

"パラメータ推定"のブロックには，選択された変数の係数と p 値

(Prob > ChiSq) などが表示されている。変数名の後ろについている［1］は第1カテゴリ―重要視→はい―のスコアであり，第2カテゴリ―重要視→いいえ―はカテゴリ1のスコアに –1 を掛けた値になる。

図 6.29 は本分析の ROC であり，判別の良さを示すグラフである。図 6.30 は予測プロファイルといわれるものである。各変数の赤い破線による垂線を動かすと，その条件での予測確率が左端の縦軸に表示される。図は 6 項目をすべて重要視した場合の予測で，確率が 0.5 より大きくなると Champion を購入すると予測される。Champion 購入者の多くは"知名度"と"前回と同じ"―前も Champion だった―と"機能がよい"を重要視しており，ACE 購入者は"価格"と"故障の少なさ"と"店頭セールスの推薦"を重要視している。

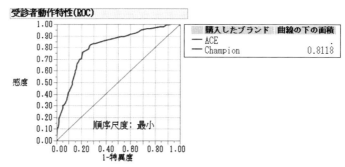

図 6.29 ROC 曲線

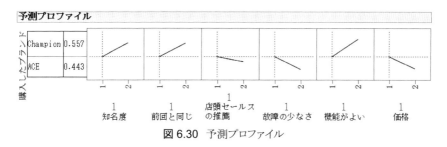

図 6.30 予測プロファイル

それでは，このモデルでどのくらい判別できたかというと，図 6.31 から，1 – 91/404 = 0.77 であるから，80％ 弱の判別力である。両者は，かなりの確率で顧客が重要視するポイントが異なること―購入意図が違うこ

図 6.31 判別結果

200

と―がわかる。

なお，予測プロファイルは，説明変数間に強い相関関係や関連性がある場合には，図 6.30 で任意のカテゴリを組み合わせて $\hat{y}$ を求めると，誤解となる場合がある。

操作 6.9：プロファイルの表示

1. 分析ウインドウの"順序ロジスティックのあてはめ 購入したブランド"の左にある赤い▼をクリックする。
2. 表示されたメニューの"プロファイル"を選ぶと，図 6.30 が表示される。
3. カーソルで赤い破線の垂線の位置を動かし，いろいろなカテゴリ組み合わせの確率を求めることができる。
4. 操作 1 を繰り返し，表示されたメニューの"保存"から"確率の計算式の保存"を選ぶと，データテーブルに予測結果や確率などの計算式が保存される。

注）0–1 データの相関係数

データが 0 か 1 といった 2 値しかとらない場合には，量的データとして扱ってもよい。たとえば重要度の 8 変数について，0–1 の量的データとして多重ロジット回帰分析を行った結果と質的データとして分析を行った結果は一致するので，確認してほしい。

ただし，量的データとして扱っても，真ん中の値 0.5 に実質的な意味はない。予測する場合には，0 か 1 の値しかとりえないことを忘れてしまうと誤解を生じる。図 6.32 は，重要度を 0–1 の量的データとして扱ったときの相関係数行列を示している。いずれの相関係数も 0.2 以下の 0 に近い値である。

	行	知名度	前回と同じ	店頭セールスの推薦	故障の少なさ	機能がよい	多機能	値引率	価格
1	知名度	1	0.12	0.04	0.19	0.13	0.07	-0	0.03
2	前回と同じ	0.12	1	-0	0.07	-0	0.03	0.01	0.04
3	店頭セールスの推薦	0.04	-0	1	0.06	-0	-0	0.03	0.01
4	故障の少なさ	0.19	0.07	0.06	1	0.07	0.02	0.03	-0
5	機能がよい	0.13	-0	-0	0.07	1	0.11	0.07	-0
6	多機能	0.07	0.03	-0	0.02	0.11	1	0.06	0.05
7	値引率	-0	0.01	0.03	0.03	0.07	0.06	1	0.2
8	価格	0.03	0.04	0.01	-0	-0	0.05	0.2	1

図 6.32 重要度の相関係数行列

6.5.2 印刷機の用紙重送問題 ―多重ロジット判別―

印刷機では白紙の用紙をカセットから印刷部分に搬送し，画像を紙に印写した後に像を紙に定着させ，外部に出力する搬送機能がある。ここでは，カセッ

トから紙を印刷部分に運ぶ給紙部に関する搬送性について分析する。ある印刷機の搬送機構の試作段階において，A，Bの条件を変えて，年賀状の重送（2重送り）や不送りが起きない領域を調べた。データセット「重送」[U]には，年賀状の重送について調べた結果が保存されている。

分析の目的は重送が起きない領域を予測し，設計条件を設定することである。多重ロジット判別に先立ち，データの事前分析を行ってみる。図6.33は，A，Bの条件を変えたときに重送が発生した（1を表記）かどうかの割合をシェアチャートで表示したものである。まったく重送が発生しない組み合わせや，かなりの割合

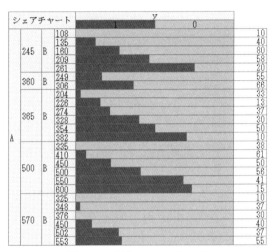

図6.33 重送のシェアチャート

で重送が発生する組み合わせがある。つぎに，多重ロジット判別を行ってみる。読者は，データセットの形式を確認して分析に入ってほしい。変数 y の値＝1は重送を意味し，値＝0は正常送りを意味する。変数 r は重送した回数である。このデータセットは，目的変数 y により列が積み重ねられている。

"モデルのあてはめ"から，目的変数に y を，度数に r を設定し，AおよびBを説明変数としてステップワイズ法により図6.34の結果を得た。変数選択の結果，A，Bは共に高度に有意であり，モデルとして選択された。予測プロファイル（図6.35）

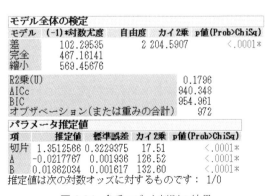

図6.34 多重ロジット判別の結果

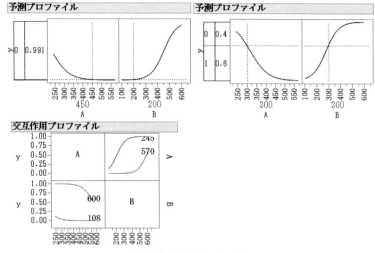

図 6.35 予測プロファイル

により，A を 450 に B を 200 に設定すると正常に紙送りできる確率は 99％ と予測されるが，A を 300 に B を 300 に設定すると正常に紙送りできる確率は 40％ まで低下すると予測される。A の値が大きく，B の値が小さい場合には，それぞれの値が多少変動しても，重送の起きる可能性は低いと予想される。しかし，A の値が小さくなったり，B の値が大きくなったりすると，それぞれが多少変動するだけで重送の確率は大きく変動することが予想される。これは，A と B の組み合わせの効果が大きいからであるが，モデルに A と B の組み合わせ効果，すなわち**交互作用**を取り込む必要はない。**ロジットモデル**では，はじめから説明変数 A や B に対して，目的変数 y が曲線的に反応するからである。

次に，A–B 平面上で正常に紙送りできる確率が 95％ のところで境界を引くことを考える。**多重ロジット判別**で得られたモデルを使って予測確率を計算し，その値により A–B 平面上で等高線を描けば，視覚的にその領域がわかる。図 6.36 は等高線図を使って重送の起きない領域を探索したものである。図上の点は，実際にデータが測定されたところであり，等高線は，0.5 から 0.05 刻みで 1.0 まで表示したものであるが，0.5 から 0.75 までは白色，0.75 から 0.95 までは薄く，0.95 以上は濃く塗りつぶしてあるので，重送しない領域が視覚的

に理解できる。図の矢印の方向が重送しない領域である。この図に不送りしない領域を重ね合わせれば，正常に用紙を搬送する領域を見つけることができるであろう。重送せず，また不送りもしないで正常に用紙が搬送されるような領域を**機能窓**といい，計数データの背反2特性解析による領域設定を**機能窓法**という。紙搬送以外にも，企業の成長性と安定性評価や，薬の効果と安全性の関係とか，剥がせる糊の開発など，機能窓の問題は身近にいろいろとある。

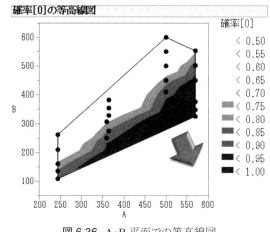

図 6.36 A–B 平面での等高線図

操作 6.10：シェアチャートの作成
1. 「重送」[U] を読み込む。
2. "分析 (A)"メニューの"消費者調査"から"カテゴリカル"を選ぶ。
3. 表示されたウインドウの"列の選択"から"y"を選び，"単純"のタブで"応答"をクリックする。
4. "列の選択"から"A"，"B"を選び，"X グループ化カテゴリ"をクリックする。このとき，A，B の変数タイプを順序尺度に変更しておく。
5. "列の選択"から"r"を選び，"度数"をクリックした後，"OK"をクリックする。
6. ウインドウに"Responses(y) By A*B"，"シェアチャート"が表示される。

操作 6.11：交互作用プロファイルと予測
1. "分析 (A)"メニューの"モデルのあてはめ"を選ぶ。
2. 表示されたウインドウの"列の選択"から"y"を選び，"Y"をクリックする。
3. "列の選択"で"r"を選び，"度数"ボタンをクリックする。
4. "列の選択"で"A"と"B"を選び，連続尺度に変更後，"追加"をクリックする。
5. "実行"をクリックする。
6. 分析ウインドウの"名義ロジスティックの…"の左にある赤い▼をクリックする。

7. 表示されたメニューの"プロファイル"を選ぶ。
8. 表示された"予測プロファイル"の左にある赤い▼をクリックし，メニューから"交互作用プロファイル"を選ぶ。
9. 予測プロファイルの変数 A の上にある赤い数字をクリックし，予測したい条件 300 を入力する。B についても同様な操作で 300 を入力すると，図 6.35 右上の結果が得られる。
10. "名義ロジスティック…"の左の赤い▼をクリックし，メニューを表示する。
11. 表示されたメニューの"確率の計算式の保存"を選び，データテーブルに予測結果や確率などの計算式を保存する。

操作 6.12：等高線図の作成
1. "グラフ (G)"メニューの"等高線図"を選び，ウインドウを表示させる。
2. 表示されたウインドウの"列の選択"から"確率 [0]"を選び，"Y"をクリックし，"列の選択"から"A"，"B"を選び，"X"ボタンをクリックして，"OK"をクリックする。
3. 表示されたウインドウの"確率 [0] …"の左の赤い▼をクリックし，メニューから"等高線の設定変更"の"等高線の指定"を選び，等高線の幅や領域を設定する。
4. メニューの"表示領域の塗りつぶし"を選ぶ。
5. 表示された等高線図の右の等高線の凡例をクリックして適当な配色に変える。

6.5.3 色差の許容度 ―確率応答面―

　液晶モニタのフレームの色合いの嗜好を調べるために，100 人の被験者を使った実験を行った。実験はディスプレイ上に，画像処理をした 20 のフレームを表示させて，その色合いが好ましいかどうかを（はい = 1，いいえ = 0）で回答したものである。20 のフレームはあらかじめ色差 L*，a*，b*が測定してあり，被験者の回答とともにデータセットに整理されている。分析に用いるデータは「フレームの嗜好」[U] である。ここでは，a*–b*平面上で許容される確率の応答面を求めることを目的としよう。目的変数に判定を用い，説明変数に a*，b*およびその 2 次項と交互作用までモデルに取り込んで分析した結果が，図 6.37 である。図より，1 次項，2 次項，交互作用項いずれも高度に有意である。このモデルを使って，a*–b*平面での最適ポイントを探索しよう。それには，予測プロファイルの満足度関数を利用する。グラフでは，

値＝0のいいえ側で表示されているので，その確率がゼロに近いほうが好ましいことを意味している。JMPでは，目的変数の性格により，値が大きくなるほうが好ましい―**望大特性**―場合，値が小さくなるほうが好ましい―**望小特性**―場合，そして設定された目標値に近づくほど好ましい―**望目特性**―場合の3つに対応している。本ケースは望小特性である。図6.38右上セルの満足度関数について確率0に満足度1を，確率1に満足度0を，確率0.5に満足度0.5を与えよう。確率0.5の満足度をいくつにするかは分析者に委ねられており，厳しくも甘くもすることができる。満足度関数を決めたら，満足度が最大となるようなポイントをJMPで計算する。図は最適ポイントを予測した状態で，そのときのa*，b*の値が図の下側に赤で表示されており，最適点では92.5％（1 − 0.075 = 0.925）が好ましいと判断すると予測できる。

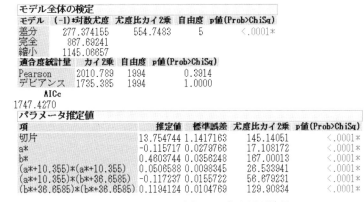

図6.37 フレームの嗜好のロジット判別結果

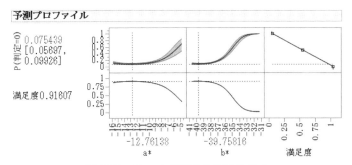

図6.38 フレームの嗜好の最適ポイント

最適ポイントが探索できたので，今度は a*-b* 平面での確率応答をグラフ化する．図 6.39 の白い領域が今回の実験でわかったフレームの好ましい色領域である．フレームの色のばらつきは，この領域内であれば平均的に 90% の顧客からは好ましいと評価されるだろう．

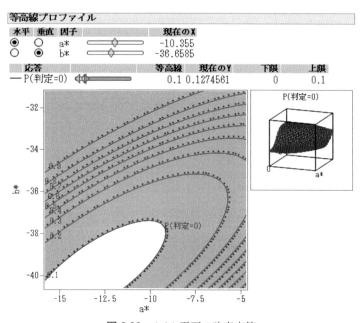

図 6.39　a*-b* 平面の確率応答

操作 6.13：対数線形モデル（図 6.40）
1. 「フレームの嗜好」[U] を読み込む．
2. "分析 (A)" メニューの "モデルのあてはめ" を選ぶ．
3. 表示されたウインドウの "列の選択" から "判定" を選び，"Y" をクリックする．
4. "列の選択" から "a*, b*" を選び，"マクロ" をクリックし，"応答曲面" を選ぶ．
5. 手法で "一般化線形モデル" を選び，表示された "分布" に "二項" を選ぶと，"リンク関数" に "ロジット" がセットされる．
6. "実行" ボタンをクリックする．

6 章 判別分析（DISC）　207

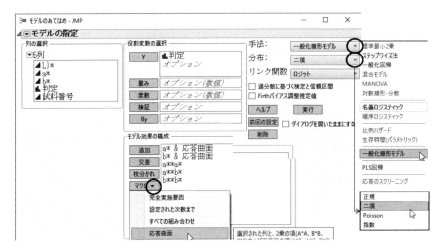

図 6.40　変数選択ウインドウ

操作 6.14：最適ポイントの探索
1. 分析ウインドウの"一般化線形モデルのあてはめ"の左の赤い▼をクリックする。
2. 表示されたメニューの"プロファイル"から"プロファイル"を選ぶと，予測プロファイルが表示される。
3. 予測プロファイルの左の赤い▼をクリックし，"最適化と満足度"から"満足度関数"を選ぶ。表示された満足度関数のグラフ（満足度とP（判定 = 0））にカーソルを移動させて，Ctrl キーを押しながらクリックする。
4. 表示された"応答目標"ウインドウで，P（判定 = 0）の高，中，低にそれぞれ 1，0.5，0 と入力する。満足度は逆に 0，0.5，1 と入力し，"OK"をクリックする。
5. 予測プロファイルの左の赤い▼をクリックし，"最適化と満足度"から"満足度の最大化"を選ぶと，最適ポイントの探索を行う。

操作 6.15：確率応答の探索
1. 分析ウインドウの"一般化線形モデルのあてはめ"の左の赤い▼をクリックする。
2. 表示されたメニューの"プロファイル"から"等高線プロファイル"を選ぶと，等高線が表示される。
3. 表示された"等高線プロファイル"の左の赤い▼をクリックし，"等高線グリッド"を選ぶ。
4. グリッド間隔を設定し，許容確率 Y の上限，下限値を入力すると，許容される

領域以外が薄くハッチングされる。

練習問題 6.2：電子部品 A のロジット判別分析

「電子部品 A」[U] のデータを使い，事前分析を行え。その後で Y に品質を使い，ロジット判別分析を行え。次に，品質を使って判別分析を行い，両者を比較せよ。

7章 ▶▶▶ パーティション（RP）
決定分析

　決定分析あるいはパーティション（RP：Recursive Partitioning）とは，決定木（樹形構造）によって判断の流れが視覚的に理解できるように考えられた判別・予測手法である。個体を表す種々の変数の値から，その個体がどのグループに含まれるかを予測するためのルールを生成するもので，AID，CART，CHAID など，さまざまな手法が提案されており，すでにソフトウエアも市販されている。

　ところで，アイデアを具現化するためには仮説検証を行うのがつねである。仮説検証とは，ある意味，目標を達成するのに阻害となる要因や項目の除去であり，層別作業である。勘や経験で手当たり次第に検証を行おうとしても，情報過多の現在，収拾がつかず途方にくれるのが関の山である。データ分析の旅人よ，勇者への道はあと一息，魔物や妖怪に誘惑される ―交互作用に惑わされる― ことなく，正しい道を進まれんことを。

7.1　いろいろな分類アルゴリズム

　決定分析の仕組みや類似の手法について簡単に紹介する。決定分析の基本的な考えかたは，注目している変数のある 1 水準だけが固まって存在するような集団を構成する**分岐点**を決定することであり，それを実現するアルゴリズムが，AID，CART，CHAID などである。

　簡単に決定分析のイメージを捉えたいときは，雑誌の性格分析記事などにある，少数の設問に Yes/No で答えていくと，「あなたの性格はチータ型です」といった結論を導き出す関連図を想起してほしい。多数の設問から分類・予測に役立つ少数の設問を合理的に決めるための方法が決定分析である。

7.1.1 CART

CART は 1983 年に Breiman らによって『Classification And Regression Tree』という書籍で提案された方法で，日本語では 2 進再帰分割法と呼ばれるものである。親ノード（集合点/集団）は必ず 2 つの子ノードに分岐されるので 2 進的であり，子ノードが親ノードとなってさらに分岐していくので再帰的である。それがこの名前の示す意味である。

CART はすべての変数に関して可能な分岐をすべてチェックし，最良分岐（親ノードに含まれる個体がいかにうまく 2 つの子ノードに分岐できたか）を GINI 法と呼ばれるルールにより判断する。GINI 法はイタリアの経済学者 Gini によって考え出された Gini の多様性指数に基づいている。Gini の多様性指数は次のように定義される。

$$\eta = 2\Pr(c1)\Pr(c2) \tag{7.1}$$

ここに，c1，c2 は目的変数に対して説明変数を使って左右に 2 分岐させたときの各ノードであり，Pr( ) は目的変数の片方の水準がノード内で占める確率である。この指標が大きければ注目する水準が均等に —同じ確率で— 存在することを意味し，この指標が小さければ注目している変数のある 1 水準だけが固まって存在することを意味する。この指標 η（イータ）を使って最良分岐を決める。最良分岐とは，データの多様性を最小にすることであるから

親ノードの多様性 − (子ノード A の多様性 + 子ノード B の多様性)

を最大にするような説明変数の水準を決定し，その水準を分岐点にすればよいことになる。

注) Gini 比

Gini が経済学の分野で有名であるため，Gini の多様性指数と Gini 比がしばしば混同されて語られる。横軸に説明変数を昇順でプロットし，縦軸に目的変数の累積をプロットするとき，注目する水準が均等に（同じ確率で）存在するならば，累積グラフは 45 度の対角線をとる。しかし，不均等であれば累積グラフは 45 度対角線よりも下に出っ張った形になる。このときの，(45 度対角線と累積グラフとに囲まれる部分の面積) / (45 度対角線以下の面積) を算出したものが Gini 比である。

最良分岐の決定法が決まれば，後はその方法を用いて分岐を進めていくことになる。最終的には観測値の数だけの集団が得られる。単一の観測値にまで分類が進むと，誤分類か否かを測定することができるので，決定分析によって構成された樹形構造全体の誤分類率や，ノードごとの誤分類率も計算することが可能である。この誤分類率を拠り所にして，**検証用データ**を用いた**剪定**と呼ばれる不要な —誤分類率を上げる— 分岐の削除も，しばしば行われる。

7.1.2 CHAID

CHAID（Chi-squared Automatic Interaction Detection）は 1975 年に Hartigan によって提案されたアルゴリズムである。日本語ではカイ 2 乗による相互作用の自動検出と訳される。決定分析のアルゴリズムとしては歴史のあるもので，1963 年に Morgan & Sonquist が提唱した AID（Automatic Interaction Detection）から発展した。

本来は名前のとおり，交互作用の自動検出を目的としたツールとして開発されたが，決定分析にも用いられるようになった。前述の CART との端的な違いは，CART がデータを**過学習**（Over training）させてから剪定を行うのに対して，CHAID は過学習が起こる前に分岐を止めようとするところにある。

また，分岐の拠り所を**カイ 2 乗統計量**に求めることから，データは質的変数でなければならない。カイ 2 乗統計量は，偶然（期待値が同値）か否（観測値が期待値と大きく食い違う）かを判定しようとしたものである。この考えかたはすなわち，食い違いの程度を尺度化できることから，**分岐** —食い違わせる— の拠り所として非常に有効に作用する。

CHAID では，カイ 2 乗統計量から見て有意となる分岐がなくなるまで分岐を続ける。したがって，閾値とする有意水準によって決定木の構造や予測精度は影響を受ける。

7.1.3 その他の考え方

上述の代表的な決定分析の手法はすでに市販ソフトウエアが流通しており，比較的手軽に活用できるものである。しかし，その他の多くのアルゴリズムも検討に値するものとして提案されている。

212

　ここでは，それらを個々には解説しないが，大きな考えかたの流れは複数の
説明変数の活用である。AID，CART，CHAID は，分岐を行う際に 1 つの根
拠（Gini の多様性指数，利得比，カイ 2 乗統計量）しか用いていない。単一の
根拠に基づいて分岐を発生させる場合，ある分岐で残った観測値のみがそれ以
下の分岐の対象となるので，ノード当たりの標本数はおのずと少なくなり，結
果として得られる分岐のルールの信頼性は低下する。この問題を回避するため
に，複数の説明変数を結合して，多変量的に分岐の条件を決定するという試み
もなされている。2 つの説明変数をブール結合する方法や，説明変数に加重を
与えて合計するような考えかたを導入することで，分岐を効率的に得るような
試みも行われている。

7.1.4　JMP のパーティションの考えかた

　JMP では量的変数と質的変数のどちらを目的変数にしても分析できる。目
的変数が質的である場合は，G^2（尤度比カイ 2 乗）を最小にするような目的変
数の水準の推定確率があてはめられる。除外されたデータに対して G^2 を計算
する際，確率がゼロのノードが含まれているときには，代わりに $0.25/m$ が使
用される。ここに，m はノード内の観測値の度数である。これは，確率がゼロ
の場合，G^2 統計量が欠測値になってしまうことを回避する手段である。

　目的変数が量的である場合は，誤差平方和を最小にするような平均があては
められる。JMP では，説明変数も量的なものと質的なものの両方が使用でき
る。説明変数が量的である場合はある説明変数の値＝分岐値の位置で分岐し，
説明変数が質的である場合には説明変数の水準で分岐を行う。

　欠測値の処理は，目的変数が欠測値の場合，その標本は無視される。説明変
数が欠測値の場合，その説明変数が質的データである場合は欠測値を新たなカ
テゴリ（水準）とみなして分析を行う。量的データの場合も新たなカテゴリの
水準値とみなしたテクニカルな処理が行われる。また，欠測値を分析に使わな
いように指定することもできる。

　分岐の停止ルールはとくに定まっておらず，対話式に望ましい結果が出るま
で“分岐”ボタンを繰り返しクリックして分岐を行うようになっている。その
意味では，JMP の決定分析は対話的に CHAID を行うものと考えてよい。た

だし，分岐は 2 進しか許されていないので，CART 的な側面を持った対話的に CHAID を行うソフトウエアと言える．

7.2 JMP によるパーティショニング

実際に JMP で決定分析を行うにあたって，最低限の用語の理解とアウトプットの読みかたを説明する．例に使うのは，読者にはもうお馴染みの「Car Poll」のデータセットである．

7.2.1 パーティションの起動

操作 7.1：パーティションのプラットフォームの起動
1. JMP を起動し，「Car Poll」[S] を読み込む．
2. "分析 (A)" メニューの "予測モデル" の下位コマンドである "パーティション" をクリックすると図 7.1 が表示される．
3. "列の選択" から "生産国" を選択し，"Y, 目的変数" ボタンをクリックすると，"生産国" が目的変数に割り当てられる．

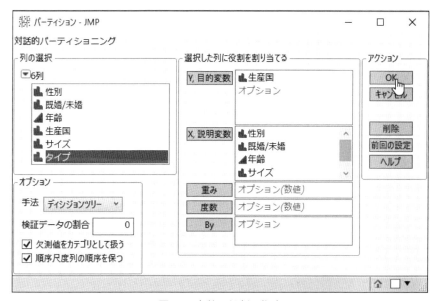

図 7.1 変数の役割の指定

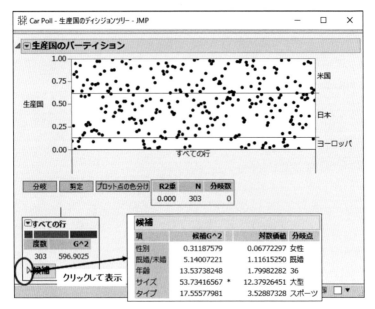

図 7.2 パーティションプラットフォーム

4. "列の選択"から"性別"・"既婚/未婚"・"年齢"・"サイズ"・"タイプ"を選択し，"X, 説明変数"ボタンをクリックすると，それらが説明変数に割り当てられる。
5. オプションを変更せずに"OK"ボタンをクリックすると，図 7.2 に示すパーティションプラットフォームが表示される。

7.2.2　変数選択（分岐）

　7.1.4 で説明したように，JMP のパーティションは対話的な選択を行うものである。分岐を開始する前は，欠測値でない目的変数すべてが 1 つの親集団にまとめられて表示されている。ここで"分岐"ボタンをクリックすると，親集団を最も際だって 2 つの子集団に分けるような説明変数の分岐値が計算される。"分岐"ボタンをクリックする毎に，子集団は最適な位置での分岐を階層的に繰り返す。ここで大事になるのが図 7.2 に示すパーティションプラットフォームの左下の枠に囲まれた部分である。ノードの全観測値は 303 個あり，G^2 が 596.90 と計算されている。ヨーロッパ・日本・米国の 3 水準があり，それぞれの確率分布が示されている。最適な分岐はすべての説明変数を考慮に入

れて決定するが，その候補となる説明変数がタイトルの"候補"としてリストされる。

JMPでは最適分岐を G^2 の値から決定することはすでに述べた。候補から"サイズ"の候補 G^2 の値が最大であり，次の分岐は"サイズ"で行うことが望ましいということである。

早速，"分岐"ボタンをクリックすると図7.3が表示される。パーティションレポートが表示され，親集団が説明変数の"サイズ"を基準として，"サイズ（大型）"の子集団と"サイズ（中型，小型）"の子集団の2つに分岐することを示す。このことから，大型の車を購入する層と中型/小型の車を購入する層とでは，生産国の割合に大きな差があることがわかる。このデータが収集された1980年代前半は，大型車というと，まだ多くの人が米国のビッグ3を連想したとのことである。

ここで，候補の左にある▷をクリックして枠内を見てみよう（図7.4）。"サイズ（大型）"の子集団は観測値が42個，G^2 が42.09であるが，各水準の確率分布を見ると，米国が際だって高く0.85強となっている。また，候補を見て

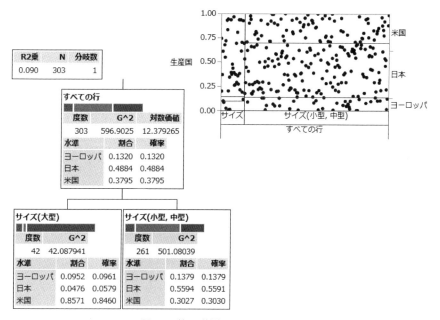

図7.3 第1階層のパーティション

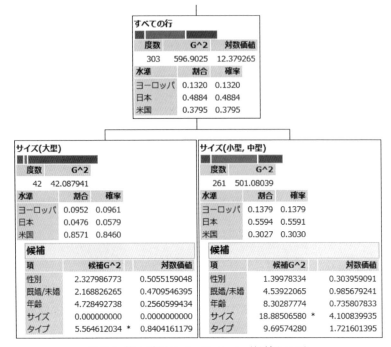

図 7.4 第 1 階層のパーティション（候補を見る）

みると，次の分岐では"サイズ"ではなく"年齢"を使うのがよいと示されている．しかし，その値はさほど大きいものではない．

一方，"サイズ（中型，小型）"の子集団は観測値が 261 個，G^2 が 501.08 である．各水準の確率分布を見ると，日本の確率が高く，米国は低くなっている．また，面白いことに，"サイズ"の G^2 が 18.86 と大きく，次の分岐に際しても再度"サイズ"が使われることが示されている．そこで，"分岐"ボタンを再度クリックすると，"サイズ"を基準として，中型/小型の子集団が，小型の孫集団と中型の孫集団に分岐する．以下，順次このようにして分岐が進んでいく．

7.2.3 変数選択（剪定）

"剪定"ボタンは分岐処理を取り消すためのボタンで，最後に分岐した 2 つの孫集団が 1 つの子集団に戻る．G^2 の値やノード内の標本数の大きさによっ

7 章　パーティション（RP）　　217

ては，階層深く分岐したものを剪定によって元に戻す操作が必要である。ちょうど，庭園の木々を庭師が剪定（枝刈り）している様子に似ている。

7.2.4　パーティションの主要なコマンド

（1）パーティションのメニューのコマンド

　パーティションのコマンドは，タイトルの“パーティション”の左にある赤い▼をクリックすると表示されるメニューにある。

1. プロット点の色分け

　　“プロット点の色分け”ボタンをクリックすると，黒点で表示されるパーティションレポートに彩りが与えられ，散布図における分岐の理解を助ける。また，データテーブルの行にも色がつけられるため，別のグラフなどで分類状況を把握する際に便利である。このコマンドは，目的変数が質的な場合に適用できる。

2. 点の表示

　　散布図上の点の表示/非表示を切り替える。ちなみに，散布図上の点の位置は意味を持っていない。点の数がグループに属する観測値の度数に対応するのみである。

3. 最良分岐

　　最適分岐点で分岐させる。“分岐”ボタンを押したときと同じ結果になる。

4. 最悪分岐を剪定

　　グループの特徴を区別する能力が最も低い分岐，すなわち，尤度比カイ 2 乗値が最も小さい分岐が削除される。

5. 分岐の最小サイズ

　　許容する最小の標本サイズを，数または標本全体に占める割合として指定できる。デフォルトは 5 である。

6. 実測値と予測値のプロット（目的変数が量的な場合のみ）

　　実測値と予測値のプロットを作成する。

7. 小さいツリー表示

　　散布図の右にパーティションツリーの縮小版を表示し，全体の樹形構

造を俯瞰できるようにする。
8. 葉のレポート
    各ノードにおける目的変数の水準の構成比率を表示する。
9. K 分割交差検証
    すべての観測値を k 個のノードにランダムに割り当て，各点の誤差を，その点が属するノード以外のノードの推定平均または推定確率を使って計算する。質的な目的変数の場合は G^2，量的な目的変数の場合は SSE の値を計算する。
10. 列をロックする
    チェックボックスの表が表示され，分岐の対象から外す説明変量をロックする。

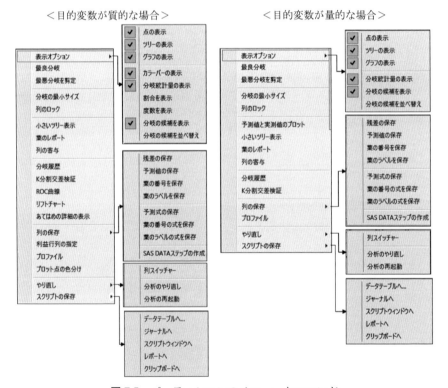

図 7.5　パーティションのメニューとコマンド

（2）各ノードにあるメニューコマンド

分岐によって生成されたノードのタイトルの左にある赤い▼をクリックするとメニューが表示される。各ノードの主なコマンドを以下に紹介する。

1. 最良分岐

    そのノード以下のレベルで最良の分岐を行う。
2. ここを分岐

    強制的に，そのノードにおける最良の説明変数を基準に分岐する。実務上，使える説明変数が限定されている際は，非常に有効なコマンドとなるが，必ずしも G^2 が大きくないので使用には注意を要する。
3. 分岐変数の指定

    分岐の基準とする説明変数を指定する。分岐する位置（分岐値）や水準も指定でき，実務上，非常に便利な機能である。
4. 下を剪定

    そのノードより下の分岐を削除する。
5. 最悪分岐を剪定

    そのノードより下に位置する最悪の分岐（尤度比カイ 2 乗値が最も小さい分岐）を削除する。

7.3 パーティションの活用指針

以上，述べてきたように，パーティションを用いれば，少数の実用的なルールで，個体を表すさまざまな変数の値から，その個体がどの集団に分類されるかを予測することができる。パーティションの長所としては

- 事前にモデルを用意しなくてもよい
- 膨大なデータを容易に処理することができる
- 変数に制約が少なく，量的変数と質的変数の両方を扱える
- 結果が非常に解釈しやすい

といった点が挙げられる。

とくに，結果が非常に解釈しやすい点は，企業などの現場でリテラシーの低い関係者にルールの有効性を説明しなければならないような場面では，何物に

も代え難い威力を発揮するであろう。

しかしながら，短所も十分に認識しておくべきである。

- 観測値を恣意的な集団数に割り当てることが比較的容易にできる
- アルゴリズムとデータセットの相性によっては膨大な計算量を要求する

などの弱点がある。

容易にデータを分析でき，かつ結果解釈の容易さから，ともすれば強力な説得力を持つ手法であるからこそ，恣意的な決定木のルール構築は戒めなければならない。

また，ルールは十分な検証を行ってから活用すべきである。通常は決定木を活用して実用的なルールを作成する際，観測したデータをすべて活用する。しかし，これらのデータはいわゆる**学習用データ**（トレーニングデータ）と呼ばれるものであり，そこから構築されるルールはいわば仮説の段階に過ぎない。作成されたルールは学習用データを非常によく説明するはずであるが，後々のデータに適用した際は，貧弱な予測しかできないというケースが往々にして見られる。

ルールが作成された後，そのルールを実際に活用する前に，必ずルールが適切かを検証する必要がある。観測値が既知の**検証用データ**を別途準備しておき，作成したルールを適用した際にどの程度正しくグループ分けができるかを検証する姿勢が重要である。

注）判別分析と決定分析の分類ルール

判別分析と決定分析は同様な問題，すなわち分類や判別問題に利用される手法である。判別関数は，線形結合による直線や，場合によっては曲線による境界を与える。一方，決定木では，1つの説明変数の境界の積み重ねによる，大きさや形の違う下駄箱により分類ルールを与える。図7.6は，「Iris」[S]の例による判別関数と決定木の分類ルールの違いを示したものである。花弁の長さと花弁の幅という2次元空間において，判別関数による判別ルールを破線で示した。一方，決定木では，実線で示した3つの領域―すなわち下駄箱―により，3種類のあやめが分類される。この問題では，分類結果に関しては両者の優劣はほとんどない。しかし，決定木は統計的な仮説―すなわち多変量正規性や等分散―なしに，観測されたデータそのものからルールが設定されるために，直感的で扱いやすい手法といえる。

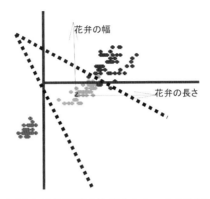

図 7.6 判別関数と決定木のルールの比較

[練習問題] 7.1：ソフトウエアの使いやすさ
「ソフトウエアの使いやすさ」^{U} を読み込み、"操作性"を目的変数として決定分析を行ってみよ。

[練習問題] 7.2：商品購入重要度
「商品購入重要度」^{U} を読み込み、"購入したブランド"を目的変数として決定分析を行ってみよ。

7.4 パーティションの実際

前述のとおり，決定分析は個体を表す各変数の値からその個体がどの集団に含まれるかを予測するためのルールを生成する手法であるから，きわめて広範囲な実用的活用法がある．

- どのような属性を持った人がダイレクトメールにレスポンスしやすいのか
- どのような属性を持った人が高級な化粧品を購入するのか
- 世間から優良企業と言われるためには，企業はどのような属性を持たなければならないのか

などを，決定分析では直感的なグラフで示してくれる．決定分析は，顧客分析や企業分析をはじめ，さまざまな分野でのデータマイニングに不可欠な手法と

いえよう。

7.4.1 化粧品の分析 ―質的な説明変数の場合―

質的変数の決定分析を「化粧品」[U]のデータを用いて説明する。このデータは，化粧品メーカー8社について，336名に，価格が安い・価格が高い・適切な価格である…容器が使いやすい・高級感があるといった計19の属性設問と，総合的な評価として購入希望を（そう）思う，（そう）思わないの2段階のカテゴリで答えてもらった結果を記述したもので構成されている。このデータを用いて，計19の属性設問による購入希望の予測を試みてみよう。

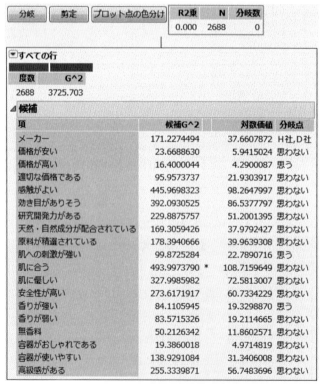

図 7.7 パーティションの初期画面

操作 7.2：化粧品の読み込み
1. JMP を起動し，「化粧品」[U] を読み込む。
2. "分析 (A)"メニューから"予測モデル"の下位コマンドの"パーティション"をクリックする。
3. "購入希望"を"Y，目的変数"，その他の説明変数を"X，説明変数"に指定し"OK"ボタンをクリックすると，パーティションレポートが表示される。

分析の際，散布図を見やすくするために，"プロットの色分け"ボタンをクリックしておこう。図 7.7 の"候補"を見ると，"肌に合う"の G^2 の値が大きい。そこで，"分岐"ボタンをクリックすると，"肌に合う"で分岐が行われる（図 7.8）。

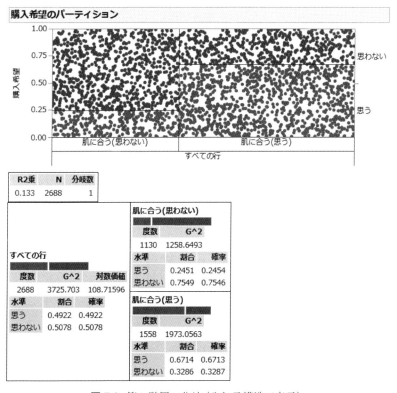

図 7.8　第 1 階層の分岐（入れ子構造で表示）

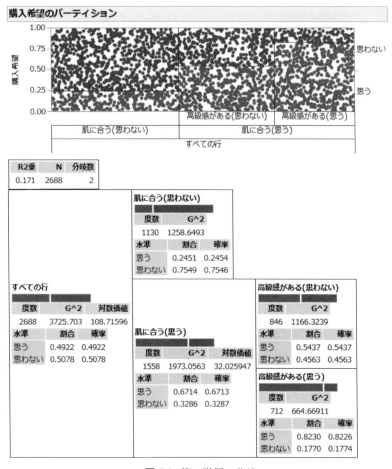

図 7.9　第 2 階層の分岐

　"購入希望"は，化粧品が肌に合うと思った場合は約 67％ の確率でそう思うと回答され，逆に肌に合うと思わない場合は約 75％ の確率で購入が希望されないことを示している。さらに"分岐"ボタンをクリックしてみよう。2 回目は，"高級感がある"という設問で分岐する（図 7.9）。
　つまり，肌に合うと思い，かつ高級感があると思った場合，約 82％ の確率で購入希望があるというわけである。さらに分岐を進める。すると，3 回目の分岐は，肌に合うと思わないグループにおいて，高級感があると思うかどうか

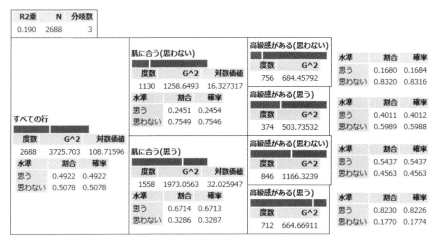

図 7.10　第 3 階層の分岐

でなされる（図 7.10）。肌に合うと思わず，かつ高級感があると思わない場合は，約 83％ の確率で購入希望がないと分析される。

　実用的には，80％ 以上の確率で購入希望のありなしを予測できれば上々のルールであるとも言える。しかし，もう少し上を狙いたい場合もある。とくに，あとどのような属性を具備すれば購入希望の確率が高まるのかということは，非常に興味のあるところであろう。そのような場合は，オプションコマンドの"ここを分岐"を利用するのがよい。2 回目の分岐で，肌に合うと思い，かつ高級感があると思った場合，約 82％ の確率で購入希望があるという知見を得たが，そこで，"高級感がある（思う）"のノードを強制的に分岐させるのである（図 7.11）。すると，"高級感がある（思う）"のノードの最適分岐は，メーカーが E 社・C 社・G 社・F 社・A 社・B 社であるか，H 社・D 社であるかによって与えられ，E 社・C 社・G 社・F 社・A 社・B 社である場合では，購入希望の確率が約 87％ に向上することがわかる。

　さらに，"メーカー（E 社・C 社・G 社・F 社・A 社・B 社）"のノードで分岐を行い（図 7.12）と，感触が良いと思われるか否かでグループ分けがなされ，感触が良いと思われた場合は，約 90％ の確率で購入希望の設問でそう思うと回答される。

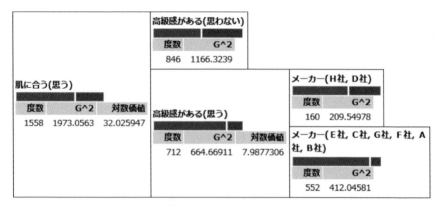

図 7.11 メーカーで分岐

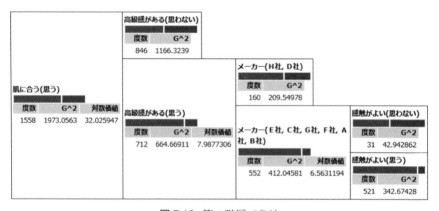

図 7.12 第 5 階層で分岐

つまり，化粧品の購入希望を決定する最も重要な要因は肌に合うか否かであり，さらに高級感がある，特定のメーカー，感触が良いといった属性を具備することで，約 90 ％ の確率で購入希望を得られるというわけである。

このように，決定分析を用いれば，少数のルールで化粧品の購入希望を予測することができ，さらに最も重要な要因が何であるのかを明確にすることもできる。

操作 7.3：パーティションツリーの表示変更
1. パーティションツリーの領域をクリックし，メニューを表示させる。
2. メニューの"タイプの変更"から"入れ子"をクリックすると，ツリーの階層的

表示から図 7.10 のような入れ子の表示になる。

7.4.2　あやめの分析 —量的な説明変数の場合—

量的変数の決定分析のわかりやすい例を,「Iris」[S] のデータを用いて解説する。データは, がくの長さ, がくの幅, 花弁の長さ, 花弁の幅を使い,（あやめの）種類を記述したものである。このデータを用いて, がくの長さ, がくの幅, 花弁の長さ, 花弁の幅から, 種類を決定木によって予測することを試みよう。「Iris」のデータを読み込み, 決定木のプラットフォームを表示させる。

すると, 図 7.13 のパーティションレポートが表示される。ここで, "候補" を見ると, "花弁の長さ" と "花弁の幅" の G^2 の値が等しく大きい。そこで, "分岐" ボタンをクリックすると, 候補リストの順に従い "花弁の長さ" で分岐が行われる（図 7.14）。

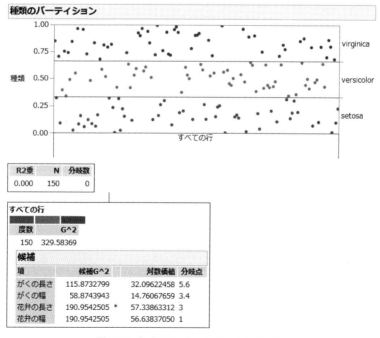

図 7.13　あやめのパーティションレポート

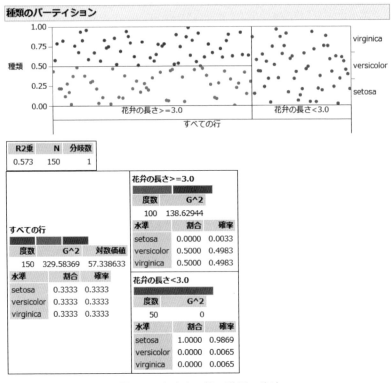

R2乗	N	分岐数
0.573	150	1

すべての行

度数	G^2	対数価値
150	329.58369	57.338633

水準	割合	確率
setosa	0.3333	0.3333
versicolor	0.3333	0.3333
virginica	0.3333	0.3333

花弁の長さ>=3.0

度数	G^2
100	138.62944

水準	割合	確率
setosa	0.0000	0.0033
versicolor	0.5000	0.4983
virginica	0.5000	0.4983

花弁の長さ<3.0

度数	G^2
50	0

水準	割合	確率
setosa	1.0000	0.9869
versicolor	0.0000	0.0065
virginica	0.0000	0.0065

図 7.14 あやめの第 1 階層の分岐

葉のレポート

応答の確率

葉のラベル	setosa		versicolor	.2 .4 .6 .8	virginica	.2 .4 .6 .8
花弁の長さ>=3.0	0.0033		0.4983		0.4983	
花弁の長さ<3.0	0.9869		0.0065		0.0065	

応答度数

葉のラベル	setosa		versicolor		virginica	
花弁の長さ>=3.0	0		50		50	
花弁の長さ<3.0	50		0		0	

図 7.15 第 1 階層の分岐時点での分類状況

setosa はすべて花弁の長さが 3 未満一確率が 1一であり，versicolor と virginica は値が 3 以上であることから，非常に良い分岐が得られている。つまり，花弁の長さに着目し，その長さが 3 未満であれば，そのあやめは setosa で

あると考えてよいという知見が得られたことになる。

次に，versicolor と virginica の分岐を得るため，2 回目の分岐を試みる（図 7.16）。2 回目の分岐で，花弁の幅 = 1.8 の位置を境に，花弁の幅が 1.8 未満であれば versicolor である確率が 0.9 以上となり，逆に花弁の幅が 1.8 以上であれば virginica である確率が 0.97 以上となることが示されている。実用的には，ここまできれいにグループ分けできれば上々のルールであると言えよう。さらに分岐を進めると，花弁の幅が 1.8 未満の場合で，かつ花弁の長さが 5 未満であれば，versicolor である確率が 0.97 以上となるという新たな有力知見が得られる。

このように，決定木を用いれば，少数の実用的なルールで，あやめの種類を言い当てることができる。

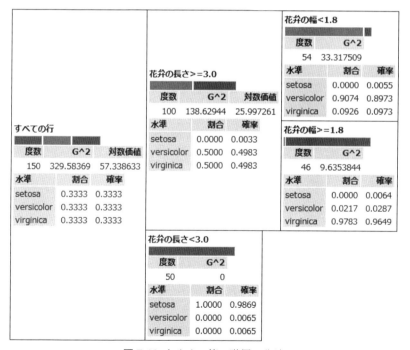

図 7.16 あやめの第 2 階層の分岐

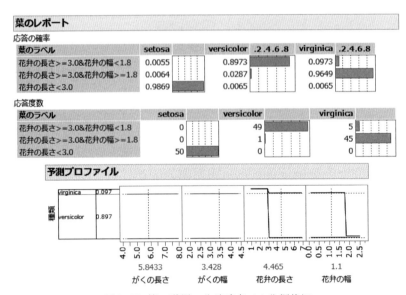

図 7.17 第 2 階層の分岐時点での分類状況

注）量的な目的変数への適用

量的な目的変数へ決定分析を適用した例が，図 7.18 である。これは「デジタルカメラ」[U] の"好きな"を目的変数として分岐を行ったものである。右端の（手にとりたい：1 以上，形のよい：1 以上，飽きない：2 以上）と感じるデザインに対して，左端の（手にとりたい：1 未満，形のよい：0 未満）と感じるデザインの平均の差は，3.6 ポイントもある。データは 7 段階評点で得られたものであるから，とても大きな差であると言えよう。このように，量的な目的変数に決定分析を適用する場合は，できるだけ群間変動が大きくなる（もちろん平均の差も大きくなる）ような説明変数の閾値の組み合わせを階層的に計算しているのである。

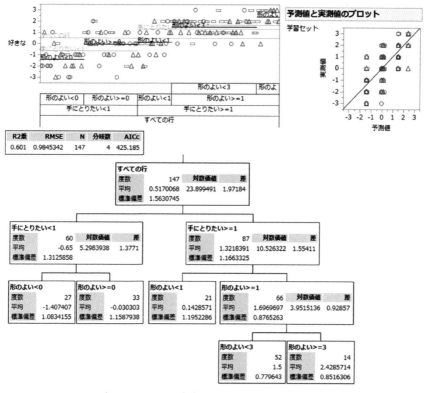

図 7.18 デジタルカメラのデザイン評価（"好きな"のパーティション）

練習問題 7.3：部品調達

「部品調達」[U] を読み込み，"部品調達"を目的変数として決定分析を行え。

練習問題 7.4：デジタルカメラ

「デジタルカメラ」[U] を読み込み

1. "カメラ"（デザインの違い）を目的変数に，"好きな"を除いた評価項目を説明変数として，決定分析を行え。
2. "好きな"を目的変数に，それ以外を説明変数として，決定分析を行え。
3. 2つの分析結果から，量的な目的変数とした決定分析は，どのようなルールで分類や予測が行われていると考えられるか。

8章 ▶▶▶ 重回帰分析（MRA）

重回帰分析（MRA：Multiple Regression Analysis）の目的は，目的変数を p 個の説明変数の線形結合を使って説明することである。たとえば，商品の総合的な魅力や満足度が，いったいどの商品属性によって影響されるのか，あるいはどのような物理的特性によって決定されるのか，といった課題は，商品企画だけでなく実際に商品を設計する技術者にとっても大きな関心事である。他社のベンチマーキングからヒット商品の成功因子—成功した事柄—だけをいくら集めて真似をしても，思うような結果が出ないという声を聞く。商品の総合的な魅力や満足感の評価が良かったものや悪かったものを集めて，その原因となる説明変数を探す必要がある。説明変数は，個別の評価項目や個別の反応などの結果系の変数が代用的に使われることも多い。

重回帰分析は，多変量解析の中で最も利用される手法で，その用途は実に広い。重回帰分析の一般的な目標は，1. 目的変数の予測，2. 目的変数に影響を与える共変量の調整，3. 目的変数の制御である。JMP の重回帰分析は多岐にわたる機能があり，その使いこなしもバラエティに富む。8 章では，必要な重回帰分析の知識を 1 の立場で紹介する。

8.1　重回帰分析と線形結合

原因と思われる p 個の説明変数で，目的変数の変動を説明することを考える。重回帰分析の考えかたを理解するために，「色差と嗜好」[U] を使って説明する。視覚的に，または JMP の出力をたどりながら，重回帰分析の演算のあらましを理解しよう。JMP の優れた点は，統計的な基準によるモデル選択だけでなく，分析者の知見を活用して手動で回帰モデルへの追加や削除ができる点や，質的な説明変数にも柔軟に対応できるなど，他のソフトウエアにないハンドリングの良さである。なお，質的な説明変数を含む場合の理論的側面は頁数の都合で割愛している。

8.1.1 線形結合による近似

注目している変数 Y が p 個の変数 $x_1, x_2, \cdots, x_p$ からどのくらい影響を受けているかを定量的に測定したいという欲求は，誰もが経験することである。Y の平均が $x_1, x_2, \cdots, x_p$ の関数で表されると仮定して，その影響力を推定する方法に重回帰分析が使われる。線形回帰モデルとは，この関数が $\beta_0 + \beta_1 x_1 + \beta_2 x_2 + \cdots + \beta_p x_p$ という係数に関して線形結合で表されると仮定するもので，単回帰モデルの拡張である。図 8.1 は想定される原因が $p = 4$ ある場合の重回帰モデルのグラフ表現である。左は説明変数間に相関がまったくない場合で，Y を説明する変数の寄与を分解することができる。右は説明変数間に相関がある場合で，Y を説明する変数の寄与を分解することができない。これは，説明変数間の相関によって，結果 Y に対する他の変数を経由した間接的な効果が生じるためである。

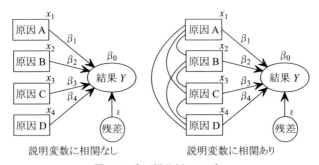

図 8.1 重回帰分析のモデル

「色差と嗜好」は，カラー印刷機の印刷条件を意図的に変えて出力された 27 枚の画質の色差 A から色差 E を測定した 5 変数と，27 枚の画質の嗜好のデータであった。嗜好は各色差により影響を受けると考え，以下のような重回帰モデルを考える。ここで，$i = 1, 2, \cdots, n$ とし，この問題では $n = 27$ である。

$$\text{嗜好}_i = \beta_0 + \beta_1 \times \text{色差 A}_i + \beta_2 \times \text{色差 B}_i + \cdots + \beta_5 \times \text{色差 E}_i + \varepsilon_i$$

これを一般的な問題に拡張して数式で表示すると

$$Y_i = (\beta_0 + \beta_1 x_{i1} + \beta_2 x_{i2} + \cdots + \beta_5 x_{i5}) + \varepsilon_i \tag{8.1}$$

となる。(8.1) 式は i 行目のデータ $(x_{i1}, x_{i2}, x_{i3}, x_{i4}, x_{i5})$ = (色差 A_i, 色差 B_i, 色差 C_i, 色差 D_i, 色差 E_i) の母平均 μ_Y が

$$\mu_Y = \beta_0 + \beta_1 x_{i1} + \beta_2 x_{i2} + \beta_3 x_{i3} + \beta_4 x_{i4} + \beta_5 x_{i5}$$

で説明できるとしている。観測値 y_i は，線形結合で表される母平均 μ_Y とランダムな偏差（残差変数）ε_i との和に分解できる確率変数 Y_i の実現値である。残差変数は互いに独立に平均 0，分散 σ_ε^2 の正規分布に従うとする。

　線形結合の係数 β_0, β_1, β_2, $\cdots$, β_5 は未知で，データ分析する人により観測データから推定される。これらの β_j は**偏回帰係数**と呼ばれる。重回帰モデルでは，分析者が説明変数の値を自由に固定できるものであると考えがちである。しかし，現実に値を固定できる場合は限られているため，しばしば偏回帰係数の解釈を困難にする。

8.1.2　最小 2 乗法

　偏回帰係数を推定することを考える。y_i を x_{i1}, x_{i2}, $\cdots$, x_{ip} の線形結合で都合よく説明することが目的であるから，y と線形結合の偏差が最小になるような β_0, β_1, β_2, $\cdots$, β_p の推定値 b_0, b_1, b_2, $\cdots$, b_p を求める問題である。1 変数の平方和と同じように，残差平方和 S_e が最小を条件にする。すなわち，(8.2) 式において，b_0, b_1, b_2, $\cdots$, b_p を偏微分して 0 と置いた連立方程式を解くのである。

$$S_e = \sum_{i=1}^{n}(y - \hat{y})^2 = \sum_{i=1}^{n}\{y_i - (b_0 + b_1 x_{i1} + \cdots + b_p x_{ip})\}^2 \to \min \tag{8.2}$$

　表示を見やすくするために，連立方程式を行列で表現する。説明変数の行列を $\mathbf{X}$（1 列に定数 1 を追加した，n 行 × $p+1$ 列）と目的変数 $\mathbf{y}$（n 行 × 1 列）と未知の係数 $\mathbf{b}$（p 行 × 1 列）で表すと，$\mathbf{X}'\mathbf{X}\mathbf{b} = \mathbf{X}'\mathbf{y}$ と書ける。$\mathbf{X}'$ は $\mathbf{X}$ の転置行列 —行と列を入れ替えたデータセット— である。行列の中身は

$$
\begin{pmatrix}
n & \sum_{i=1}^{n} x_{1i} & \sum_{i=1}^{n} x_{2i} & \cdots & \sum_{i=1}^{n} x_{pi} \\
\sum_{i=1}^{n} x_{1i} & \sum_{i=1}^{n} x_{1i}^{2} & \sum_{i=1}^{n} x_{1i}x_{2i} & \cdots & \sum_{i=1}^{n} x_{1i}x_{pi} \\
\sum_{i=1}^{n} x_{2i} & \sum_{i=1}^{n} x_{1i}x_{2i} & \sum_{i=1}^{n} x_{2i}^{2} & \cdots & \sum_{i=1}^{n} x_{2i}x_{pi} \\
\vdots & \vdots & \vdots & \vdots & \vdots \\
\sum_{i=1}^{n} x_{pi} & \sum_{i=1}^{n} x_{1i}x_{pi} & \sum_{i=1}^{n} x_{2i}x_{pi} & \cdots & \sum_{i=1}^{n} x_{pi}^{2}
\end{pmatrix}
\begin{pmatrix}
b_0 \\ b_1 \\ b_2 \\ \vdots \\ b_p
\end{pmatrix}
=
\begin{pmatrix}
\sum_{i=1}^{n} y_i \\
\sum_{i=1}^{n} y_i x_{1i} \\
\sum_{i=1}^{n} y_i x_{2i} \\
\vdots \\
\sum_{i=1}^{n} y_i x_{pi}
\end{pmatrix}
\tag{8.3}
$$

である。これを変形すると

$$
\mathbf{b} = (\mathbf{X}'\mathbf{X})^{-1}\mathbf{X}'\mathbf{y} \tag{8.4}
$$

となる。この連立方程式を解くと重回帰モデルの係数が求められる。なお，$(\mathbf{X}'\mathbf{X})^{-1}$ は，$(\mathbf{X}'\mathbf{X})$ の逆行列である。

8.1.3 JMP による重回帰分析

JMP の力を借りて重回帰分析を実行してみよう。JMP では，統計量の出力の他に，図 8.2 に示す**実測値と予測値のプロット**や**てこ比プロット**が描画される。

操作 8.1：重回帰分析の実行
1. 「色差と嗜好」[U] を読み込み，"分析 (A)" メニューから "モデルのあてはめ" をクリックする。
2. 表示されたウインドウの "列の選択" から "嗜好" を選択し，"Y" ボタンをクリックする。
3. Ctrl キーを押したまま，"列の選択" から "色差 A" ～ "色差 E" を選択し，"追加" ボタンをクリックする。そして，"実行" ボタンをクリックする。

てこ比プロットは JMP 固有のグラフである。てこ比プロットは，他の説明変数の影響を取り除いた，当該説明変数 x_i の y への直接的効果をグラフにしたものである。当該説明変数が他の説明変数と強い相関を持つ場合には，横軸のプロットの範囲が狭くなる。これは，偏回帰係数の推定精度が悪くなっていることをグラフで示したものである。

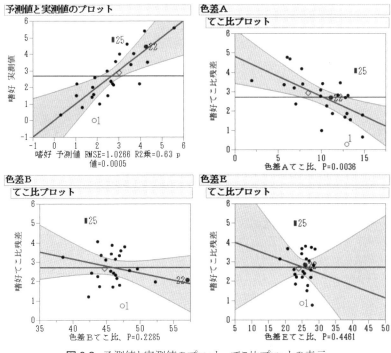

図 8.2 予測値と実測値のプロット,てこ比プロットの表示

図 8.2 の左上の予測値と実測値のプロットは,重回帰モデル全体での予測の程度を表すグラフである。y の平均線と信頼率 95% の信頼区間曲線の位置関係から,95% の信頼区間曲線の区間内に y の平均線が含まれていない。このことから,重回帰モデル全体では,y の変動を説明するのに有効なモデルであることがわかる。グラフの結果は,出力にあるタイトル"分散分析"の p 値と対応している。分散分析表の読みかたは,単回帰分析に準じて行う。

同様な見かたで,てこ比プロットを検討する。色差 A は右下がりの直線であるが,95% 信頼区間曲線の区間内に y の平均線が含まれていない。したがって,y の変動を説明するのに有効な説明変数であることがわかる。色差 B は右下がりの直線であるが,95% 信頼区間曲線の区間内に y の平均線が含まれている。このため,このモデルにおいて y の変動を説明するには冗長な説明変数であることがわかる。色差 E も色差 B と同様なパターンであるが,色差 E ではプロットの範囲が狭くなっている。これは,他の説明変数と強い相関関係が

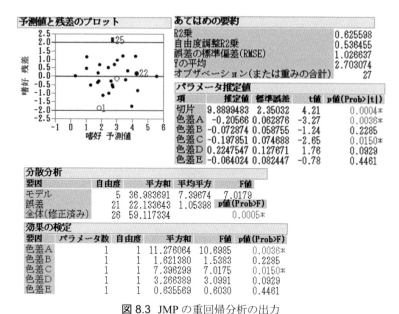

図 8.3 JMP の重回帰分析の出力

あり，偏回帰係数の推定精度も悪くなっていることを示している。

次に出力された統計量などを見てみよう。図 8.3 がその結果である。**予測値と残差のプロット**を見ると，個体 25 が残差の 2 倍の標準偏差を超えている。したがって，個体 25 は得られたモデルとの当てはまりが悪いことがわかる。個体 25 の素性を調べ，その理由がわかれば大きな知見となる。

タイトル"あてはめの要約"のブロックを見よう。"R2 乗"の値が**寄与率**で，嗜好の変動の約 63% を色差の線形結合で説明できることを示している。その下の"自由度調整 R2 乗"の値は約 54% と R2 乗より小さくなっている。寄与率は，(8.5) 式からもわかるように，モデルに取り込んだ説明変数の数に依存して増えていくため，好ましい指標ではない。自由度調整 R2 乗はそれを改善した指標で，モデルの実質的な寄与率を表すものである。

$$\text{R2 乗} = 1 - S_e/S_T = 1 - (残差の平方和/y の平方和) \quad (8.5)$$

$$\text{自由度調整 R2 乗} = 1 - V_e/V_T = 1 - (残差の分散/y の分散) \quad (8.6)$$

その下の"誤差の標準偏差（RMSE）"の値が重要で，重回帰モデルで説明できない部分のばらつきの大きさを表すものである。この 2 倍の大きさが，ほ

ぼ個々のデータに対する 95％ の信頼区間の幅になっているため，得られた重回帰モデルが実用に足るかどうかの判断材料となる。寄与率よりも実務的には重要な値である。この場合は，嗜好の変動に対して残差の標準偏差が大きいため，モデルの予測精度が悪いことがわかる。以下，y（嗜好）の平均やデータ分析に用いたオブザーベーション（個体数）が表示される。

タイトル"パラメータ推定値"のブロックを見よう。説明変数に対する偏回帰係数の推定値とその標準誤差，および t 値，p 値が出力されている。タイトル"効果の検定"の p 値と"パラメータ推定値"の p 値は同じ値を表示するので，どちらか一方で判断すればよい。

偏回帰係数に対する**標準誤差**は t 値を使い

$$s(b_j) = |b_i|/t \text{ 値} \quad (\beta_j = 0) \tag{8.7}$$

と書ける。標準誤差は偏回帰係数の推定精度を表す指標として重要である。タイトル"効果の検定"の F 値と t 値との間には，自由度 $n - p - 1$ の t の平方と自由度 $(1, n - p - 1)$ の F が等しいという簡単な関係がある。F 値については次の変数選択で紹介する。

母回帰係数 $= 0$ を帰無仮説とした検定において，危険率 $\alpha = 0.05$ とすると，色差 B と色差 E および色差 D は帰無仮説を棄却できないから，冗長な変数 ―嗜好を説明するのにこのモデルでは有益な情報を持たない変数― である。

実務的には，変数が冗長かどうかの判断基準に $\alpha = 0.05$ を用いるのは厳しすぎて，検討する価値のある説明変数を見落とす可能性がある。このため，α の値を緩めて，0.20 や 0.25 で判断することがある。大きな p 値を持つ変数をモデルに採択すると，自由度調整 R2 乗が下がり好ましくないため，変数選択というテクニックを使う。

8.1.4　JMP による変数選択

すべての説明変数をモデルに採択すると，説明変数間の相関により，嗜好を説明するのに冗長な変数が取り込まれる。色差 B と色差 E は，てこ比プロットや効果の検定により冗長と判断された。不必要な変数を取り込むと，本質的な予測精度が下がるので好ましくない。

適当な説明変数対を選択する過程を**変数選択**という。JMP の変数選択には，

さまざまな基準が用意されているが，ここでは基本となる変数選択方法を紹介する。全説明変数から 1 つずつ説明変数を除外する**変数減少法**や，ゼロから 1 つずつ説明変数を追加する**変数増加法**がある。一般的に，この 2 つの方法の良いところを組み合わせた**変数増減法**が好まれる。いずれも，あらかじめ設定した統計的な選択基準 —F_{in}，F_{out}— により JMP が自動的に好ましい変数を選択してくれる。

　ところで，統計的基準以外にどうしてもモデルに取り入れたい変数が存在することがある。このような場合に備えて，JMP では分析者が統計情報や知見により手動で変数選択できる探索的方法が利用できる。

操作 8.2：重回帰分析の変数選択

1. "分析 (A)" メニューから "モデルのあてはめ" をクリックする。
2. 表示されたウインドウで "嗜好" を選択して "Y" ボタンをクリックする。
3. Ctrl キーを押したまま，"色差 A"〜"色差 E" を選択して "追加" ボタンをクリックする。
4. ウインドウ右上の "手法" の欄をクリックして，"標準最小 2 乗" から "ステップワイズ法" を選択し，"実行" ボタンをクリックする。
5. 表示されたウインドウのタイトル "ステップワイズ回帰の設定" のブロックにある "方向" の欄で，"変数増加" をクリックして "変数増減" に変更する。また，同じブロックの "停止ルール" の欄で，"最小 BIC" をクリックして "閾値 p 値" に変更する。
6. "実行" ボタンをクリックすると，変数増減法が実行され，モデルに取り込まれる変数が選択される（図 8.4）。
7. "モデルの実行" ボタンをクリックすると重回帰分析が実行される。

　JMP の統計的な選択基準 —F_{in}，F_{out}— の p 値は共に 0.25 に設定されている。分析者の知見により，選択基準を厳しくしたり甘くしたりできるが，通常はデフォルトの 0.25 または 0.20 でよいと思われる。以下では手動による変数選択の様子を見てみよう。図 8.5 が変数選択のスタートの状態で，どの変数も重回帰モデルに選択されていない。この状態を**ナルモデル**と呼ぶ。タイトル "現在の推定値" のブロックを見る。この状態の切片の推定初期値は y（嗜好）の平均である。"SSE" の値 59.12 が嗜好の平方和，"DFE" が自由度 26，"RMSE" が嗜好の標準偏差 1.51 となっている。これが重回帰の全体モデルに対する帰無仮説の状態である。これから変数を重回帰モデルに追加すること

8 章　重回帰分析（MRA）　　241

嗜好のステップワイズ

ステップワイズ回帰の設定

停止ルール：　閾値p値

　　　　　　変数を追加するときのp値　　0.25
　　　　　　変数を除去するときのp値　　0.25

方向：　　　変数増減

SSE	DFE	RMSE	R2乗	自由度調整R2乗	Cp	p	AICc	BIC
23.929454	23	1.0200054	0.5952	0.5424	3.7038331	4	86.2202	89.84224

現在の推定値

ロック	追加	パラメータ	推定値	自由度	平方和	"F値"	"p値(Prob>F)"
☑	☑	切片	7.56406569	1	0	0.000	1
☐	☑	色差A	-0.2231683	1	14.05561	13.510	0.00125
☐	☐	色差B	0	1	1.160242	1.121	0.30118
☐	☑	色差C	-0.1827635	1	15.31852	14.724	0.00084
☐	☑	色差D	0.13950188	1	21.58496	20.747	0.00014
☐	☐	色差E	0	1	0.174431	0.162	0.69162

ステップ履歴

ステップ	パラメータ	アクション	"p値"	逐次平方和	R2乗	Cp	p	AICc	BIC	
1	色差A	追加	0.0115	13.56468	0.2295	20.22	2	97.788	100.632	○
2	色差E	追加	0.0146	10.20675	0.4021	12.536	3	93.7132	97.0784	○
3	色差C	追加	0.0093	9.166577	0.5572	5.8385	4	88.6464	92.2685	○
4	色差D	追加	0.1482	2.424305	0.5982	5.5383	5	89.3655	92.9405	○
5	色差E	削除	0.6916	0.174431	0.5952	3.7038	4	86.2202	89.8422	◉

図 8.4　変数増減法の結果

嗜好のステップワイズ

ステップワイズ回帰の設定

停止ルール：　最小BIC

方向：　　　変数増加

SSE	DFE	RMSE	R2乗	自由度調整R2乗	Cp	p	AICc	BIC
59.117334	26	1.5078938	-0.000	-0.0000	31.089457	1	102.2822	104.3739

現在の推定値

ロック	追加	パラメータ	推定値	自由度	平方和	"F値"	"p値(Prob>F)"
☑	☑	切片	2.70307407	1	0	0.000	1
☐	☐	色差A	0	1	13.56468	7.445	0.01148
☐	☐	色差B	0	1	8.370885	4.124	0.05305
☐	☐	色差C	0	1	0.534661	0.228	0.63704
☐	☐	色差D	0	1	3.939811	1.785	0.19356
☐	☐	色差E	0	1	6.836334	3.269	0.08265

ステップ履歴

ステップ	パラメータ	アクション	"p値"	逐次平方和	R2乗	Cp	p	AICc	BIC

図 8.5　変数選択のスタートの状態

で，統計量が変化し，重回帰モデルが改善される。

　図では，色差 A の F 値がいちばん大きいため，色差 A の左にある "追加"
の□をクリックして，モデルに取り込む。表示は図 8.6 になる。これは，色差
A と嗜好との単回帰モデル —嗜好 = 4.928 − 0.217 色差 A + 残差— の状態で
ある。

SSE	DFE	RMSE	R2乗	自由度調整R2乗	Cp	p	AICc	BIC
45.552856	25	1.3498542	0.2295	0.1986	20.219536	2	97.78802	100.6321

現在の推定値

ロック	追加	パラメータ	推定値	自由度	平方和	"F値"	"p値(Prob>F)"
☑	☑	切片	4.92786584	1	0	0.000	1
☐	☑	色差A	-0.2167943	1	13.56468	7.445	0.01148
☐	☐	色差B	0	1	5.659744	3.405	0.07738
☐	☐	色差C	0	1	0.038237	0.020	0.88827
☐	☐	色差D	0	1	6.304679	3.855	0.06128
☐	☐	色差E	0	1	10.20675	6.930	0.01459

ステップ履歴

ステップ	パラメータ	アクション	"p値"	逐次平方和	R2乗	Cp	p	AICc	BIC	
1	色差A	追加	0.0115	13.56468	0.2295	20.22	2	97.788	100.632	◉

図 8.6　色差 A をモデルに取り込む

SSE	DFE	RMSE	R2乗	自由度調整R2乗	Cp	p	AICc	BIC
35.345905	24	1.2135675	0.4021	0.3523	12.535555	3	93.7132	97.07838

現在の推定値

ロック	追加	パラメータ	推定値	自由度	平方和	"F値"	"p値(Prob>F)"
☑	☑	切片	4.06295491	1	0	0.000	1
☐	☑	色差A	-0.2449315	1	16.9351	11.499	0.00241
☐	☐	色差B	0	1	5.216624	3.982	0.05796
☐	☐	色差C	0	1	9.166577	8.053	0.00932
☐	☐	色差D	0	1	3.518536	2.543	0.12446
☐	☑	色差E	0.045648	1	10.20675	6.930	0.01459

ステップ履歴

ステップ	パラメータ	アクション	"p値"	逐次平方和	R2乗	Cp	p	AICc	BIC	
1	色差A	追加	0.0115	13.56468	0.2295	20.22	2	97.788	100.632	○
2	色差E	追加	0.0146	10.20675	0.4021	12.536	3	93.7132	97.0784	◉

図 8.7　色差 E をモデルに取り込む

　残差平方和 "SSE" は色差 A を採択したことで少し小さくなった。値 45.55 は，嗜好の平方和 59.12 から色差 A の回帰の平方和 13.56 を引いた値である。"DFE" は色差 A の情報 1 つが追加されたので，自由度は 26 − 1 = 25 となった。F 値 7.445 は，色差 A の回帰による平方和 13.565 と "RMSE" の 2 乗の値の比で計算できる。これが帰無仮説の下で，自由度 $(1, 25)$ の F 分布に従うことを利用して，p 値 0.0115 が得られる。

　次に，p 値の小さい色差 E を採択すると図 8.7 の状態になる。図 8.6 と図 8.7 を比べると，平方和や p 値が異なっていることがわかる。とくに色差 C は，色差 E を取り込むと p 値が極端に小さくなった。このように，変数選択中には各変数の統計量も大きく変化する。とくに先に選択された色差 A の平方和が，色差 E を追加したことによって 13.56 から 16.94 へと増加している。また，"SSE" の値 35.35 は，嗜好の平方和 59.12 から色差 A および色差 E の偏回帰による平方和を引いた値 $59.12 − (16.94 + 10.21) = 31.97$ と等しい値にな

8 章　重回帰分析（MRA）　　243

	SSE	DFE	RMSE	R2乗	自由度調整R2乗		Cp	p	AICc	BIC
	23.755023	22	1.0391216	0.5982	0.5251		5.538336	5	89.36552	92.94054

現在の推定値

ロック	追加	パラメータ	推定値	自由度	平方和	"F値"	"p値(Prob>F)"
☑	☑	切片	7.51381637	1	0	0.000	1
☐	☑	色差A	-0.2190568	1	13.18196	12.208	0.00205
☐	☐	色差B	0	1	1.62138	1.538	0.22855
☐	☑	色差C	-0.2059117	1	8.072346	7.476	0.01211
☐	☑	色差D	0.1884788	1	2.424305	2.245	0.14824
☐	☑	色差E	-0.0318357	1	0.174431	0.162	0.69162

ステップ履歴

ステップ	パラメータ	アクション	"p値"	逐次平方和	R2乗	Cp	p	AICc	BIC	
1	色差A	追加	0.0115	13.56468	0.2295	20.22	2	97.788	100.632	○
2	色差E	追加	0.0146	10.20675	0.4021	12.536	3	93.7132	97.0784	○
3	色差C	追加	0.0093	9.166577	0.5572	5.8385	4	88.6464	92.2685	○
4	色差D	追加	0.1482	2.424305	0.5982	5.5383	5	89.3655	92.9405	◉

図 8.8　色差 C と色差 D をモデルに取り込む

らない。これは，色差 A と色差 E の間に相関関係があり，偏回帰の平方和の
中に共通の効果が混ざっていることによる。このため，両者の効果を分解する
ことができないのである。ちょうど図 8.1 の右の状態に相当している。

　p 値を基準として，色差 C と色差 D を追加した状態が図 8.8 である。この
とき，色差 E の p 値が突然大きくなり，p 値 = 0.69 となった。これは，色差
D を取り込むことによって色差 D と相関が強い色差 E が冗長な変数となった
ことを意味する。このため，色差 E の左にある"追加"の□をクリックして，
重回帰モデルから色差 E を除外する。こうして，変数選択を終える。

　採択した重回帰モデルについて，操作 8.2 の 7 により重回帰分析が実行され
る。この 3 変数の重回帰モデルの自由度調整 R2 乗は，5 変数を取り込んだ重
回帰モデルより向上している。変数選択により，探索的により推定精度の良い
モデルを求めることができる。

　図 8.9 が，予測値と実測値の散布図と，てこ比プロットである。いずれも平
均線が 95 ％ 信頼区間曲線の中に含まれていないから 5 ％ 有意である。いずれ
の散布図でも個体 25 が直線から大きく乖離しているので，この個体は重回帰
モデルに当てはまっていないことがわかる。

　図 8.10 のタイトル"パラメータ推定値"では，推定値の 95 ％ 上下限値，標
準 β や VIF が追加されている。たとえば標準 β は，"パラメータ推定値"の値
が表示されているところで右クリックして，メニューの"列"の"標準 β"を
クリックすれば追加表示できる。推定値の 95 ％ 上下限値や VIF も同様に追加
できる。

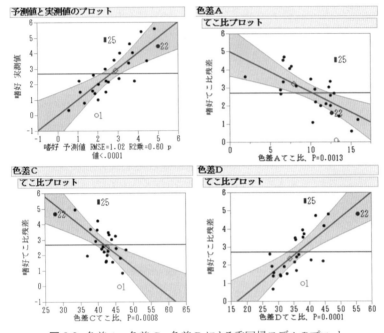

図 8.9 色差 A, 色差 C, 色差 D による重回帰モデルのプロット

図 8.10 色差 A, 色差 C, 色差 D による重回帰モデルの出力

標準 β は, 目的変数, 説明変数共に標準化したときの傾きの大きさを表したもので, 測定単位に影響されない値である. VIF は他の説明変数との関連の強さを表す指標である. 値 1 のときが他の変数との相関がないことを意味し, 1 より大きいときには他の変数との関連が強いことを意味する. 他の説明変数と当該説明変数との寄与率を R_{ii} とすると, $VIF = 1/(1 - R_{ii})$ という関係がある.

色差 A は, 他の変数との相関は小さいが, 色差 C と色差 D の他の説明変数

との寄与率は約 0.67（＝ 1 － 1/3）と大きいことがわかる。実際に，図 8.11（後出）に説明変数間の相関係数行列と，色差 C と色差 D の散布図を示す。色差 C と色差 D の間には強い正相関があることがわかる。

重回帰分析を実行する前に，各変数の平均や標準偏差を確認し，ヒストグラムによって分布の様子を調べておく。さらに，相関係数行列や散布図行列に目を配るなど，事前の分析も重要である。このような事前分析により，変数変換，変数選択の様子や VIF など，あらかたの予想はつくものである。ぜひ事前分析を行い，その後で重回帰分析を行うような手順で分析戦略を立ててほしい。

[練習問題] 8.1：商品満足度

「商品使用満足度」[U] から，商品満足度を目的変数，その他の個別満足度を説明変数として，手動で変数選択をして重回帰分析を行え。次に，個別満足度に主成分分析を行い，そこで求めた主成分を用いて，手動で変数選択をして重回帰分析を行え。両者を比較して考察せよ。

8.2 回帰診断

重回帰分析に持ち込まれるデータセットは，たちの良いものばかりではない。少数のデータの影響によって，不当にモデルが歪められている場合がある。データそのものに潜む構造を素直に受け止める探索的な立場を取り，得られたモデルをデータ自身に評価させる。

回帰モデルの評価は，回帰診断（Diagnostic Regression Analysis）と呼ばれる。回帰診断といっても種々のレベルがあり，以下の 3 部構成で回帰診断を分類することがある。すなわち，1. データ診断，2. 構造診断，3. モデル診断である。

データ診断は，説明変数の診断，目的変数の診断，両方の合併症の診断の 3 種類で構成されるもので，個々のデータに対する診断である。構造診断の中心的な議論は，変数選択と多重共線性である。モデル診断は，モデルの前提条件がデータの構造によって崩れていないかどうかを診断することで，残差分析が中心となる。ここでは，診断が容易なデータ診断と多重共線性について紹介しよう。

8.2.1 データ診断の概要

データ診断は前述のとおり，説明変数の診断，目的変数の診断，両方の合併症の診断で構成される。

(1) 説明変数の診断

説明変数の診断の中心をなすのは，高てこ比の抽出，いわば説明変数の外れ値を摘出することである。説明変数の外れ値は，データ分析全体への影響が大きく，その1個のデータを除外することによって分析精度などが変わってくる。

高てこ比により，モデルの普遍性の問題が取りざたされる。てこ比は，推定値 $\hat{y}$ が実質的に何個のデータで推定されたかを示すものの逆数である。数学的には，$\hat{y}$ が実測値の線形結合として表されることから，その係数を使い，推定に影響を与えた実質的な個数がわかる。てこ比が大きいことは，そのデータの予測精度が悪いことを意味する。高てこ比は，てこ比の箱ひげ図により摘出可能である。てこ比に対するリスクの指標として Huber（1981）の指標を紹介する。

てこ比 $h_{ii} < 0.2$	安全
$0.2 \leq$ てこ比 $h_{ii} < 0.5$	要注意
$0.5 \leq$ てこ比 h_{ii}	可能なら分析から除外

注) てこ比とマハラノビス距離

色差 A と（色差 C，色差 D）は無相関に近い状態であるので，説明変数間の構造は色差 C と色差 D について検討すればよい。色差 A については，ヒストグラムをモニタリングしておく。図 8.11 左の散布図では，個体 22 が楕円の短軸方向で外れ値になっている。これは，色差 C と色差 D のヒストグラムからはわからない。平均からのユークリッド距離ならば個体 22 よりも個体 1 のほうが遠いが，強い正相関があるため，マハラノビス距離では個体 22 のほうが遠い存在である。てこ比が大きい個体は，説明変数におけるマハラノビス距離の計算でも大きな値となる。

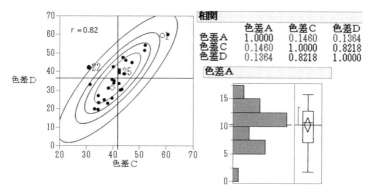

図 8.11 説明変数間の相関関係の様子と色差 A のヒストグラム

(2) 目的変数の診断

これは，外れ値検定に代表される診断である。**外れ値**の存在は，偏回帰係数，R2 乗に影響を与える。日常的に，外れ値は統計的あるいは主観的に摘出されているので，理解しやすいであろう。この診断には，"**スチューデント化された残差**"を使う。この値は，回帰モデルからの残差が観測地点で等分散ではないので，それを標準化したものである。

(3) 合併症の診断

両者の性質を持つ観測点は**高影響点**と呼ばれる。高影響点は回帰モデル全般に影響を与える。高影響点の摘出には，スチューデント化された残差と，てこ比の L–SR プロットや L–R プロットを活用する。L–R プロットは，横軸に残差の 2 乗 e_i^2 を残差平方和 S_e で割ったものを用いる。縦軸には，てこ比をとる。高てこ比と外れ値を結ぶ斜辺上にあ

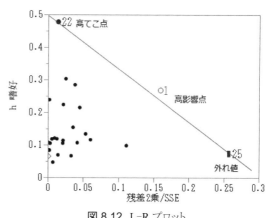

図 8.12 L–R プロット

る個体は，それを取り除くと回帰モデルが変化する高影響点の可能性を秘めている。L–R プロットは，JMP の計算式を利用して，$a_i = e_i^2 / \sum_{i=1}^{n} e_i^2$ を作り，それと，てこ比との散布図を描画すればよい。図 8.12 が L–R プロットの例である。個体 22 が高てこ比，個体 25 が外れ値，個体 1 が高影響点になっていることがわかる。

8.2.2　色差と嗜好の分析

回帰診断の事例として，再び「色差と嗜好」を取り上げる。8.1 では，目的変数に嗜好をとり，説明変数に色差 A, C, D を選択した回帰モデルを採択した。ここでは，得られた回帰モデルに対してデータ診断を行う。

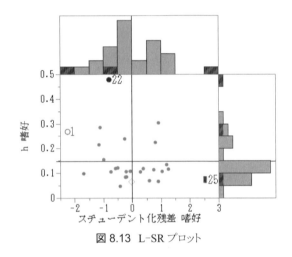

図 8.13　L–SR プロット

図 8.13 の L–SR プロットからも，個体 22 が高てこ点，個体 25 が外れ値，個体 1 が高影響点であることがわかる。これは，図 8.12 の L–R プロットと同じ結果である。

では，3 つのデータがどの程度，回帰モデルに影響を与えるかを調べてみよう。JMP では，"行 (R)" のメニューに "除外する/除外しない" が，出力ウインドウの "スクリプト" に "分析のやり直し" があり，この 2 つのコマンドを活用すると便利である。

個体を 1 つずつ除外した結果を表 8.1 に示す。高影響点の個体 1 を除外した場合には，切片と色差 A，色差 C の偏回帰係数の変化が大きい。R2 乗や RMSE も改善される。高てこ点の個体 22 を除外すると，色差 C，色差 D の偏回帰係数の変化が大きい。R2 乗や RMSE は逆に悪化する。これは，高てこ点の影響により見かけ上 R2 乗が大きくなっている例である。外れ値の個体 25

8 章　重回帰分析（MRA）　　249

を除外すると，色差 A の偏回帰係数の変化が大きい。R2 乗や RMSE は個体
25 を除外することにより飛躍的に向上する。

表 8.1　個体を分析から除外したときの重回帰分析の違い

除外した個体	切片	色差 A	色差 C	色差 D	R2 乗	RMSE
なし	7.5641	-0.2232	-0.1828	0.1395	0.5952	1.0200
1	6.1989	-0.1955	-0.1577	0.1432	0.6369	0.9222
22	7.6851	-0.2307	-0.1145	0.0865	0.5336	1.0894
25	7.6292	-0.2508	-0.1747	0.1335	0.6810	0.8864

操作 8.3：診断統計量の保存と L–SR プロット

1. 出力ウインドウのタイトル“応答 嗜好”の左にある赤い▼をクリックして，“列の保存”から“ハット”を選択すると，データテーブルの列に“h 嗜好”という変数が追加される。これが，てこ比である。
2. 再び，“応答 嗜好”の左にある赤い▼をクリックして，“列の保存”から“スチューデント化残差”を選択すると，データテーブルの列に“スチューデント化残差嗜好”という変数が追加される。これがスチューデント化残差である。
3. “二変量の関係”を使い，“横軸にスチューデント化残差嗜好”を，縦軸に“h 嗜好”をとり，散布図を描画する。
4. タイトル“スチューデント化残差嗜好と h 嗜好の二変量の関係”の左の赤い▼をクリックし，“平均のあてはめ”を選択して平均線を描画する。
5. 同様な操作で，“ヒストグラム軸”をクリックしてヒストグラムを描画する。
6. 横軸の目盛りをダブルクリックして，参照線 0 を追加する。

操作 8.4：個体の除外と分析のやり直し

1. データテーブルで個体 1 の行をクリックし，背景の反転を確認する。
2. “行 (R)”メニューの“除外する/除外しない”をクリックすると，個体 1 が分析から除外される。
3. 出力ウインドウのタイトル“応答 嗜好”の左にある赤い▼をクリックして，“やり直し”から“分析のやり直し”を選択すると，個体 1 を除外したときの重回帰分析の出力が新しいウインドウに描画される。
4. “行 (R)”メニューの“除外する/除外しない”をクリックして，個体 1 の分析からの除外を解除する。
5. 個体 22，個体 25 について，それぞれ 1〜4 を繰り返す。

8.2.3 多重共線性

重回帰分析で求めた偏回帰係数の意味を吟味する場合，そこに含まれる説明変数間で相互に強い関係を持たないことが暗に前提とされる。偏回帰係数は，他の説明変数をある値—たとえば平均—に固定したとき，当該変数が 1 単位増加したら目的変数が何単位増えるかを示す量である。このとき，説明変数間に強い相関関係があると，このような解釈は弱まってしまう。他の変数を固定したまま，当該変数だけ増加させるということは，概念では自然なことであるが，実際には相関の原因が不明であることが多く，一方の変数だけを固定することは難しい。ならば，この構造を人為的に打ち消すことは無意味であろう。

また，偏回帰係数を推定するために $(X'X)^{-1}$ を求めるが，この計算は強い相関構造により不安定となり，推定値そのものの信憑性がなくなり，偏回帰係数の推定精度もきわめて悪くなることが知られている。このような**多重共線性**は

1. 使用する観測値の収集方法により説明変数の変動する領域が小さい場合
2. 説明変数そのものの持つ構造上の問題 —1 次従属な関係—
3. 説明変数を必要以上にモデルに取り込む場合

によって起きるといわれる。

多重共線性は変数選択により回避されるが，選択された説明変数の VIF の値により判断可能である。表 8.2 に VIF の値とその判断基準を示す。

表 8.2 VIF の値とその判断

VIF	当該変数と他の説明変数の重相関係数	判断
1.0	$R_i = 0.0$	独立関係
2.0	$R_i = 0.7$	中程度の間接効果の受け渡し
2.7	$R_i = 0.8$	やや強い間接効果の受け渡し
5.0	$R_i = 0.9$	多重共線性の予感

また，相関係数行列や散布図行列を参考にして事前に判断する。つまり相関係数 $r_{ij} = \pm 1$ に近い説明変数組を探す。このような説明変数組には多重共線性の予感がするので，変数選択では注意して取り組む。

なお，組成比のように，いくつかの変数を加えると 100 ％ となるような線形従属な場合には，相関係数行列からは見抜けないので，主成分分析を利用する。主成分分析により，線形従属の関係では固有値がゼロのものが見つかる。また，最大固有値と最小固有値の比から，以下のような判断をする。

$100 \leq$（最大固有値/最小固有値）< 1000	多重共線性の予感
$1000 \leq$（最大固有値/最小固有値）	強い多重共線性の予感

　例として，「多重共線性」[U] の出力を示すので参考にしてほしい。データは 4 つの材料の組成比とダイナミック抵抗 y の関係を調べるために重回帰分析を行ったものである。4 変数を取り込むと，図 8.14 のような結果となり，多重共線性が生じていることがわかる。

　JMP では，強制的に 1 つの説明変数をゼロに固定して解を求めているが，推定値は"バイアスあり"と表示される。図 8.15 は，変数選択を手動で行ったときの出力である。3 つの説明変数をモデルに追加すると，最後の 1 つの自由度はゼロになっている。R2 乗や自由度調整 R2 乗は，4 つの説明変数のうち，ど

パラメータ推定値

項		推定値	標準誤差	t値	p値(Prob>|t|)
切片	バイアスあり	9.7814394	0.785848	12.45	<.0001*
Fe2O3	バイアスあり	-5.129389	1.224929	-4.19	0.0007*
ZnO	バイアスあり	0.87299	1.64856	0.53	0.6037
MgO	バイアスあり	-2.836409	1.983484	-1.43	0.1720
NiO	ゼロに固定	0	0	.	

効果の検定

要因	パラメータ数	自由度	平方和	F値	p値(Prob>F)	
Fe2O3	1	0	0	.	.	足りない自由度
ZnO	1	0	0	.	.	足りない自由度
MgO	1	0	0	.	.	足りない自由度
NiO	1	0	0	.	.	足りない自由度

図 8.14　多重共線性のある場合の結果出力

SSE	DFE	RMSE	R2乗	自由度調整R2乗	Cp	p
1.9050689	16	0.3450606	0.5476	0.4628	4	4

現在の推定値

ロック	追加	パラメータ	推定値	自由度	平方和	"F値"	"p値(Prob>F)"
☑	☑	切片	4.65205048	1	0	0.000	1
☐	☐	Fe2O3	0	0	0	.	.
☐	☑	ZnO	6.00237896	1	1.243261	10.442	0.00522
☐	☑	MgO	2.29298027	1	0.192506	1.617	0.22171
☐	☑	NiO	5.12938892	1	2.087854	17.535	0.0007

SSE	DFE	RMSE	R2乗	自由度調整R2乗	Cp	p
1.9050689	16	0.3450606	0.5476	0.4628	4	4

現在の推定値

ロック	追加	パラメータ	推定値	自由度	平方和	"F値"	"p値(Prob>F)"
☑	☑	切片	9.7814394	1	0	0.000	1
☐	☑	Fe2O3	-5.1293892	1	2.087854	17.535	0.0007
☐	☑	ZnO	0.87299004	1	0.033389	0.280	0.6037
☐	☑	MgO	-2.8364086	1	0.243484	2.045	0.17195
☐	☐	NiO	0	0	0	.	.

図 8.15　手動での変数選択の結果

の1つをモデルから除外しても同じ値になる。読者は，実際に手動で変数選択を試してほしい。

8.2.4 主成分回帰分析とニューラルネットワーク

組成比のような問題は，いずれかの変数を1つ落として重回帰モデルを採択すればよいが，どうしてもすべての変数をモデルに取り込みたい場合がある。このような場合の解決策を以下に述べる。いずれも JMP の機能で処理できる。

(1) 変数選択モデル：M1

たとえば，Fe_2O_3 をモデルから除外して重回帰モデルを求めると，図 8.16 の出力が得られる。このモデルを M1 としよう。

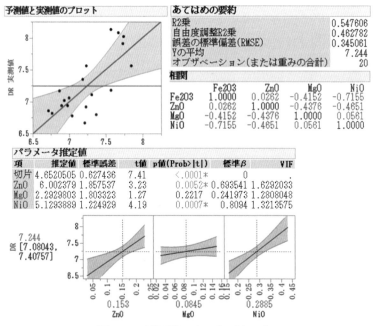

図 8.16 変数選択による重回帰モデル

(2) 主成分回帰モデル：M2

　主成分回帰分析は主成分分析と重回帰分析を組み合わせた方法である。まず，説明変数内で主成分分析を行い，得られた主成分を説明変数として重回帰分析を行うものである。そして最後に，主成分から元の変数に戻してモデルを作成する。

＜STEP 1：主成分分析の実施＞

　4つの説明変数で主成分分析を行うと，図 8.17 の出力結果を得る。第 4 固有値は 0 であるので，JMP では第 3 主成分までの情報しか表示しない。これより，1 次従属の関係があることがわかる。これは，図 8.16 に示した説明変数内の相関係数行列の値から直ちにわかることではなく，主成分分析の活用が必要となる。JMP の機能で，主成分 1～3 までをデータテーブルに保存しておく。

図 8.17　主成分分析の出力

＜STEP 2：重回帰分析の実施＞

　得られた主成分得点を使って重回帰モデルを求める。変数選択の結果，主成分 1 および主成分 2 がモデル選択される。図 8.18 がその出力結果である。

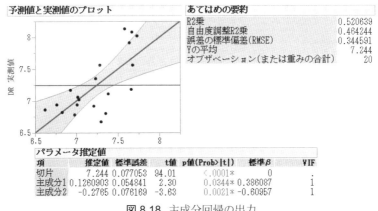

図 8.18　主成分回帰の出力

254

＜STEP 3：元の変数への変換＞

STEP 1 および STEP 2 の結果から，元の変数へ戻す変換を考える。

$$y = 7.244 + 0.1261 \text{ 主成分 } 1 - 0.2765 \text{ 主成分 } 2 \tag{8.8}$$

(8.8) 式の第 2 項，第 3 項を元の変数で表すと

$$
\text{第 2 項：} \quad 0.126_1 \left[\begin{array}{l} -0.5539 \left(\dfrac{\text{Fe}_2\text{O}_3 - 0.474}{0.0724} \right) - 0.4318 \left(\dfrac{\text{ZnO} - 0.153}{0.0544} \right) \\ + 0.4186 \left(\dfrac{\text{MgO} - 0.050}{0.0497} \right) + 0.5758 \left(\dfrac{\text{NiO} - 0.289}{0.0743} \right) \end{array} \right]
$$

$$= -0.239 - 0.965\,\text{Fe}_2\text{O}_3 - 1.001\,\text{ZnO} + 1.063\,\text{MgO} + 0.977\,\text{NiO} \tag{8.9}$$

$$
\text{第 3 項：} \quad -0.277 \left[\begin{array}{l} 0.4647 \left(\dfrac{\text{Fe}_2\text{O}_3 - 0.474}{0.0724} \right) - 0.5858 \left(\dfrac{\text{ZnO} - 0.153}{0.0544} \right) \\ + 0.5408 \left(\dfrac{\text{MgO} - 0.050}{0.0497} \right) - 0.3854 \left(\dfrac{\text{NiO} - 0.289}{0.0743} \right) \end{array} \right]
$$

$$= 0.227 - 1.776\,\text{Fe}_2\text{O}_3 + 2.977\,\text{ZnO} - 3.010\,\text{MgO} + 1.434\,\text{NiO} \tag{8.10}$$

より，結局

$$\hat{y} = 7.232 - 2.740\,\text{Fe}_2\text{O}_3 + 1.976\,\text{ZnO} - 1.947\,\text{MgO} + 2.411\,\text{NiO} \tag{8.11}$$

と求めることができる。これを M2 とする。

(3) PLS の実施

PLS（Partial Least Squares）は，p 個の説明変数から合成変数 t_i（$i = 1, 2, \cdots, q \ll p$）を構成し，その合成変数を使って目的変数 y―複数の y があってもよい―を説明する方法である。主成分回帰分析とよく似た手法であるが，t_i は最も y を説明するような合成変数である。また PLS は，説明変数の数が個体数より多く，重回帰分析が使用できないときにも役立つ。JMP では，因子数 q を指定し，交差検証によってモデルのあてはめを検討することができ，因子 t_i の意味をインタラクティブに分析することもできる。ここでは，PLS の操作方法についてのみ紹介するので，PLS については文献を参照されたい。

操作 8.5：PLS の実行

1. "分析 (A)" メニューの "多変量" から "PLS 回帰" をクリックする。
2. 表示されたウインドウで、"Y，目的変数" に "DR" を選択し、"X，説明変数" に "Fe2O3"，"ZnO"，"MgO"，"NiO" を選択し、"OK" ボタンをクリックする。
3. 表示されたウインドウで、"手法の指定" で "SIMPLS" を選び、"実行" ボタンをクリックする。
4. 図 8.19 に示した PLS の結果が表示される。
5. タイトルの "SIMPLS による…" の左にある赤い▼をクリックして、"列の保存" の "予測式の保存" をクリックすると、データテーブルに PLS で求めた予測式が保存される。

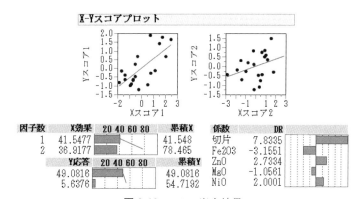

図 8.19 PLS の出力結果

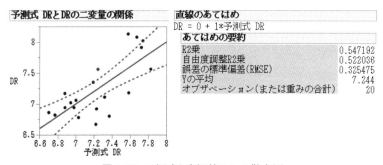

図 8.20 予測式と実測値 DR の散布図

PLS により得られた予測式は (8.12) 式になる。この予測式と DR との散布図を描き、回帰直線を描いたものが図 8.20 である。自由度調整 R2 乗の値は参

考にならないが，PLS によって，わずかながら R2 乗が主成分回帰モデルより
も改善されていることがわかる。このモデルを M3 とする。

$$\hat{y} = 7.834 - 3.157\,Fe_2O_3 + 2.733\,ZnO - 1.056\,MgO + 2.000\,NiO \qquad (8.12)$$

（4）ニューラルネットワーク

　JMP のニューラルネットワークは，隠れ層が 1 つのベーシックなネットワー
クモデルである。この方法は，入力変数から隠れ層の複数のノードに向けて，
非線形な関数（S 字曲線）ネットワークを構築し，隠れ層を経由して y を予測
する手法である。ニューラルネットワークの長所は，隠れ層の複数のノードを
用いることで，異なる応答曲面を効率的かつ柔軟に構築できることである。隠
れ層のノードの数が十分にあれば，どのような曲面でも任意の精度で近似する
ことが可能である。反面，得られた予測式を通常の重回帰分析の場合と同じよ
うに解釈することはできない。説明変数と目的変数が直接つながっているので
はなく，間に隠れ層の複数のノードを経由しているため，予測式は複雑なもの
になる。ニューラルネットワークはあくまで予測のモデルである。

　また，モデルは特定のデータに対してオーバーフィットになりやすく，将来
のデータ予測がうまくできない傾向がある。さらに，**局所最適解**があるために
実行するたびに異なる結果が出たり，収束した推定値の多くが最適でなかっ
たりする可能性がある。そこで，1 つの開始推定値とそれを使った反復処理を
ツアーと呼び，旧機能の“ニューラルネット”では，モデルの推定は，複数の
ツアーの繰り返し計算を行っていた。現機能の“ニューラル”では，ツアー
の回数の指定はできない。なお，JMP Pro を使えば高度な設定が可能である。
ここでは，JMP のニューラルネットワークの操作方法についてのみ紹介する。
ニューラルネットワークについては文献を参照されたい。

　図 8.21 が，現機能のニューラルネットワークの出力結果である。R2 乗の値
は 0.61 である。ニューラルネットワークは，ツアーを繰り返すことで，重回
帰分析などの線形モデルに比べて，あてはまりが劇的に向上する場合がある。
ニューラルネットワークは，たいへん魅力的な手法であるが，オーバーフィッ
トや，モデルの解釈ができないなど，まだ扱いが難しいところがある。

8章 重回帰分析（MRA） 257

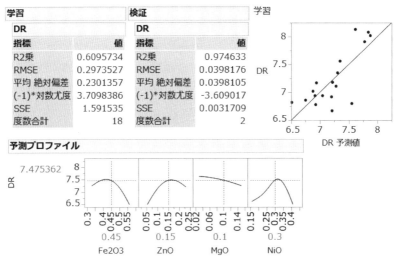

図 8.21 ニューラルネットワークの分析結果（現機能）

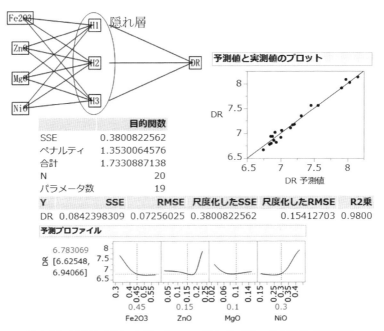

図 8.22 16回のツアーを行ったニューラルネットワークの結果（旧機能）

258

操作 8.6：ニューラルネットワークの実行

1. "分析 (A)" メニューの "予測モデル" から "ニューラル" をクリックする。
2. 表示されたウインドウで，"Y，目的変数" に "DR" を選択し，"X，説明変数" に "Fe2O3"，"ZnO"，"MgO"，"NiO" を選択し，"OK" ボタンをクリックする。
3. 表示されたウインドウの "隠れノード" が "3" であることを確認する。
4. "検証データ抽出確率" に "0" を入れ，"実行" ボタンをクリックする。
5. 図 8.21 の出力が得られる（初期値により異なる値が得られる）。
6. テーブルパネルにある "ニューラルネット" の左の緑の ▷ をクリックして，スクリプトを実行すると，旧機能のニューラルネットワークを実行する。
7. 旧機能ではツアーがデフォルトで 16 回行われ，高い寄与率が得られる（図 8.22 を見よ）。

8.3　重回帰モデルによる予測

　重回帰モデルが得られ，回帰診断などにより適切なモデルであると判断できたら，モデルを使って予測することを考えよう。JMP では，採択したモデル式を保存しておくと，説明変数の値を入力すると予測値が算出される。予測は，説明変数の変動内の内挿部分で利用可能であるが，説明変数の変動外の外挿部分では，予測のためのデータ検証が行われていないため信頼に欠ける。できれば，モデルの外挿部分での予測は避ける。

　8.1.4 で得られた重回帰モデルを使って予測を行う。予測に用いるデータは表 8.3 の値である。予測の点推定だけであれば，図 8.10 に表示された偏回帰変数を使って線形結合により電卓でも計算できる。回帰の 95 ％ の区間推定もあわせ

表 8.3　予測のための色差のデータ

No.	色差 A	色差 C	色差 D	予測値
1	7.00	50.00	30.00	
2	13.00	40.00	25.00	
3	10.00	30.00	40.00	
4	15.00	40.00	35.00	

て行いたい場合には，JMP の計算式により求めることができる。

操作 8.7：重回帰モデルの予測

1. 操作 8.2 の変数選択により重回帰モデルを採択する。
2. 出力ウインドウのタイトル "応答嗜好" の左にある赤い ▼ をクリックし，"列の保存" から "予測式" を選択して，データテーブルに予測式を追加する。
3. データテーブルに表 8.3 の値を入力すると，予測式の欄に予測値が計算される（図 8.23）。

	色差A	色差B	色差C	色差D	色差E	嗜好	h嗜好	スチューデント化された残差 嗜好	予測式 嗜好
5	6.29	53.03	42.42	33.43	18.81	2.36	0.10509814	−0.7369095	3.07105691
25	13.26	42.7	42.56	39.95	29.1	4.88	0.0737316	2.52674513	2.39953938
26	10.4	43.94	38.38	30.99	17.98	2.14	0.04674026	−0.413518	2.55181531
27	12.11	46.56	38.15	22.86	8.33	2.21	0.13399093	1.1924795	1.07808292
28	7		50	30					1.0487686
29	13		40	25					0.83988467
30	10		30	40					5.42955272
31	15		40	35					1.78856689

図 8.23 表 8.3 のデータの予測（点推定）

操作 8.8：95 ％ 信頼区間の追加

1. 操作 8.7 の 2 と同様な操作で，"平均の信頼限界の計算式"を選択して，データテーブルに区間推定式を追加する。
2. 同様の操作で，"個別の信頼限界の計算式"を選択して，データテーブルに区間推定式を追加する。

8.4　重回帰分析の活用指針

重回帰分析は多変量の線形結合を利用して，目的の現象を記述あるいは予測する方法である。8.1～8.3 では重回帰分析の考えかたや JMP の出力を説明した。8.4 では，重回帰分析の戦略的手順や解釈について解説する。

8.4.1　重回帰分析の目的と到達レベル

重回帰分析が有効であるためには，残差は正規分布に従っていると仮定できることが望ましい。また，説明変数間には非常に強い相関関係や構造的な線形結合がないことが望ましい。記述的な意味や予測が目的の場合には，説明変数間の構造を気にかける必要性は薄い。しかし，目的変数の制御を目的とする場合には，説明変数間の構造には注意を払うべきで，願わくば説明変数を計画的に測定し，内部構造は単純構造 ―無相関に近い状態― に制御したい。

重回帰分析の大きな目的は，操作しやすい，あるいは解釈しやすい説明変数の線形結合と目的変数の相関の大きさに着目して，目的変数の変動を説明することとその解釈にある。分析者の重回帰分析の目的は，主に以下のような事柄であろう。

- 良い結果を獲得できるような説明変数の組み合わせを探したい。
- 安定で予測精度の高い予測方法を獲得したい。
- 共変量の影響を取り除いて，原因と結果の関係を定量化したい。

データ分析者の重回帰分析の到達レベルは，たとえば以下のようなものであろう。

- 混沌とした市場情報から，売上など将来の予測を行う。
- ベンチマーキングにより，成功要因の組み合わせを発見する。
- 生産工程の要因によって起きる結果のばらつきを予測し，改善活動に結びつける。
- 開発設計段階で，製品の寿命や品質を予測したり保証したりする。

8.4.2　重回帰分析の主要な用語とアウトプット

重回帰分析を行う場合の主要な用語とその意味について以下にまとめておく。

- **寄与率**：目的変数の変動のうち，モデルに採択された説明変数の線形結合で説明できる変動の割合である。重回帰分析では，自由度で調整した自由度調整 R2 乗の値を評価の指標とする。
- **RMSE**：説明変数の線形結合では説明できない残差 ―個体固有の値― の標準偏差である。
- **偏回帰係数**：線形結合の説明変数に掛けるべき係数である。モデルに採択された他の説明変数の値を制御したときの当該説明変数の回帰係数である。目的変数への直接的効果の大きさを表すが，モデルに採択された他の説明変数との相関構造に依存する。
- **F 値（t 値）**：他の説明変数がモデルに採択されているときの，新規に採択される説明変数の効果の大きさを表す指標 ―追加された回帰モデルの効果/残差分散の比― である。
- **てこ比**：説明変数で構成される多変量空間での，重心までの確率的な距離に関係する。てこ比の大きな個体は，データ診断の対象となる。
- **残差**：重回帰モデルで説明できない個体固有の値である。残差の大きい個体は寄与率に大きく影響を与える。

8.4.3 重回帰分析の手順

重回帰分析の一般的な分析手順を以下に示す。分析にあたっては，重回帰分析を行う前のデータモニタリングがたいへん重要であることを強調しておく。

1. 目的の現象に影響を与える要因を列挙する。この場合，特性要因図や連関図などを活用し，主要な要因を説明変数としてデータを収集する。
2. 知見やデータの様子から，変数変換などを行う。散布図行列などを活用する。たとえば，消費支出，可処分所得などを実質で分析したいならば，物価指数で割っておくなど。
3. データのモニタリングによって，外れ値は色を変えたり，マーカーを変えたりしておく。JMP の機能が強力にサポートしてくれるはずである。
4. モデル選択を行う。多重共線性に注意し，説明変数間で相関の非常に強いものは，一方の説明変数を除外する。また，マハラノビス距離を使い，高てこ比の個体は色を変えたり，マーカーを変えたりしておく。
5. モデル選択では，知見を活用したモデルと統計的基準—$F_{in} = F_{out}$，たとえば 0.25—を遵守したモデルを比較しながら検討する。JMP の手動選択が役立つ。
6. 採択された重回帰モデルの回帰診断を実行する。データ診断などで除去された個体は，除去理由などを含め報告書に必ず記述する。
7. 実質的なチェックを入れる。偏回帰係数の解釈や全体的なモデルの妥当性など。万全でなければ 2 や 3 に戻り，再検討する。
8. 予測の妥当性について内挿テストを行うなど，予測式の普遍性をチェックする。寿命予測など特殊な分野での外挿は，物理モデルなどを考慮し，控えめに行う。
9. モデルを更新する場合は，定期的に追加データを加えて妥当性を評価する。

練習問題 8.2：電子部品 A

「電子部品 A」[U] を読み込み，"重量"を目的変数，"高さ"，"上幅"，"中幅"，"下幅"を説明変数として重回帰分析を実行してみよ。

262

練習問題 8.3：精密デバイスの工程解析
「精密デバイスの工程解析」[U] を読み込み，"不良件数" に何が影響しているか，重回帰分析を使って検討してみよ。

8.5 重回帰分析の実際

重回帰分析を実際にどのように使うかについて，例題を通して学習しよう。8.5 では，アンケートにより得られた調査データの分析例を紹介しよう。

8.5.1 商品満足度の分析

企業が提供する商品やサービスの質について，顧客の満足度で評価する調査や分析が主流となっている。このような調査を CS 調査という。満足度には，商品の機能属性や性能品質などに関する個別の満足度と，商品やサービスに関する総合的な満足度がある。商品やサービスについて，購入後の比較的早い段階で，「非常に不満である」から「非常に満足である」までを 5 段階や 7 段階の評点尺度でアンケートにより収集し，満足度のデータが得られる。

ここで扱うのは，「商品使用満足度 2」[U] のデータで，満足度を 5 段階の評点尺度で測定している。1 点が非常に不満で，5 点が非常に満足であるというように，値が大きくなるに従い満足度が高くなる配点である。

重回帰分析で扱う説明変数は，2 つのブランドの違いを表す質的な変数と，商品の機能属性や性能品質などに関する個別満足度（デザイン満足，操作性満足，性能満足，機能の豊富さ満足，価格満足，信頼性満足）の計 7 変数である。目的変数は，総合的な満足の程度を測定した "商品満足" を使う。

事前分析として，1 変数の分布の確認や，変数間の関係の様子について調べておく。図 8.24 は分析に用いる 8 変数の分布の様子である。図中のヒストグラムの柱が強調された領域が，Champion ブランドを選択した個体の頻度である。こうして見比べる限り，ブランドによる満足度の違いは見られないようである。

次に，変数間の相関の様子を調べてみよう。図 8.25 は，相関係数行列の出力である。商品満足度と個別満足度の相関係数は大きいもので 0.3 程度と，強

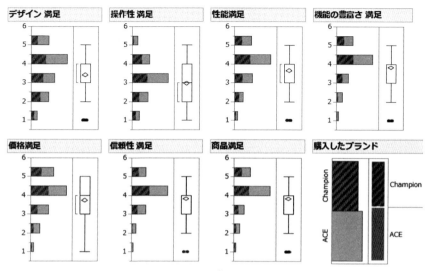

図 8.24 アンケートデータの分布の様子

相関	デザイン 満足	操作性 満足	性能満足	機能の豊富さ 満足	価格満足	信頼性 満足	商品満足
デザイン 満足	1.000	0.212	0.175	0.166	0.139	0.166	0.307
操作性 満足	0.212	1.000	0.195	0.143	0.086	0.051	0.171
性能満足	0.175	0.195	1.000	0.300	0.211	0.221	0.250
機能の豊富さ 満足	0.166	0.143	0.300	1.000	0.123	0.369	0.194
価格満足	0.139	0.086	0.211	0.123	1.000	0.221	0.258
信頼性 満足	0.166	0.051	0.221	0.369	0.221	1.000	0.249
商品満足	0.307	0.171	0.250	0.194	0.258	0.249	1.000

図 8.25 満足度の相関係数行列

い相関は認められない。また，個別満足度間の相関は 0.4 以上のものがないことがわかる。このように，アンケート調査の結果，変数間に高い相関が認められないことは，多々経験することである。

図の相関係数の値から，寄与率の大きい重回帰モデルを手に入れることは困難である。ここでは重回帰分析を使って，商品満足度を向上させるヒントを得るためのモデルを，8.1.4 の手順に従い，手動により変数選択しよう。

図 8.26 は変数選択のスタートの状態である。この図では，ブランドにより個別満足度の効果の大きさが異なること—**交互作用**があるという—が予想されるので，交互作用の項を追加している。JMP には，交互作用の項や 2 次項を簡単に追加できる機能がある。

	SSE	DFE	RMSE	R2乗	自由度調整R2乗	Cp	p	AICc
	387.16832	403	0.9801609	0.0000	0.0000	90.36954	1	1133.34

現在の推定値

ロック	追加	パラメータ	推定値	自由度	平方和	"F値"	"p値(Prob>F)"
☑	☑	切片	3.82178218	1	0	0.000	1
☐	☐	デザイン 満足	0	1	36.52693	41.877	2.8e-10
☐	☐	操作性 満足	0	1	11.27193	12.055	0.00057
☐	☐	性能満足	0	1	24.21193	26.816	3.54e-7
☐	☐	機能の豊富さ 満足	0	1	14.62816	15.785	8.41e-5
☐	☐	価格満足	0	1	25.73148	28.619	1.48e-7
☐	☐	信頼性 満足	0	1	23.98809	26.552	4.03e-7
☐	☐	購入したブランド{Champion-ACE}	0	1	0.341149	0.355	0.55189
☐	☐	(デザイン 満足-3.41089)*購入したブランド{Champion…	0	1	0.070619	0.073	0.78668
☐	☐	(操作性 満足-2.97277)*購入したブランド{Champion-A…	0	1	4.584101	4.817	0.02876
☐	☐	(性能満足-3.64851)*購入したブランド{Champion-ACE}	0	1	0.176236	0.183	0.66898
☐	☐	(機能の豊富さ 満足-3.81683)*購入したブランド{Cham…	0	1	0.486925	0.506	0.47719
☐	☐	(価格満足-3.7401)*購入したブランド{Champion-ACE}	0	1	0.067796	0.070	0.79088
☐	☐	(信頼性 満足-3.80693)*購入したブランド{Champion-A…	0	1	0.005477	0.006	0.93993

図 8.26 変数選択のスタートの状態

操作 8.9：交互作用項の追加（図 8.27）

1. 「商品使用満足度」^{U} を読み込む。
2. "分析 (A)" メニューの "モデルのあてはめ" をクリックする。
3. "列の選択" から "商品満足" を選択して，"Y" ボタンをクリックする。
4. Ctrl キーを押したまま，"列の選択" から "デザイン満足"～"購入したブランド" を選択して，"追加" ボタンをクリックする。これで変数の役割が指定された。
5. "モデル効果の構成" にあるリストから "購入したブランド" を選択して，背景を反転させる。
6. この状態で，Ctrl キーを押したまま，"列の選択" から "デザイン満足"～"信頼性満足" を選択して，"交差" ボタンをクリックする。これで購入したブランドと個別満足度との交互作用が設定された。
7. "手法" を選択して，"ステップワイズ法" をクリックする。
8. "モデルの実行" ボタンをクリックする。

図 8.26 に表示した "購入したブランド" の効果は，Champion と ACE の平均的な差を意味する量として設定されている。また，交互作用は変数間の積として表現される。このとき，量的変数の場合は，交互作用と変数間の相関が大きくならないように，データから平均を自動的に引き算する設定になっている。

変数選択の操作を行う。図 8.26 に示した F 値 41.877 の値が最大であるから，"デザイン満足" をモデルに採択する。順次，F 値と p 値の大きさを見ながら変数選択して，図 8.28 のようなモデルを選択した。"購入したブランド" と個別満足度の交互作用は，"操作性満足" だけが選択された。

8 章 重回帰分析（MRA） 265

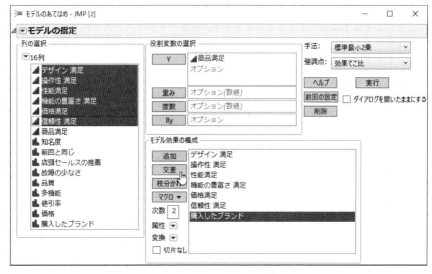

図 8.27 交互作用の設定

図 8.28 採択されたモデル

図 8.29 は，採択されたモデルによる"商品満足"の予測値と実測値の散布図，あてはめの要約を示したものである。R2 乗（寄与率）は 20％ 程度と低いことがわかる。

このモデルでは，寄与率が低いため"商品満足"を予測する目的には向かないが，商品満足度の構造から新しいアイデアが得られるかも知れない。図 8.30 は，説明変数の効果を測定するためのパラメータ推定の出力である。なお，"購

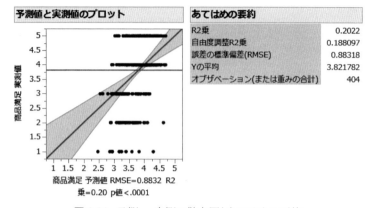

図 8.29 予測 vs 実測の散布図とあてはめの要約

項	推定値	標準誤差	t値	p値(Prob>|t|)	標準β	VIF
切片	1.34018	0.268959	4.98	<.0001*	0	.
デザイン 満足	0.18811	0.040742	4.62	<.0001*	0.2192	1.1189
操作性 満足	0.08261	0.045357	1.82	0.0693	0.0851	1.0832
性能満足	0.11574	0.04469	2.59	0.0100*	0.124	1.1371
価格満足	0.14612	0.04332	3.37	0.0008*	0.1585	1.0964
信頼性 満足	0.16421	0.051719	3.18	0.0016*	0.1518	1.1349
購入したブランド[ACE]	0.02431	0.045248	0.54	0.5914	0.0248	1.0538
(操作性 満足-2.97277)*購入したブランド[ACE]	-0.0994	0.043772	-2.27	0.0237*	-0.102	1.0086

図 8.30 採択モデルでのパラメータ推定値

入したブランド"の効果—交互作用に対して主効果という—の p 値は 0.60 程度と大きいが，交互作用が有意であるために，主効果もモデルに取り込まれる．これは，交互作用がモデルに採択される場合，仮に主効果が単独で有意な状態でなくても，解釈上，主効果と交互作用はセットで考えることが自然であるという考えに従っている．図 8.30 に示すように，説明変数間には強い相関が認められなかったため，VIF も 1 に近い．そこで，予測プロファイル（図 8.31）を解釈する．予測プロファイルから，操作性の満足度が低い状況では，ACE のほうが商品満足度に良い影響を与えるが，操作性の満足度が高い状況では，一転して Champion のほうが商品満足度に良い影響を与えることがわかる．読者は 6.4.3 の結果を踏まえて考察を加えてほしい．ヒントは，Champion のほうが名の知られたブランドであるという事実である．

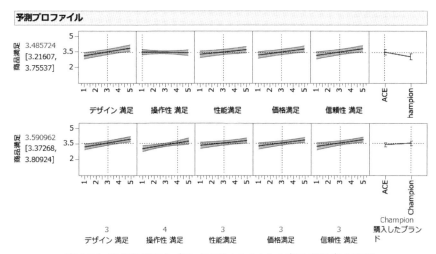

図 8.31 操作性満足とブランドを動かしたときの商品満足度の予測

8.5.2 商品満足度の主成分回帰分析

ところで，マーケティングの世界でも，説明変数―すなわち個別満足度の側―について主成分分析（因子分析）を行い，得られた主成分や因子を説明変数とした主成分（因子）回帰分析を行う場合がある。これは，主成分（因子）間の相関が0となるために，目的変数を説明する寄与率が主成分（因子）ごとに分解でき，解釈が容易になると考えられているからである。

図 8.32 は，個別満足度について主成分分析を行い，主成分の回転により得られた因子の出力である。ここでは，試行錯誤の結果，求める因子を4つと設定したが，因子数をいくつにするかは，つねに悩ましい問題である。また，活用術 4.1 に示したように，変数間の相関が小さい場合には，主成分分析（因子分析）のメリットが小さい。アンケートデータの場合，強い相関関係が期待されることはそれほど多くなく，多数の

回転後の因子負荷量

	因子1	因子2	因子3	因子4
デザイン 満足	0.136	0.144	0.081	0.933
操作性 満足	-0.055	0.848	-0.036	0.251
性能満足	0.427	0.592	0.299	-0.154
機能の豊富さ 満足	0.817	0.221	-0.076	0.032
価格満足	0.075	0.060	0.958	0.085
信頼性 満足	0.773	-0.138	0.216	0.179

各因子によって説明される分散

因子	分散	寄与率	累積寄与率
因子1	1.4745	24.575	24.575
因子2	1.1621	19.368	43.943
因子3	1.0670	17.783	61.726
因子4	0.9970	16.616	78.342

図 8.32 主成分からのバリマックス回転

因子を設定しても累積寄与率が上がらないことが現実には起きる。そのような場合には、分析のテーブルに載せる変数を仮説や知見から吟味し、選定することが大切である。

図の分散の大きさを見てほしい。6変数から4つの因子を取り出したが、累積寄与率はそれでも80％弱である。また、因子のいずれもが1付近の値である。各因子は1変数分の情報しか有していない。この分析では、変数の直交回転以外のメリットはないことがわかる。ひとまず、因子の命名として、技術性＝第1因子、利便性＝第2因子、コスト性＝第3因子、デザイン性＝第4因子としよう。

次に練習の意味も込めて、得られた因子を使って重回帰分析を行ってみよう。図8.33がその結果である。R2乗の値からわかるように、因子を使ったとしても寄与率が向上するわけではない。

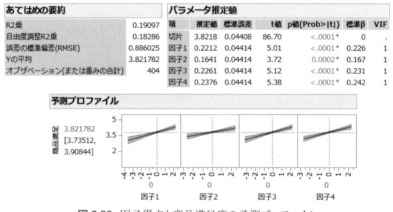

図8.33 因子得点と商品満足度の予測プロファイル

図では、各因子は回転成分として表示されている。各因子の標準偏回帰係数の2乗和がR2乗になるために、その値が各因子の寄与率に相当し、いずれの因子の寄与率も5％程度である。図8.34左に寄与率を円グラフで表現した結果を示す。4つの因子でも顧客の満足度の変動を説明することは難しいことがわかる。また、重回帰モデルの寄与率R2乗に占める因子の寄与率を表したものが図右である。左右の円グラフを眺めると、随分印象が変わることがわかる。

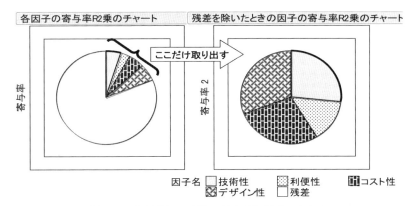

図 8.34 商品満足の変動に対する各因子の寄与率

注）寄与率

　　因子分析→重回帰分析により個別満足度から商品満足度を説明する方法が，マーケティングの世界で行われる。このときの因子の寄与率を重回帰モデルの寄与率の配分で行うことがあるが，これはたいへん危険である。本例の場合，因子分析の第4因子までの寄与率が80％強であり，これを使って重回帰分析を行う。そのときの寄与率が20％弱であり，この20％弱の内訳を4つの因子の寄与率と称して，第1因子から（27％，15％，28％，30％）と求めるのである。しかし実際には，寄与率の高い因子でも，わずか5％程度である。数字のトリックに惑わされないほうがよい。

　最後に図8.35を示す。これは，ここでの分析の手順と結果を模式図にしたものである。因子の解釈は分析者の良識に負うところが大きく，いかようにもなるが，変数間の構造はそれによって変わるものではない。図では，因子負荷量の値が絶対値で0.1以下のものについては矢線を引いていないが，複数の因子から各変数に矢線が引かれており，複雑に絡みあっている。1つの変数へ1つの因子からしか矢線が引かれていない単純な構造であれば，解釈が容易であり，このときの因子分析は成功といえる。しかし，本例のように単純構造が得られないことが現実には多い。実際の分析では扱う変数が20～40と多いであろうから，分析者は因子の誇大解釈や拡大解釈をしないように心がける必要がある。

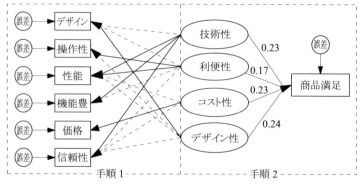

図 8.35 分析結果の模式図

8.6 高度な手法（コンジョイント分析）

少し高度な手法として，研究者が意図して仮説を検証するために，機能的属性や性能に関するカテゴリを組み合わせて，仮想的な商品の選好度を分析——一般にコンジョイント分析と呼ばれる——した例を紹介しよう。

8.6.1 FAX の商品属性の選好度の分析

感熱タイプの家庭用ファクシミリの商品属性に関する選好度を評価するために，以下の 4 つの商品属性について，合計 8 種類の仮想的な商品デザインを作成し，その選好度を評価することになった。

商品属性	カテゴリ
A：記録ロール紙の紙長	短，中短，中長，長
B：原稿最大サイズ	B4, A4
C：記録サイズ	A4, B4
D：液晶パネル色	緑基調，青基調

（1）仮想商品の作成

8 種類の仮想的な商品をバランス良くデザインするためには，**直交表**と呼ばれる計画表を利用するとよい。JMP では，必要な属性数とそのカテゴリ数および仮想商品の数を入力すると，自動的に属性の組み合わせをデザインしてくれる。図 8.36 は JMP によるデザイン結果である。どのようにデザインされる

かという理論的な内容は，実験計画法を勉強する必要がある．興味ある読者は文献で学習してほしい．

図 8.36 JMP による仮想的な商品デザイン

操作 8.10：仮想商品のデザイン
1. "実験計画 (DOE)(D)" メニューから "カスタム計画" をクリックする．
2. 図 8.37 に示すウインドウの "因子の追加" ボタンをクリックし，メニューの "カテゴリカル" から "4 水準" を選択すると，リストにその情報が表示される．
3. リストに表示された値のセル "L1" をクリックし，カテゴリ名を "1-短" に変更する．"L2" から "L4" についても順次，カテゴリ名を "2-中短"，"3-中長"，"4-長" に変更する．
4. 同様に，"因子の追加" ボタンをクリックして，原稿最大サイズ，記録サイズ，液晶パネル色のカテゴリ情報を記入する．
5. "続行" ボタンをクリックすると，タイトル "計画の生成" のブロックが表示される．
6. ここで，"実験の回数" の "ユーザー定義" にチェックを入れて，リストにある 16 をクリックして，仮想商品数の 8 を入力する．
7. "計画の作成" ボタンをクリックする．
8. タイトル "予測分散プロファイル" のブロックにある "実験の順序" の "ランダム化" をクリックして，"左から右へ並べ替え" をクリックする（図 8.38）．
9. "テーブルの作成" ボタンをクリックすると図 8.36 のデザインが得られる．

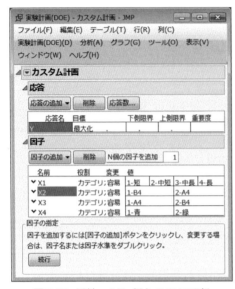

図 8.37 属性，カテゴリを JMP に登録

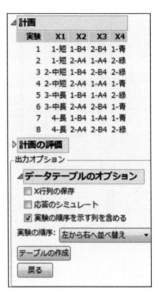

図 8.38 デザインの立案

（2）データの事前分析 －主成分分析による回答パターン分析－

仮想商品のデザインができ上がったので，8 つの商品についてイラストを作成した。また，商品属性のカテゴリや市場セグメントを考慮して，商品の価格を設定した。プリテストとして，12 名の消費者に 8 つの仮想商品に対する選好の順序を回答してもらったところ，図 8.39 に示すようなデータを得た。読

図 8.39 12 名の選好結果

者は，仮想商品をデザインしたデータテーブルに図の結果を入力して，評価者AからLの12名の選好パターンを考察してほしい。

注) 得られるデザインは1つではない
    数理上，候補となるデザインが複数ある場合には，直ちに図8.36が得られないかも知れない。その場合には，"テーブルの作成"ボタンの下にある"戻る"ボタンを使い，何度かテーブルの作成を繰り返す。どのテーブルが良いかの判断は難しい。得られたデザインの出来を知見や扱いやすさから判断してほしい。

回答者の選好パターンを調べるには，主成分分析を使うとよい。このとき，列側（変数）に評価者を配し，行側（個体）に仮想商品を配して主成分分析を行う。すなわち，図8.39の形式で，変数名"A"から"L"について主成分分析を行う。得られた主成分1と主成分2の因子負荷量と主成分得点の散布図を図8.40に示す。これにより，選好のパターンは主成分1の因子負荷量から，大きく2つに分類できることがわかる。すなわち，群1（A, B, C, D, F, H）と群2（E, G, I, J, K, L）の2群である。

順位のデータであるから，値の小さいほど好まれる商品である。このため，原点を中心として評価者のベクトルから対称の位置にある仮想商品番号のものが好まれている。図左には矢線で2群の選好度を追加表示している。8つの仮想商品のプロットから図中の矢線に垂線を下ろした位置が各群での平均的な選

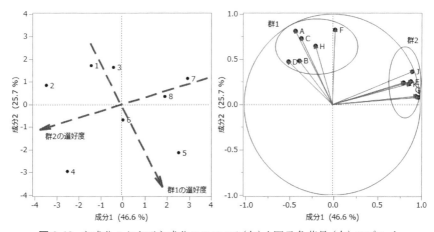

図8.40 主成分1および主成分2のスコア（左）と因子負荷量（右）のプロット

好度を表している。群1では5，4，…の順位で，群2では4，2，…の順位で仮想商品が好まれていることがわかる。

この方法により，順位の全体的な傾向ではつかめない主効果＋個人の交互作用の解析が可能になる。順位のデータは量的データではないが，量的データとみなして主成分分析を行ったのである。評判の良い仮想商品を選択するのが目的であれば，この方法で十分である。

今度は，2つの群における商品属性のカテゴリ評価を考える。図から，2つの群は主成分1の因子負荷量の符号によってほぼ分類可能である。そこで，因子負荷量と順位のデータを連結させる。新しいデータテーブルで，1列追加して，図8.41内に示す計算式で2つの群を構成する。

図 8.41 群分けのための計算式

操作 8.11：テーブルの連結
1. 主成分分析の出力ウインドウで，負荷量行列の表示までカーソルを移動して，右クリックしてメニューを表示する。
2. メニューの"データテーブルに保存"をクリックして，因子負荷量を新しいテーブルに保存する。
3. 図8.39に示したテーブル（FAXデザイン（カスタム計画））のデータテーブルで，メニューの"テーブル(T)"の"列の積み重ね"をクリックする。
4. 表示されたウインドウで，"列の選択"から"A"～"L"を選び，"積み重ねる列"ボタンをクリックし，"OK"ボタンをクリックする。
5. 積み重ねられたデータテーブルのメニューの"テーブル(T)"から"結合(Join)"

8 章　重回帰分析（MRA）　　275

を選ぶ．

6. 表示されたウインドウで，"結合するテーブル"に因子負荷量のテーブルを選ぶ．
7. "元の列"のリストから，評価者情報のある列名の"ラベル"を選ぶ．
8. 因子負荷量のテーブルのリストから，評価者情報のある列名の"列 1"を選び，"対応"ボタンをクリックし，"OK"ボタンをクリックする．

（3）重回帰分析によるコンジョイント分析

前項（2）で作成したデータテーブルを使って，重回帰分析を行う．このとき，目的変数に"データ"を，説明変数に X1～X4 と群，群と X1～X4 の交互作用を指定する．この例での価格は，X1～X4 のカテゴリにより決まる値であるから，モデルに含めずに分析する．

また，変数選択は行わず，"標準最小 2 乗"を用いる．図 8.42 および図 8.43 に重回帰分析の結果を示す．R2 乗は 70 % 弱で，誤差の標準偏差が 1.39 とややあてはまりが悪いが，2 つの群について仮想商品の平均的な選好度を説明する関係を求めることができた．群 1 では，記録ロール紙は中長が好まれ，それよりも長くても短くても好まれないことがわかる．また，原稿最大サイズには有意な差が

あてはめの要約

R2乗	0.685185
自由度調整R2乗	0.635276
誤差の標準偏差(RMSE)	1.391028
Yの平均	4.5
オブザベーション(または重みの合計)	96

パラメータ推定値

項	推定値	標準誤差	t値	p値(Prob>|t|)
切片	4.5	0.141971	31.70	<.0001*
X1[1-短]	-0.041667	0.245901	-0.17	0.8659
X1[2-中短]	-0.791667	0.245901	-3.22	0.0018*
X1[3-中長]	-0.416667	0.245901	-1.69	0.0940
X2[1-B4]	0.6041667	0.141971	4.26	<.0001*
X3[1-A4]	-0.520833	0.141971	-3.67	0.0004*
X4[1-青]	0.4583333	0.141971	3.23	0.0018*
分類[1]	0	0.141971	0.00	1.0000
分類[1]*X1[1-短]	1.875	0.245901	7.63	<.0001*
分類[1]*X1[2-中短]	0.7083333	0.245901	2.88	0.0051*
分類[1]*X1[3-中長]	-1.25	0.245901	-5.08	<.0001*
分類[1]*X2[1-B4]	-0.395833	0.141971	-2.79	0.0066*
分類[1]*X3[1-A4]	-0.229167	0.141971	-1.61	0.1103
分類[1]*X4[1-青]	0.3333333	0.141971	2.35	0.0213*

図 8.42 重回帰分析の結果とパラメータ推定値

認められないが，記録サイズは A4 が好まれる．液晶パネル色は緑基調が好まれることがわかる．群 2 では，記録ロール紙は短いほど好まれることがわかる．また，原稿最大サイズと記録サイズは共に A4 が好まれ，液晶パネル色は緑基調が好まれることがわかる．

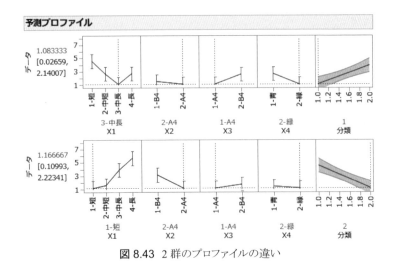

図 8.43 2群のプロファイルの違い

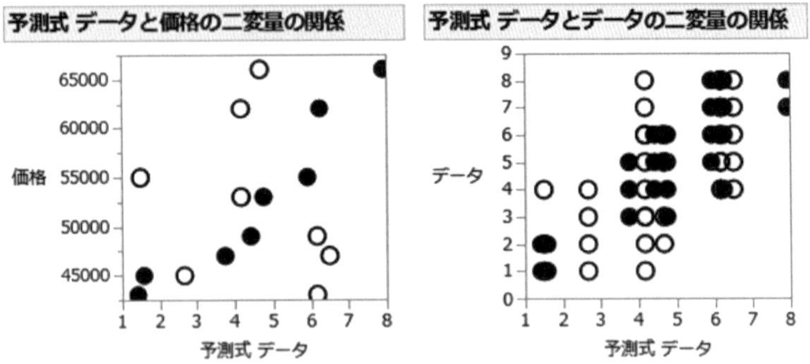

図 8.44 予測値と価格(左),実測値(右)の関係

　以上から,記録ロール紙は,短いものと中長の2種類を用意し,原稿最大サイズと記録サイズは共に A4 で,液晶パネル色は緑基調であれば好ましい商品であることがわかる。

　最後に,予測値と価格,実測値との散布図によりモデルの妥当性を確認すると,図 8.44 から,黒丸の群2は価格に対して選好度が敏感に反応していることがわかる。価格が安いほど好まれるようである。群2の選好が価格で決まったものなのか,それとも商品属性を吟味してのものなのか,議論する価値があるだろう。予測値と実測値の関係は,図右からわかるように,両端では明らか

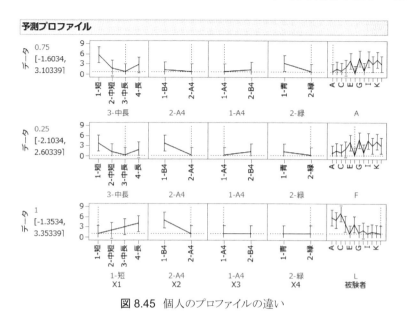

図 8.45　個人のプロファイルの違い

な選好の違いを確認できるが，内側では予測による順位の逆転が起きている。このため，個人の選好度についても調査が必要かも知れない。分析には，群の代わりに個を表す"ラベル"を使って重回帰分析を行い，プロファイルの分析を行えば，回答者個人の選好度の様子が把握できる（図 8.45）。ぜひ試してみてほしい。

(4) 累積ロジット回帰分析の応用

　FAX の例では 12 名の評価者が 8 つの仮想的商品の選好度を評価した。評価は選好の順番であったが，(3) で紹介した方法は目的変数が連続尺度であると仮定した重回帰分析である。ここでは，目的変数が順序尺度である場合の解析方法として**累積ロジット回帰分析**を紹介する。はじめに，目的変数とする"データ"の尺度を順序尺度に変える。そして，(3) で示された手順に従って解析を行う。すなわち，目的変数に"データ"を，説明変数に X1～X4 と群，群と X1～X4 の交互作用を指定する。ここでも価格は，X1～X4 のカテゴリにより決まる値であるからモデルに含めない。また，変数選択は行わず，"累積ロジスティック"を用いて分析を行う。累積ロジット回帰分析のプラットフォーム

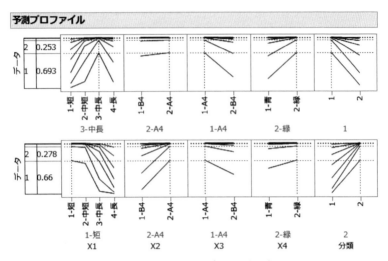

図 8.46 累積ロジット回帰モデルの予測プロファイル

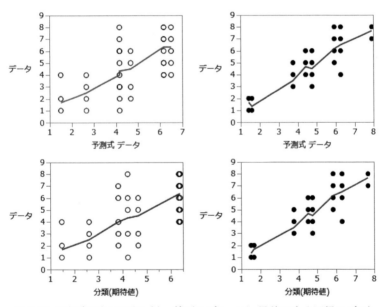

図 8.47 選好度のあてはまり（上：線形モデル，下：累積ロジット回帰モデル）

にある"順序ロジスティックのあてはめデータ"の赤い▼をクリックして，"プロファイル"をクリックすると，累積ロジットモデルでの予測プロファイルが表示される（図 8.46）。

　図 8.43 と図 8.46 を比べてみると，重回帰分析の結果と累積ロジット回帰モデルに大きな違いはないことがわかる。図 8.46 では，順位の割合が予測できるので，より詳細な分析となっている。図 8.47 は，予測値と実測値の散布図で，2 つのモデルでの選好度の一致性を示したものである。図の上側が重回帰分析のモデル，下側が累積ロジット回帰モデルである。共に順位の逆転が一部に見られるが，全体としては右肩上がりの傾向が認められ，両モデルはデータによく適合していると考えられる。

9章 ▶▶▶ グラフィカルモデリング（GM）

　グラフィカルモデリング（GM：Graphical Modelling）は，新しい多変量解析法である。JMP には GM が組み込まれていないが，非常に有益な方法である。GM は因果探索や因果分析を行う目的の多変量解析であり，統計理論とグラフ理論の融合から生まれた手法である。ここでは，GM を知らない読者を対象にして，GM によるモデル化の手順を紹介する。用いるソフトウエアは，筆者が作成したフリーソフトウエア G-GM[1] をベースに開発された JUSE-Stat Works 因果分析編（以降 Stat Works と記す）を用いる。

　いよいよデータ分析の冒険も最終章である。9 章では，変数間の相関関係に着目して，想定される因果関係を探索的にモデル化することが目的である。

9.1　偏相関，疑似相関に関する基礎知識

　GM の内容に入る前に，本書では登場してこなかった相関関係に関するいくつかの重要な考えかたについて紹介する。

9.1.1　製造工程の相関関係

　半導体チップ（IC）の製造工程では，酸化温度や酸化時間といった管理すべき工程条件がたくさんある。IC の性能を決める電気特性も数多くある。工程管理では，平均や標準偏差の大きさに気を配る必要がある。IC 工程における品質項目では，A 特性と B 特性が重要である。A と B は，工程条件である PDT（酸化温度）と物理的な因果関連があることが知られている。PDT を 3 水準に

---

[1] 下記のホームページに接続すると G-GM や，本書では紹介していないが質的変数のための GM のソフトウエア L-GM も手に入る。

http://www1.odn.ne.jp/~gengen525

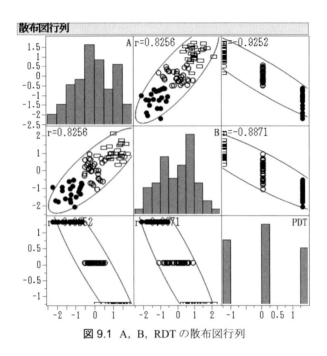

図 9.1 A, B, RDT の散布図行列

設定したときの A と B の様子を調べた。図 9.1 は，そのときの散布図行列である。

図 9.1 の A と B の散布図（$n = 75$）を見ると，強い正の相関があり，相関係数を計算すると $r = 0.826$ であった。3 つの変数間の相関係数を行列の形で表 9.1 に示す。原因と結果の間には強い負の相関があることもわかる。表の相関係数行列からわかるように，右上三角部分の値と左下三角部分の値は同じであるから，今後は右上三角部分を省略して表す。

表 9.1 相関係数行列

$$\begin{array}{c} \\ A \\ B \\ PDT \end{array} \begin{pmatrix} A & B & PDT \\ 1.000 & 0.826 & -0.925 \\ 0.826 & 1.000 & -0.887 \\ -0.925 & -0.887 & 1.000 \end{pmatrix}$$

9.1.2 製造工程の回帰分析

図 9.1 の散布図行列から，原因 PDT と結果 A，B の値には直線的関係が読み取れる。PDT の水準値を使って単回帰分析する。$y_1 = A$，$y_2 = B$，$x = PDT$ と置くと

$$y_1 = -0.925 \times x \qquad R^2 = 0.856 \qquad 標準誤差 0.382 \qquad (9.1)$$

$$y_2 = -0.887 \times x \qquad R^2 = 0.787 \qquad 標準誤差\ 0.465 \qquad (9.2)$$

が得られる．ここで，計算された単回帰式の係数は標準回帰係数である．A と B の変動の多くは PDT で説明できることがわかった．つまり，A と B は PDT により制御可能な状況にある．

9.1.3　製造工程の層別分析

　PDT で層別した A と B の散布図を図 9.2 に示す．各層で計算した 3 つの相関係数は，$0.05\ (n_1 = 24)$，$-0.19 (n_2 = 30)$，$0.26\ (n_3 = 21)$ となる．無相関の検定では，いずれも p 値 — $p_1 = 0.81$，$p_2 = 0.32$，$p_3 = 0.25$ — から 5% 有意ではない．そこで，モデルでは PDT の水準で層別した母集団の A と B は無相関であると仮定する．つまり，PDT による制御により A と B の相関関係は消えたと判断しよう．

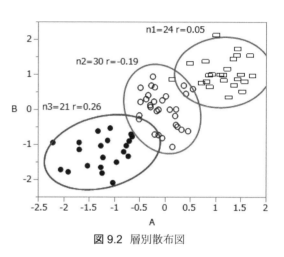

図 9.2　層別散布図

9.1.4　擬似相関分析

　A と B の強い正相関は PDT の影響 —PDT の値を変化させることにより A も B も連動して変化する— で生じていた．本来は関連のない 2 つの特性に他の原因を介して生じた相関を **擬似相関** という．観

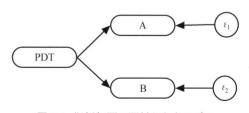

図 9.3　擬似相関の関係を表すモデル

測値から計算された値は正確に 0 ではないが，その絶対値は小さいので，母集団では無相関と考えたのである。

PDT に起因する A と B の関係をモデル化すると図 9.3 になる。矢印の向きに原因→結果を想定する。仮に PDT の水準で層別しても両者に相関が生じる場合は，図の ε_1 と ε_2 の間に相関が生じていることを意味する。このときは，どちらが原因かわからないので ε_1 と ε_2 の間に線が引かれる。

9.1.5 偏相関分析

疑似相関が存在するかも知れないような状況では，x_1 と x_2 の間の実質的な相関関係を考える必要がある。これは第 3 の変数 x_3 の影響を取り除いたときの x_1 と x_2 の相関関係である。言い換えれば，x_3 の値を一定にしたときの x_1 と x_2 の相関関係である。このような概念を**偏相関**と呼び，その大きさを定量的に表すものとして**偏相関係数**がある。偏相関係数を求めるために回帰式を利用する。

まず，x_1 を目的変数，x_3 を説明変数としたときの回帰分析での残差を u とする。u は x_3 によって説明できない x_1 の部分を表している。すなわち，u は x_1 から x_3 の影響を取り除いたものである。

$$回帰式：\hat{x}_1 = a_0 + a_1 x_3 \tag{9.3}$$
$$残差　：u = x_1 - \hat{x}_1 = x_1 - a_0 - a_1 x_3 \tag{9.4}$$

次に，x_2 を目的変数，x_3 を説明変数としたときの回帰分析での残差を v とする。v は u と同様に x_2 から x_3 の影響を取り除いたものである。

$$回帰式：\hat{x}_2 = b_0 + b_1 x_3 \tag{9.5}$$
$$残差　：v = x_2 - \hat{x}_2 = x_2 - b_0 - b_1 x_3 \tag{9.6}$$

こうして作られた u と v の相関係数は，x_3 を与えたときの x_1 と x_2 の偏相関係数である。これを記号 $r_{12\cdot3}$ で表す。$r_{12\cdot3}$ は構成のしかたにより，x_3 の影響を取り除いた x_1 と x_2 の相関係数になっている。

表 9.2 2 つの残差を加えた相関係数行列

	A	B	PDT	R_A	R_B
A	1.000				
B	0.826	1.000			
PDT	−0.925	−0.887	1.000		
R_A	0.380	0.013	0.000	1.000	
R_B	0.011	0.462	0.000	0.028	1.000

先の相関係数行列に変数として残差 R_A，R_B を加えて，相関係数行列を求めると，表 9.2 になる。この表から残差同士の相関係数，すなわち A と B の偏相関係数は 0.028 となり，ほぼ 0 であることがわかる。また，2 つの残差と PDT の間は無相関であることも確認できる。そこで，モデルとして A と B の母偏相関係数や無意味な A と R_B，B と R_A の母相関係数を 0 と置けば，図 9.3 に対応する。

ところで，3 変数の場合には，単回帰分析を 2 度行って残差を求める必要はなく，以下の公式により偏相関係数が計算できる。

$$r_{12\cdot3} = \frac{r_{12} - r_{13}\,r_{23}}{\sqrt{(1 - r_{13}^2)(1 - r_{23}^2)}} \tag{9.7}$$

表 9.1 から偏相関係数を計算してみる。添え字の煩雑さを防ぐ意味で，A を添え字 1 で，B を添え字 2 で，PDT を添え字 3 で表す。公式により

$$r_{12\cdot3} = \frac{r_{12} - r_{13}\,r_{23}}{\sqrt{(1 - r_{13}^2)(1 - r_{23}^2)}} = \frac{0.826 - (-0.925) \times (-0.887)}{\sqrt{\{1 - (-0.925)^2\}\{1 - (-0.887)^2\}}} = 0.028$$

$$r_{13\cdot2} = \frac{r_{13} - r_{12}\,r_{23}}{\sqrt{(1 - r_{12}^2)(1 - r_{23}^2)}} = \frac{-0.925 - 0.826 \times (-0.887)}{\sqrt{(1 - 0.826^2)\{1 - (-0.887)^2\}}} = -0.740$$

$$r_{23\cdot1} = \frac{r_{23} - r_{12}\,r_{13}}{\sqrt{(1 - r_{12}^2)(1 - r_{13}^2)}} = \frac{-0.887 - 0.826 \times (-0.925)}{\sqrt{(1 - 0.826^2)\{1 - (-0.925)^2\}}} = -0.575$$

$$\tag{9.8}$$

となる。これらの偏相関係数の値を以下のように行列にしたものを**偏相関係数行列**と呼ぶ。

$$\mathbf{P} = \begin{pmatrix} - & & \\ r_{12\cdot3} & - & \\ r_{13\cdot2} & r_{23\cdot1} & - \end{pmatrix} = \begin{pmatrix} - & & \\ 0.028 & - & \\ -0.740 & -0.575 & - \end{pmatrix} \tag{9.9}$$

この場合も $r_{12\cdot3} = r_{21\cdot3}$ が成り立つので，対角線の下側だけを表示する。相関係数行列と区別するために，(9.9) 式では対角要素を "—" とした。

変数の数が 3 を超える場合は上の公式が使えないが，重回帰分析の残差同士の相関係数を偏相関係数とする考え方は成り立つ。実際には，重回帰分析を複数回実行する必要はなく，$\mathbf{R}$ の逆行列より $\mathbf{P}$ を求めて偏相関係数を計算できる。すなわち，相関係数行列 $\mathbf{R} = (r_{ij})$ とするとき，その逆行列を $\mathbf{R}^{-1} = (r^{ij})$

—逆行列では添え字を上付きにする— とすれば，x_i と x_j 以外のすべての変数を与えたときの x_i と x_j の偏相関係数は

$$r_{ij \cdot \text{rest}} = -\frac{r^{ij}}{\sqrt{r^{ii} \, r^{jj}}} \tag{9.10}$$

となる —rest は残りの変数という意味—。したがって，逆行列の対応する要素を 2 つの対角要素の平方根で割って基準化し，かつ符号を反転する。また，$r_{ii \cdot \text{rest}}$ を便宜的に -1 とする。

製造工程の例から離れて，4 変数の場合の計算例を以下に示す。表 9.3 の左に相関係数行列を，その逆行列を右に示す。

表 9.3 4 変数の例題

$$\mathbf{R} = \begin{pmatrix} 1.00 & & & \\ 0.80 & 1.00 & & \\ 0.80 & 0.64 & 1.00 & \\ 0.80 & 0.64 & 0.64 & 1.00 \end{pmatrix} \rightarrow \mathbf{R}^{-1} = \begin{pmatrix} 6.33 & & & \\ -2.22 & 2.78 & & \\ -2.22 & 0 & 2.78 & \\ -2.22 & 0 & 0 & 2.78 \end{pmatrix}$$

これより

$$r_{12 \cdot 34} = -\frac{-2.22}{\sqrt{6.33 \times 2.78}} = 0.53 \tag{9.11}$$

となる。同様にして各偏相関係数を計算すると，(9.12) 式のような偏相関係数行列が求まる。

$$\mathbf{P} = \begin{pmatrix} - & & & \\ r_{12 \cdot \text{rest}} & - & & \\ r_{13 \cdot \text{rest}} & r_{23 \cdot \text{rest}} & - & \\ r_{14 \cdot \text{rest}} & r_{24 \cdot \text{rest}} & r_{34 \cdot \text{rest}} & - \end{pmatrix} = \begin{pmatrix} - & & & \\ 0.53 & - & & \\ 0.53 & 0 & - & \\ 0.53 & 0 & 0 & - \end{pmatrix} \tag{9.12}$$

逆に (9.12) 式の右の行列から表 9.3 左の行列を求めることもできる。まず，$-\mathbf{P}$ の逆行列を計算する（表 9.4）。その対応する対角要素の平方根で割って基準化すれば r_{ij} が計算できる。

たとえば

$$r_{12} = \frac{3.37}{\sqrt{6.36 \times 2.79}} = 0.80 \tag{9.13}$$

となる。

表 9.4 相関に戻す場合

$$-\mathbf{P} = \begin{pmatrix} 1.00 & & & \\ -0.53 & 1.00 & & \\ -0.53 & 0 & 1.00 & \\ -0.53 & 0 & 0 & 1.00 \end{pmatrix}$$

$$(-\mathbf{P})^{-1} = \begin{pmatrix} p^{11} & & & \\ p^{12} & p^{22} & & \\ p^{13} & p^{23} & p^{33} & \\ p^{14} & p^{24} & p^{34} & p^{44} \end{pmatrix} = \begin{pmatrix} 6.36 & & & \\ 3.37 & 2.79 & & \\ 3.37 & 1.79 & 2.79 & \\ 3.37 & 1.79 & 1.79 & 2.79 \end{pmatrix}$$

JMPで偏相関係数を出力するには，"分析(A)"メニューの"多変量"の下位コマンドの"多変量の相関"をクリックし，変数を選択して分析を行う．表示された分析プラットフォームのタイトル"多変量"の左の赤い▼のメニューにある"偏相関係数行列"をクリックする．

9.2 グラフィカルモデリングとは

GMは，多変量データの関連構造を表す統計モデルをグラフによって表現する方法である．グラフは頂点とこれを結ぶ線で構成される．頂点は

図 9.4 GMの表記

変数を表し，線は変数間の直線的な関連，すなわち相関を意味する．線には向きのある矢線と向きのない線がある．矢線は因果的関連を，線は双方向関連を表す．

GMのグラフは，変数に関する知識とは無関係に，データが保有する関連情報（相関係数）に基づいて統計的に作られる．作成されたグラフを専門知識，先見情報と照らし合わせ，モデルの修正を加えることにより，現象への理解が深まるとともに，新たな問題が発見できるであろう．GMのグラフでは，2つの変数を結ぶ線の有無が条件付き独立 ―偏相関係数が0― という客観的基準で決められる．そのため，得られるグラフは独立グラフ ―変数間に因果の方向がないので無向グラフともいう― と呼ばれる．条件付き独立に基づいていることから，変数間の構造を局所的あるいは大局的に表現できる．

9.2.1 独立グラフ

多変量正規分布の下では,無相関と独立は同値である。このため,$\rho_{12\cdot 3} = 0$ は,x_3 を与えたときの x_1 と x_2 が条件付き独立であることを意味する。量的変数の GM は,多変量正規分布を仮定した下で,条件付き独立の関係を独立グラフで表現する方法である。

独立グラフは,変数を表す頂点と線で表現する。もしも,$r_{ij\cdot\text{rest}} = 0$ ならば,図 9.5 の上にあるように 2 つの頂点を線で結ばない。逆に $r_{ij\cdot\text{rest}} \neq 0$ ならば,図の下にあるように 2 つの頂点を線で結ぶ。表 9.5 の母相関係数行列 Π と母偏相関係数行列 Λ の関係を独立グラフで表現すれば,図 9.6 のようになる。

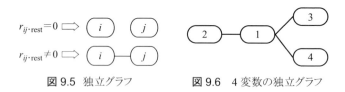

図 9.5 独立グラフ　　図 9.6 4 変数の独立グラフ

表 9.5 4 変数の内部構造

$$\Pi = \begin{pmatrix} 1.00 & & & \\ 0.80 & 1.00 & & \\ 0.80 & 0.64 & 1.00 & \\ 0.80 & 0.64 & 0.64 & 1.00 \end{pmatrix} \quad \Lambda = \begin{pmatrix} - & & & \\ 0.53 & - & & \\ 0.53 & 0 & - & \\ 0.53 & 0 & 0 & - \end{pmatrix}$$

9.2.2 因果グラフ

図 9.7 のような独立グラフが得られたとする。研究課題によっては,変数間に因果関係や時間的な制約を期待する。得られ

図 9.7 3 変数の独立グラフ

た独立グラフに,因果を示す矢線を付けたくなるのは自然である。矢線のある独立グラフを**因果グラフ**という。

＜例 1 ＞

サービスを伴う業務用商品の設計品質を x_2,業務用商品を取り巻くサービス品質を x_1,顧客満足度を x_3 とする。商品の設計品質が低下すると商品機能を維持するためにサービス員に負荷がかかり,結果としてサービス品質が低下

する．そのために顧客の期待に対する満足度が悪くなるのだとすれば，図 9.8 のような因果グラフで表すことができる．実際の関係には交互作用があり，上記のような単純な概念ではないのだが，その近似として図 9.8 を考える．

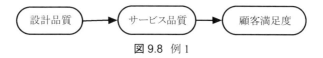

図 9.8　例 1

＜例 2＞

ソフトウエアの設計品質を x_1，トラブルの頻度を x_2，商品の使いやすさを x_3 とする．設計品質 x_1 がトラブルの頻度 x_2 と使いやすさ x_3 の両方に影響を与えている．この関係は図 9.9 のような因果グラフで表すことができる．

図 9.9　例 2

＜例 3＞

牛乳のパッケージが消費者に与える影響を調査したとき，安心感を x_2，購入意欲を x_1，健康感を x_3 とする．安心感 x_2 が増すと購入意欲 x_1 が高まり，健康的なイメージ x_3 が増すと購入意欲 x_1 が高まる．この関係は図 9.10 の因果グラフになる．

図 9.10　例 3

図 9.8〜図 9.10 のグラフは，因果の関係が独立グラフに追加された．偏相関係数から作られる独立グラフには方向性がないので，論理的な知見を加えないと図 9.8〜図 9.10 のどのタイプの因果グラフになるのかはわからない．さらに，その検証も必要となる．

また，因果関係のある場合の条件付き独立について注意がいる．図 9.10 において，因果グラフが V 字合流になっている．購入意欲（結果）を与えたときに原因である安心感と健康感とが条件付き独立であるというのは奇妙であり，

290

安心感と健康感に線が必要である。合点がいかない読者のために，重回帰式を例に考えてみよう。$\hat{y} = x_1 + 2x_2$ というモデルが得られたとき，結果 y を固定することを考える。たとえば，その値を 6 としよう。原因である x_1 に 2 を与えると，x_2 には 2 を与えなければ，目的の y は 6 にならない。つまり原因同士に関係が生じるのである。図 9.7 の独立グラフから図 9.10 を想定することは誤りである。

活用術 9.1：V 字合流

　　独立グラフから感覚的に因果グラフに書き換える場合には，V 字合流に注意する。合流先が結果である因果グラフでは，結果を条件付きにすると原因同士には関係が生じる。

9.2.3　共分散選択

n 個の標本から計算した標本相関係数行列が

$$\mathbf{R} = \begin{pmatrix} 1.000 & & \\ r_{12} & 1.000 & \\ r_{13} & r_{23} & 1.000 \end{pmatrix} = \begin{pmatrix} 1.000 & & \\ 0.826 & 1.000 & \\ -0.925 & -0.887 & 1.000 \end{pmatrix} \qquad (9.14)$$

となったとする。このとき標本誤差を考慮し

$$r_{13}\,r_{23} = (-0.925) \times (-0.887) = 0.8205 \approx r_{12} = 0.826 \qquad (9.15)$$

であると考えて，母集団での相関係数を $\rho_{13}\rho_{23} = \rho_{12} \Leftrightarrow \rho_{12 \cdot 3} = 0$ と推定してもよいだろう。このように，偏相関係数のいくつかを 0 と置いた相関構造モデルを採用するアプローチは**共分散選択**と呼ばれ，1972 年に Dempster によって提案された。偏相関係数は，相関係数行列 $\mathbf{R}$ の逆行列 $\mathbf{R}^{-1}$ を求めて，対角要素による基準化を行い，かつ -1 を掛けることで得られる。つまり，偏相関係数が 0 であることは，相関係数行列の逆行列の対応する要素が 0 になることである。(9.14) 式の偏相関係数行列を求めると

$$\mathbf{P} = \begin{pmatrix} - & & \\ r_{12 \cdot 3} & - & \\ r_{13 \cdot 2} & r_{23 \cdot 1} & - \end{pmatrix} = \begin{pmatrix} - & & \\ 0.028 & - & \\ -0.740 & -0.575 & - \end{pmatrix} \qquad (9.16)$$

となる。ここで，$r_{12 \cdot 3}$ は 0.028 と小さいので，母偏相関係数を $\rho_{12 \cdot 3} = 0$ とした相関構造モデルを採用する。問題は，そのときに他の母相関係数がどのように

変化するかである。

活用術 9.2：Dempster の定理
1. $\rho_{12\cdot3}$（x_1 と x_3 の母偏相関係数）は制約により 0 である
2. 制約のない (x_1, x_3), (x_2, x_3) の相関係数は，それぞれ元のままである

Dempster の定理による共分散選択を行うために，Stat Works では 1977 年に Wermuth & Scheidt によって提案されたアルゴリズムを使っている。GM は，標本相関係数行列から計算した偏相関係数行列を**フルモデル（FM）**—いずれの 2 変数間の関係にも条件付き独立性を示すものはない— として，共分散選択により，偏相関係数の絶対値最小の要素を 0 として，逐次的にモデルを構築していく。これは重回帰分析の**変数減少法**に対応する。Stat Works も基本は変数減少法であるが，途中で 0 とした偏相関係数を戻す機能があるため，**変数減増法**としても対処できる。また，すべての偏相関係数を 0 としたものが**ナルモデル（NM）**—変数はすべて独立— である。探索しているモデルは，FM と NM の間の，FM に対する**縮約モデル（RM）**である。

図 9.11 は 3 変数の共分散選択の例を示したものである。上段に独立グラフ，中段に母相関係数の推定値，下段に偏相関係数の推定値を対応させている。①から④は，FM から始まって偏相関係数の絶対値の小さいものから順次 0 と置いていき，NM に至るまでを示したものである。どのモデルを採択してよいか

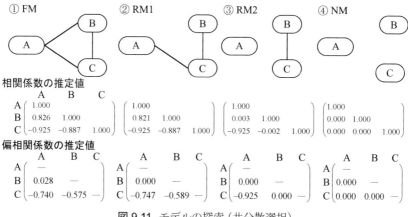

図 9.11 モデルの探索（共分散選択）

292

を判断するための指標は次の 9.2.4 で紹介するが，①の FM から②の RM1 で
は相関係数行列の変化は小さく，②の RM1 から③の RM2 への変化は大きい
ので，②の RM1 を採択するのがよいと想像がつく。

[活用術] 9.3：共分散選択の指針
- 偏相関係数を 0 と置いても相関係数の推定値は必ずしも 0 にならない。
- グラフで線がある変数間の相関係数の推定値は標本相関係数のままである。

9.2.4　モデルの適合度

共分散選択を順次行って，偏相関係数のいくつかを 0 と置いた i 番目の
RM (i) を採択していく際に，得られた RM (i) が妥当であるか，すなわち RM (i)
がデータによく適合しているかどうかを定量的に評価したい。そのための指標
に逸脱度がある。共分散選択により得られた RM (i) の相関係数行列を $\hat{\mathbf{\Pi}}_{(i)}$ で
表すとき

$$\mathrm{dev}\{\mathrm{RM}\,(i)\} = n \log \frac{|\hat{\mathbf{\Pi}}_{(i)}|}{|\mathbf{R}|} \tag{9.17}$$

を逸脱度と呼ぶ。ここで，| | は行列式を，n はデータ数を，$\mathbf{R}$ は標本相関係
数行列を表す。逸脱度は，偏相関係数を 0 と置いた数 df を自由度とするカイ
2 乗分布に近似的に従うことを用いて検定する。また，逸脱度は 1 つ前に採択
した RM $(i-1)$ に対しても計算できる。

$$\mathrm{dev}\{\mathrm{RM}\,(i), \mathrm{RM}\,(i-1)\} = \mathrm{dev}\{\mathrm{RM}\,(i)\} - \mathrm{dev}\{\mathrm{RM}\,(i-1)\} \tag{9.18}$$

検定の理屈によると，有意であれば，統計的に偏相関係数はゼロではないと
言える。しかし，有意でない場合には，偏相関係数はゼロであると言いきれな
い。そこで，活用術 9.4 を提案する。

[活用術] 9.4：モデル選択のための逸脱度基準
- FM に対しては p 値 = 0.5 を
- RM $(i-1)$ に対しては p 値 = 0.2〜0.3 を
共分散選択の目安とする。

図 9.11 の例における母偏相関係数行列の推定値は

$$\hat{\boldsymbol{\Lambda}} = \begin{pmatrix} — & & \\ \rho_{12\cdot3} & — & \\ \rho_{13\cdot2} & \rho_{23\cdot1} & — \end{pmatrix} = \begin{pmatrix} — & & \\ 0.000 & — & \\ -0.747 & -0.589 & — \end{pmatrix} \tag{9.19}$$

と計算できるから，逸脱度と p 値は dev (RM1) = 0.06 (df = 1)，p = 0.81 となる。これより，母偏相関係数を $\rho_{13\cdot2}$ = 0 とした相関構造モデルを採用することが妥当であるとする。この条件下での相関係数行列の推定値は

$$\hat{\boldsymbol{\Pi}} = \begin{pmatrix} 1.000 & & \\ \rho_{12} & 1.000 & \\ \rho_{13} & \rho_{23} & 1.000 \end{pmatrix} = \begin{pmatrix} 1.000 & & \\ 0.821 & 1.000 & \\ -0.925 & -0.887 & 1.000 \end{pmatrix} \tag{9.20}$$

となる。

ところで，(9.17) 式からわかるように，逸脱度は n に影響を受ける指標である。n が多くなれば，それだけ 5 % 有意になりやすい。Stat Works では n に影響を受けない指標として，**適合度指標**を逸脱度に加えて出力する。GFI は FM の相関係数と RM (i) の相関係数の当てはまりの良さを表すもので

$$\text{GFI} = 1 - \frac{\text{tr}\left[\left\{\hat{\boldsymbol{\Pi}}_{(i)}^{-1}\left(\mathbf{R} - \hat{\boldsymbol{\Pi}}_{(i)}\right)\right\}^2\right]}{\text{tr}\left[\left\{\hat{\boldsymbol{\Pi}}_{(i)}^{-1}\mathbf{R}\right\}^2\right]} \tag{9.21}$$

で計算する。AGFI は GFI に自由度のペナルティを課したものである。

$$\text{AGFI} = 1 - \frac{p(p+1)}{2df}(1 - \text{GFI}) \tag{9.22}$$

NFI は，RM (i) の逸脱度が FM の逸脱度と NM の逸脱度の間のどの位置にあるかを相対的に表したものである。

$$\text{NFI} = 1 - \text{dev}\{\text{RM}(i)\}/\text{dev}(\text{NM}) \tag{9.23}$$

SRMR は相関係数の残差で，その値が小さいほうが良いモデルとされる。

$$\text{SRMR} = \sqrt{\frac{2}{p(p+1)}\sum_{i \leq j}\left(r_{ij} - \hat{\rho}_{ij}\right)^2} \tag{9.24}$$

ここに，r_{ij} は FM の相関係数行列の要素，ρ_{ij} は RM (i) の相関係数行列の要素である。Stat Works により共分散選択を行う場合には，少量データなら p 値，大量データなら GFI で RM を採択するとよいだろう。

9.3 グラフィカルモデリングの実際

GM の基本的な考えかたが整理できたところで，独立グラフによるモデリングや，因果グラフからの**因果分析**の実際について，例題で紹介しよう。分析に用いるいくつかのデータは，「市販乳の外観イメージ，他（**GM**）」に保存されている。

9.3.1 独立グラフによる分析

2001 年に廣野・真柳が行動計量学会で発表した研究のデータを引用し，独立グラフのモデリングを紹介する。データは，市販乳 12 商品の外観と商品情報について，108 名の女子学生が 21 の項目に 7 段階評点尺度で回答した官能評価データである。データ形式は（市販乳・評価者）× 評価項目 の 1296 行 21 列のデータテーブルである。廣野・真柳では，これらを因子分析の斜交回転と呼ばれる方法により分析し，2 から 4 の変数を説明する 8 つの因子を抽出している。ここでは，抽出された 8 因子の中から 6 因子 —すなわち，中身・価格・見た目・安心感・新規性・高脂質— を選んで GM を行う。データは相関係数行列で，「市販乳の外観イメージ」[U] にある。変数の意味は以下のとおりである。

- 中身：中身のイメージで "おいしそう" や "飲みやすい" といったもの
- 価格："値ごろ感がある" や "お買い得である" といったもの
- 見た目："見た目が良い" といったもの
- 安心感："安心である" や反対に "不安である" といったもの
- 新規性："目新しい" や "新商品である" といったもの
- 高脂質："太りそう" や "カロリーが高そう" といったもの

はじめに 6 つの因子（以下，変数と記す）の相関係数行列を図 9.12 の下に示す。この相関係数行列を出発点とする。図上のグラフは独立グラフではない。このグラフは相関係数の絶対値が 0.1 以上の変数を線で結んだものである。実線は相関係数の絶対値が 0.4 を超えるものとしている。

これから，偏相関の大きさに着目して，変数間の内部構造を探索していくが，図から，変数の "見た目" が鍵となる —すなわち線の出入りが多い— と思われる。以下に偏相関係数を示す。

9章 グラフィカルモデリング（GM）　　295

$$\begin{pmatrix} & 中身 & 価格 & 見た目 & 安心感 & 新規性 & 高脂質 \\ 中身 & — \\ 価格 & 0.044 & — \\ 見た目 & 0.313 & 0.045 & — \\ 安心感 & 0.186 & 0.075 & 0.546 & — \\ 新規性 & 0.108 & 0.099 & 0.100 & -0.387 & — \\ 高脂質 & 0.100 & -0.471 & 0.371 & -0.165 & \underline{-0.006} & — \end{pmatrix}$$

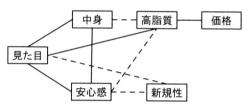

	中身	価格	見た目	安心感	新規性	高脂質
中身	1.0000	-0.0230	0.5620	0.4520	-0.0370	0.2730
価格	-0.0230	1.0000	-0.0840	0.0580	0.0630	-0.4760
見た目	0.5620	-0.0840	1.0000	0.6400	-0.1330	0.4180
安心感	0.4520	0.0580	0.6400	1.0000	-0.3660	0.1190
新規性	-0.0370	0.0630	-0.1330	-0.3660	1.0000	-0.0260
高脂質	0.2730	-0.4760	0.4180	0.1190	-0.0260	1.0000
STD DE	1.0000	1.0000	1.0000	1.0000	1.0000	1.0000
MEAN	0.0000	0.0000	0.0000	0.0000	0.0000	0.0000

図 9.12　市販乳の外観イメージ

偏相関係数の絶対値が小さいものが，独立グラフで線が切れる候補である。偏相関係数を強制的 0 にすることは，グラフの線を切ることに等しいため，GM では「線の切断」ということがある。偏相関係数の絶対値が最小なのは"新規性"と"高脂質"の −0.006 であり，非常に小さい値である。偏相関係数行列では下線を引いている。これを切断しよう。また，標本のサイズが $n = 1296$ と大きいので，逸脱度基準ではなく，GFI 基準によりモデリングする。

第 1 回目の線の切断を行うと図 9.13 が得られる。逸脱度，GFI いずれの指標も良好であるので，このモデルは採択される。このときの標本相関係数とモデルでの相関係数の差異は，図の上三角に破線で囲まれた値 −0.004 だけである。

296

```
データ数：1296
フルモデルとの比較　　：逸脱度＝0.046　　自由度＝1　　P値＝0.8302
直前のモデルとの比較　：逸脱度＝0.046　　自由度＝1　　P値＝0.8302
適合度指標　：GFI＝1.000　　AGFI＝1.000　　NFI＝1.000　　SRMR＝0.001
```

下三角：偏相関係数　　上三角：相関係数の残差

		中身	価格	見た目	安心感	新規性	高脂質
V1	中身	***					
V2	価格	0.04327	***				
V3	見た目	0.31339	0.04458	***			
V4	安心感	0.18583	0.07631	0.54524	***		
V5	新規性	0.10755	0.10175	0.09745	-0.38658	***	-0.00422
V6	高脂質	0.09960	-0.47167	0.37007	-0.16313	0.00000	***

図 9.13　第 1 回目の切断

　続いて第 2 回目の切断を行う。偏相関係数の絶対値が最小なのは "中身" と "価格" の 0.043 であるから，これを切断する。図 9.14 から，標本相関とモデルの相関の差異は −0.003 と 0.030 とわずかであるが，逸脱度基準では p 値が 0.11 となり，5％ 有意ではないものの不適と判断される。このため，指針どおり GFI と SRMR の値に着目して線の切断を行っていく。図を見ると，"価格" と "見た目" の偏相関係数が絶対値で最小であるから，これを切断する。

```
データ数：1296
フルモデルとの比較　　：逸脱度＝2.479　　自由度＝2　　P値＝0.2896
直前のモデルとの比較　：逸脱度＝2.433　　自由度＝1　　P値＝0.1188
適合度指標　：GFI＝0.999　　AGFI＝0.993　　NFI＝0.999　　SRMR＝0.007
```

下三角：偏相関係数　　上三角：相関係数の残差

		中身	価格	見た目	安心感	新規性	高脂質
V1	中身	***	0.03035				
V2	価格	-0.00000	***				
V3	見た目	0.31528	0.05819	***			
V4	安心感	0.18926	0.08408	0.54319	***		
V5	新規性	0.11215	0.10561	0.09635	-0.38762	***	-0.00292
V6	高脂質	0.07958	-0.46850	0.37686	-0.16050	0.00000	***

図 9.14　第 2 回目の切断

　このように，順次，絶対値最小の偏相関係数を 0 と置き，グラフ上で線を切断していく。10 回の切断の後，GFI が 0.956，SRMR が 0.073 となったので，モデル選択を終了する。この時点での偏相関のモデルは図 9.15 のようになっている。若干，線を切断しすぎたきらいがあるものの，GFI 基準によってこのモデルを選択する。独立グラフと相関係数の推定値は図 9.16 に示すとおりである。

```
データ数：1296
フルモデルとの比較    : 逸脱度=190.117   自由度=10   P値=0.0000
直前のモデルとの比較  : 逸脱度=60.041    自由度=1    P値=0.0000
適合度指標  : GFI=0.956   AGFI=0.907   NFI=0.911   SRMR=0.073
```

下三角：偏相関係数　　　上三角：相関係数の残差

		中身	価格	見た目	安心感	新規性	高脂質
V1	中身	***	0.08881		0.09231	0.09465	0.03809
V2	価格	0.00000	***	0.11496	0.18533	0.01640	
V3	見た目	0.44162	0.00000	***		0.10124	
V4	安心感	0.00001	0.00001	0.51823	***		-0.14851
V5	新規性	-0.00000	0.00000	0.00000	-0.28927	***	0.07190
V6	高脂質	-0.00000	-0.44125	0.26838	-0.00001	0.00000	***

図 9.15　第 10 回目の切断

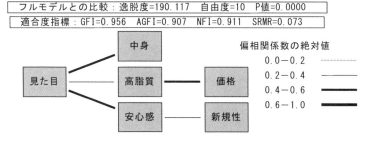

	中身	価格	見た目	安心感	新規性	高脂質
中身	1.0000	-0.1118	0.5620	0.3597	-0.1316	0.2349
価格	-0.1118	1.0000	-0.1990	-0.1273	0.0466	-0.4760
見た目	0.5620	-0.1990	1.0000	0.6400	-0.2342	0.4180
安心感	0.3597	-0.1273	0.6400	1.0000	-0.3660	0.2675
新規性	-0.1316	0.0466	-0.2342	-0.3660	1.0000	-0.0979
高脂質	0.2349	-0.4760	0.4180	0.2675	-0.0979	1.0000
STD D	1.0000	1.0000	1.0000	1.0000	1.0000	1.0000
MEA	0.0000	0.0000	0.0000	0.0000	0.0000	0.0000

図 9.16　得られた独立グラフ (上) と母相関係数の推定値 (下)

　図 9.15 と図 9.16 より，やはり変数の"見た目"が鍵になっており，"見た目"を条件付きにすることで，"中身"と"(高脂質，価格)"と"(安心感，新規性)"の 3 つのグループが独立関係になっていることがわかる。"見た目"の良さが"中身"や"安心感"や"高脂質"と関係があるというモデルは自然なものである。また，"安心感"と"新規性"には負の偏相関があり，市販乳にとって"新規性"というのは概して良いイメージではないことが示唆される。さらに，"高脂質"である市販乳は"価格"と負の偏相関を持つことなど，6 つの変数の内部構造が簡略化されたモデルが得られた。

GMでは，観測された変数のみで，変数間の内部構造を簡略化できるので，得られた独立グラフも直感的に解釈しやすい。主成分分析や因子分析は相関の情報 —表 (おもて) からの攻略— を使って合成変数や潜在因子により次元の縮約を行う方法であるため，表線形モデルと言える。これに対してGMは偏相関の情報 —裏からの攻略— を使って直接的に次元の縮約を行う方法であるから，裏線形モデルと言える。両者を賢く使いこなすことにより，複雑な変数関係の単純化による問題解決のアイデアが発見できるかも知れない。

　もうひとつ例を示す。日本の気候は四季折々の姿を見せる。また地域により自然の移ろいも色々な風情を見せる。「降水日」[U] には，戦時中を除く1927年〜2016年までの主要都市の降水日/年のデータが記されている。図9.17は各都市の降水日/年の箱ひげ図とヒストグラムである。年間を通じて青森・新潟・金沢の降水日数が多く，1年のうちで約半分が降水日である。これらの都市は冬場に雪の多く降る地域にある。逆に，仙台・水戸・東京…和歌山・広島は降水日数の少ない地域であり，1年のうちで降水日は1/3程度である。いま，降水日/年のデータから各都市の関連性を直接表現できないかを考える。分析の出発点は表9.6の右上三角の相関係数行列と，左下三角の偏相関係数である。ここでは，偏相関係数の絶対値が0.2以下を0と置く基準で独立グラフを作成した。その結果が図9.18である。見事な日本地図ができた。このような関係性は主成分分析からは発見することができない。読者は「降水日」のデータで主成分分析を実行してみてほしい。

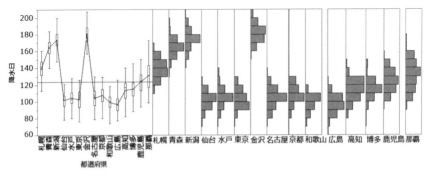

図9.17　都道府県で層別した降水日の箱ひげ図とヒストグラム

表 9.6 相関係数（右上三角）と偏相関係数（左下三角）

	札幌	青森	新潟	仙台	金沢	水戸	東京	名古屋	京都	和歌山	広島	高知	博多	鹿児島	那覇
札幌		0.318	0.148	-0.060	0.126	-0.021	-0.099	0.027	-0.141	-0.056	0.023	-0.097	0.103	0.072	-0.032
青森	0.282		0.417	-0.024	0.375	-0.098	-0.242	-0.103	-0.275	-0.132	-0.121	-0.186	-0.244	-0.066	0.200
新潟	0.011	0.163		0.437	0.691	0.278	0.156	0.269	0.113	0.173	0.233	-0.037	0.097	0.227	0.104
仙台	-0.125	0.003	0.303		0.409	0.562	0.537	0.405	0.395	0.342	0.355	0.203	0.373	0.325	0.116
金沢	-0.035	0.270	0.504	0.011		0.360	0.214	0.346	0.277	0.256	0.226	0.049	0.230	0.332	0.198
水戸	0.099	-0.037	-0.018	0.190	0.173		0.775	0.523	0.488	0.454	0.409	0.276	0.306	0.251	0.157
東京	-0.053	-0.141	-0.050	0.199	-0.093	0.604		0.627	0.586	0.595	0.499	0.422	0.408	0.271	0.104
名古屋	0.169	0.016	0.147	-0.043	0.069	-0.028	0.231		0.756	0.668	0.646	0.521	0.514	0.326	0.085
京都	-0.188	-0.194	-0.195	0.066	0.184	0.080	-0.067	0.454		0.757	0.702	0.662	0.634	0.512	0.047
和歌山	-0.020	0.108	0.075	-0.090	0.021	-0.039	0.229	0.046	0.296		0.685	0.667	0.585	0.436	0.033
広島	-0.019	0.116	0.265	-0.069	-0.181	0.086	0.004	0.116	0.160	0.097		0.645	0.708	0.492	-0.043
高知	-0.075	0.075	-0.144	-0.032	-0.128	-0.069	0.030	0.038	0.141	0.272	0.249		0.565	0.486	0.102
博多	0.222	-0.224	-0.234	0.207	0.143	-0.117	0.002	0.082	-0.022	0.096	0.410	-0.007		0.712	-0.025
鹿児島	0.041	0.006	0.184	-0.016	0.077	0.012	-0.031	-0.252	0.206	-0.055	-0.097	0.189	0.553		0.184
那覇	-0.087	0.183	-0.090	0.028	0.078	0.080	0.037	0.101	-0.052	-0.057	-0.128	0.134	-0.124	0.235	

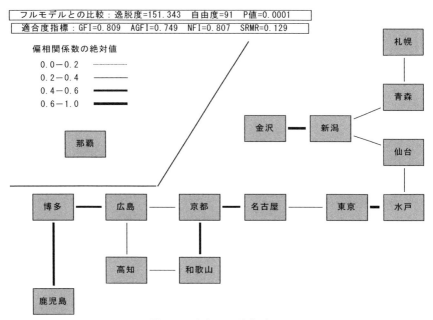

図 9.18 降水日の独立グラフ

9.3.2 因果グラフによる分析

GM の醍醐味は，独立グラフよりも，ここで紹介する因果グラフによる因果分析の応用にある．因果グラフは，条件付独立性に着目して，因果の順に段階

的に独立グラフを繰り返し求める方法である。因果分析は，事前に想定した因果モデルを，観測されたデータで検証する方法であるが，実際は確証的にモデリングすることは困難をきわめる。むしろ漠然とした仮説から探索的に因果関係を成長させていくのが，データ分析の研究態度である。これに最もふさわしい手法の1つが因果グラフによるモデリングである。

　紹介する例題は，ある企業が行った従業員満足度の調査から，職場における部下から見た上司のかかわりについてのアンケート結果（「従業員満足度」[U]）である。項目は10項目あり，それぞれ5段階評点のデータである。以下に10の変数について説明する。

- 指示：業務への適切な指示の与えかた
- 活用：業務結果や資料の有効活用
- 内容：業務内容の把握
- 評価：部下の仕事の適切な評価
- 受入：部下の仕事結果の受け入れ
- 進捗：業務の進捗管理
- 会話：部下との会話
- 気遣：部下への気遣い
- 叱咤：部下の仕事ぶりへの励まし
- 非難：部下の仕事ぶりのまずさへの叱責

（1）モラルグラフ

　あらかじめ，変数間に因果関係がわかっているならば，後述する因果グラフのステップに従ってモデリングを行えばよい。

　いまは，変数間の因果関係が漠然としかわかっていないとする。このようなときは，はじめに GM による独立グラフを作成する。独立グラフから勝手な因果グラフを作る危険性については 9.2.2 で述べた。そこで，独立グラフと矛盾しない因果グラフとはどのようなものかを考えるために，**モラルグラフ**という概念を導入する。

　因果グラフにおけるすべての**因果合流点**について，合流する矢線の元となる2つの変数を線で結び，すべての矢線を線に置き換えたものがモラルグラフである。このようにして作成されたモラルグラフは，想定している因果グラフが真の因果関係を表している場合にどのような独立グラフになるかを示したものである。これは理屈の上の話であり，実際のデータ分析では標本誤差から両者が完全には一致しないこともある。しかし，モラルグラフは大きな手掛かりになる。

(2) 因果仮説の構築

いま，10変数についての独立グラフが図9.19の上のように得られたとする。この独立グラフをモラルグラフと考えたときに，これを満たすような因果グラフはどのようなものであるかを思い浮かべつつ候補を探索する。この場合，モラルグラフの頂点の位置を動かしたり，ブレーンストーミングしたりして，できるかぎりモラルグラフの形を崩さないように因果の向きを想定したのが図の下のグラフである。破線部分は，独立グラフでは切断された線であり，差異が生じている部分である。

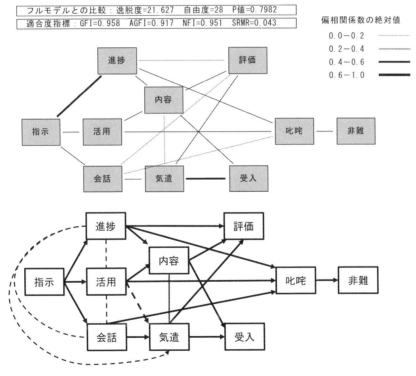

図 9.19 独立グラフ（上）からの因果モデル（下）の想定

(3) 因果仮説の探索的検証

変数間の順番がある程度想定できたので，階層的な GM を行う。このようなグラフを因果グラフという。想定した階層は以下に示す5階層である。

$$b(1) = \{指示\}$$
$$b(2) = \{進捗, 活用, 会話\}$$
$$b(3) = \{内容, 気遣\}$$
$$b(4) = \{評価, 叱咤, 受入\}$$
$$b(5) = \{非難\}$$

＜STEP 1＞

$b(1)$ での独立グラフを作成する。変数が1つであるので，そのままとする。

＜STEP 2＞

$b(1) + b(2)$ で独立グラフを作成する。このとき $b(1)$ 内の要素については切断しない。これは V 字合流に伴う処置である。重回帰分析においても変数選択は，y と説明変数 $x_1, x_2, \cdots, x_p$ 間が対象であったことを思い出そう。説明変数間の関係は放置されていたはずである。図 9.20 は STEP 2 の結果である。逸脱度基準，GFI 基準，共に良好である。

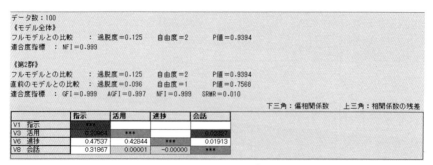

図 9.20 STEP 2 の結果

＜STEP 3＞

$b(1)$ から $b(2)$ へは線を矢線に変える。$b(1)$ 内は STEP 1 の結果に置き換える。$b(1)$ は変数が"指示"の1つであるから，そのままである。その結果を図 9.21 に示す。

9 章　グラフィカルモデリング（GM）　303

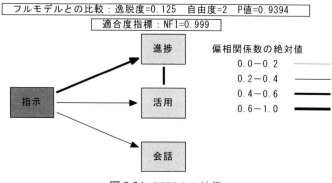

図 9.21　STEP 3 の結果

＜STEP 4＞

$b(1)+b(2)+b(3)$ で独立グラフを作成する。ここで $b(1)+b(2)$ の要素は切断しない。理由は STEP 2 と同じである。共分散選択の結果，図 9.22 を得た。図において，逸脱度基準ではあてはまりが不適であるが，GFI や SRMR の指標は良好なので，このモデルを採択する。

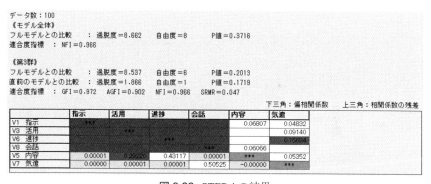

図 9.22　STEP 4 の結果

＜STEP 5＞

$b(1)+b(2)$ から $b(3)$ へは線を矢線に変える。$b(1)+b(2)$ は STEP 3 の結果に置き換えて図 9.23 を得る。なお，矢線などの置き換えはソフトウエアが自動的に行う。

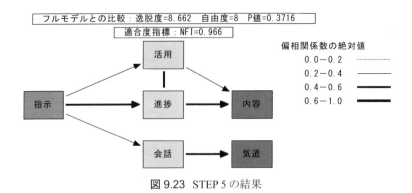

図 9.23 STEP 5 の結果

＜ STEP 6 ＞

$b(1)+\cdots+b(4)$ で独立グラフを作成する。$b(1)+b(2)+b(3)$ 内の要素は切断しない。図 9.24 が STEP 6 のモデル選択の結果である。共分散選択の結果，仮説とは異なり，"内容"から"受入"の線が採択された。また，仮説では"進捗"から"受入"の矢線を想定したが，見事に切断されてしまった。このあたりがデータ分析の妙で，独立グラフから因果を設定する危険性でもある。因果グラフでの仮説検証は，モデリングには必要な分析過程である。

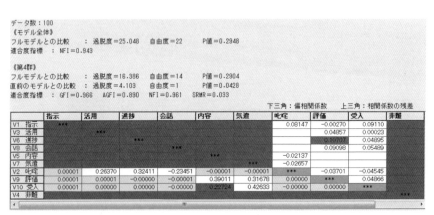

図 9.24 STEP 6 の結果

＜ STEP 7 ＞

$b(1)+b(2)+b(3)$ から $b(4)$ へは線を矢線に変える。$b(1)+b(2)+b(3)$ 内は STEP 5 の結果に置き換えて，図 9.25 の因果グラフを得る。

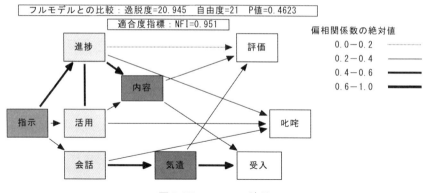

図 9.25　STEP 7 の結果

＜ STEP 8 ＞

変数のすべてでモデリングする。このとき，いままでと同様に，$b(1)+\cdots+b(4)$ 内の要素は切断しない。共分散選択の結果，“叱咤”と“非難”の線が残り，後はすべて切断された。図 9.26 がその結果である。

データ数：100
《モデル全体》
フルモデルとの比較　：逸脱度=23.743　自由度=29　P値=0.7415
適合度指標　：NFI=0.946

《第5群》
フルモデルとの比較　：逸脱度=2.798　自由度=8　P値=0.9464
直前のモデルとの比較　：逸脱度=1.153　自由度=1　P値=0.2829
適合度指標　：GFI=0.995　AGFI=0.962　NFI=0.994　SRMR=0.020

下三角：偏相関係数　上三角：相関係数の残差

	指示	活用	進捗	会話	内容	気遣	叱咤	評価	受入	非難
V1　指示	***									-0.00010
V3　活用		***								0.06772
V6　進捗			***							0.08228
V8　会話				***						0.05828
V5　内容					***					0.06605
V7　気遣						***				0.00254
V2　叱咤							***			
V9　評価								***		0.04116
V10　受入									***	0.01034
V4　非難	0.00001	0.00001	-0.00000	0.00000	0.00000	0.00001	0.29799	0.00001	0.00001	***

図 9.26　STEP 8 の結果

＜ STEP 9 ＞

$b(1)+\cdots+b(4)$ から $b(5)$ へは線を矢線に変える。$b(1)+\cdots+b(4)$ 内は STEP 7 の結果に置き換えて，図 9.27 を得る。図に示された数値は，このモデル全体での逸脱度指標と NFI 指標である。逸脱度指標の p 値は 0.74 であるか

ら，全体のモデルとしてはあてはまりが良いことがわかる。NFI は 0.95 であるから，モデルはデータによくあてはまっているとする。

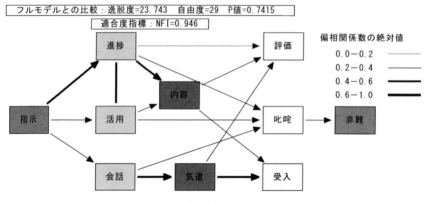

図 9.27 最終的な因果グラフ

(4) まとめ

こうして，因果仮説の検証が終わった。重回帰分析は階層的な構造や解釈が不得意であり，説明変数間の関係については，海に漂う氷山のごとく，海面下の状況が海上からはまったくわからない。しかし，因果グラフで分析することにより，階層的な因果関係がよりはっきりと定量化できる。このような GM の分析は探索的な因果分析であり，得られた因果グラフに基づいて，**構造方程式モデル（SEM）**作成への架け橋になる。

9.3.3 商品使用満足度の因果分析

図 9.28 は，「商品使用満足度」[U] のデータを使い，購入時の重要度を (0, 1) の 2 値データとし，購入ブランド別に因果グラフを作成したものである。図中の線や矢線に付随する数値は SEM を使って推定した値（**パス係数**）である。個別満足度の内部構造の評価は 3 章の練習問題に取り上げた。購入重要度と購入ブランドの関係は 6 章で多重ロジット判別により評価した。個別満足度と商品満足度の関係は 8 章の重回帰分析で議論した。分析の方法や目的は，それぞれ異なるものの，9 章で扱う因果分析により，はじめて有機的につながった。

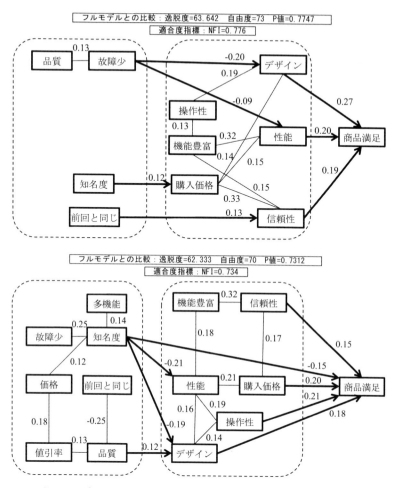

図 9.28 商品使用満足度の因果グラフ（上：ACE，下：Champion）

　図 9.28 をブランド別に考察しよう．図の上が ACE の因果グラフである．商品満足への直接効果は（デザイン・性能・信頼性）の 3 つで，いずれもパス係数は正値でデザイン性の影響が強い．次に，個別満足の内部構造を調べよう．変数間に線が引かれたところは自然な解釈ができる．たとえば，操作性とデザインの間，機能豊富と性能の間，などである．また，購入価格は（デザイン・性能・信頼性）を介して商品満足に間接効果があるから，購入した金額に見合

う以上の品質（デザイン・性能・信頼性）を感じれば，商品満足が高いという構造である。さらに，購入重要度の構造を調べよう。グラフでは煩雑さを防ぐ意味で，重要度と満足度の関係が認められる 4 変数についてのみ表示している。故障の少なさと（デザイン・性能）のパス係数が負である。これは，故障の少なさを重視した顧客よりも無反応であった顧客のほうが，平均的にデザインと性能の満足度が高かったというだけで，故障を気にしないという意味ではない。全体的に，ACE はデザインが良く信頼性の高いリーズナブルなブランドという認識である。

　図の下は Champion の因果グラフである。こちらの内部構造は ACE に比べて複雑である。特徴的な点は，個別満足度はバランス良く商品満足に影響を与えていること，ACE と異なり購入価格と商品満足に直接効果があること，購入重要度の知名度から（商品満足・性能・デザイン）に直接効果があり，それらのパス係数が負値であることなどである。調べてみると，Champion の知名度に反応しなかった 50 名（全体の約 25 ％）は，Champion を使った結果，商品満足と性能に関して平均的に 4 点という高い満足を感じている。これは，利活用によって生まれた Champion の経験価値の高さを物語っている。

　このように，因果グラフでは階層的に因果構造を定量化できるために，論理的なマーケティング戦略に役立つのである。

参考文献

本書を執筆するにあたり参考にした文献や，本書の次に読むとためになる書籍をいくつか紹介する。ここには挙げていないが，JMP ユーザーズガイドや JMP 統計およびグラフ機能ガイドなども大いに参考となる。

（A）統計的方法

[1]［2］が JMP に関する書籍であり，本書と併せて読むと JMP の機能の理解が深まる。［3］［5］は統計的な理屈を知りたい読者に最適で，教科書というよりトピックスや副読本によい。［4］は Excel を活用した統計的データ分析の基礎を理解するのによい。

- ［1］慶応 SFC データ分析教育グループ（編）『データ分析入門』第 7 版（JMP 7.0 日本語版対応），慶応義塾大学出版会（2008）
- ［2］田久浩志，林俊克，小島隆矢『JMP による統計解析入門』第 2 版，オーム社（2006）
- ［3］永田靖『統計的方法のしくみ』日科技連出版社（1996）
- ［4］中村美枝子，綿谷倫子，浅野美代子，廣野元久，瀧澤武信『Excel で楽しむ統計』共立出版（2004）
- ［5］宮川雅巳『統計技法』共立出版（1998）

（B）多変量解析全般

[1]は市場調査の分野の事例が多く，文系の学生や事務営業系のスタッフに参考になる。［2］［3］は理工系の学生や技術者を対象とした書籍で，数理的な内容もしっかり書かれている。［4］は多変量解析の手法についてコンパクトにまとめられている。いずれも理屈を理解するには良い本であり，本書よりもやや高度な内容である。

- ［1］朝野熙彦『入門多変量解析の実際』講談社（1996）
- ［2］圓川隆夫，宮川雅巳『SQC 理論と実際』朝倉書店（1992）
- ［3］奥野忠一，久米均，芳賀敏郎，吉澤正『改訂 多変量解析法』日科技連出版社（1981）
- ［4］永田靖，棟近雅彦『多変量解析法入門』サイエンス社（2001）

（C）やや高度なレベルの多変量解析法

特定の手法に焦点を当てたやや高度な内容となっている。[1][2]は，本書では触れなかったが構造方程式モデルに関するわかりやすい書籍である。[3]は重回帰分析に関する内容が充実した良書である。[2][4][5][7]はグラフィカルモデリングに関する書籍で，[5]は理論的な書である。[7]は，StatWorks の操作を含めた解説書である。[6]は，PLS など化学分析などで活用される新しい多変量解析の手法が紹介されている。

[1] 狩野裕『グラフィカル多変量解析：目で見る共分散構造分析』現代数学社（1997）

[2] 小島隆矢『Excel で学ぶ共分散構造分析とグラフィカルモデリング』オーム社（2003）

[3] 佐和隆光『回帰分析』朝倉書店（1979）

[4] 日本品質管理学会テクノメトリックス研究会（編）『グラフィカルモデリングの実際』日科技連出版社（1999）

[5] 宮川雅巳『グラフィカルモデリング』朝倉書店（1997）

[6] 宮下芳勝，佐々木慎一『ケモメトリックス―化学パターン認識と多変量解析』共立出版（1995）

[7] 山口和範，廣野元久『SEM 因果分析入門』日科技連出版社（2011）

（D）データマイニング手法

データマイニングや非線形多変量解析に関する書籍である。[1]は自己組織化マップやニューラルネットワークの話題が書かれたものである。[2]はデータマイニングに関する代表的な邦訳である。決定分析やクラスター分析などが紹介されている。いずれも訳本である。

[1] T. コホネン（徳高平蔵ほか訳）『自己組織化マップ』シュプリンガー・フェアラーク東京（1996）

[2] ゴードン S・リノフ，マイケル J・A・ベリー（江原淳ほか訳）『データマイニング手法』3 訂版，海文堂出版（2014）

索　引

【アルファベット】

AGFI　293

AID　209, 211

Box-Cox 変換　29

CART　209, 210

CHAID　209, 211

Dempster の定理　291

F 値　182, 239, 260

GFI　293

GH バイプロット　92

Gini の多様性指数　210

Gini 比　210

GINI 法　210

JK バイプロット　92

k-means 法　151, 158, 164

L–R プロット　247

L–SR プロット　247

NFI　293

p 値　42, 54, 61, 182, 239

PLS　254

R2 乗　238

RMSE　238, 260

SD 尺度　187

Shapiro-Wilk 検定　21

SRMR　293

t 検定　61

t 値　44, 239, 260

V 字合流　289

VIF　243

Ward 法　155, 161

z 得点　32

【い】

逸脱度　292

因果関係　35, 40

因果グラフ　288

因果合流点　300

因果分析　299

因子　93

因子負荷量　83, 84, 96

因子負荷量プロット　94

因子分析　93

【う】

ウインドウメニュー　6

上側確率　54

【お】

親ノード　210

【か】

回帰係数　41

回帰診断　245

回帰直線　41

カイ 2 乗　64

カイ 2 乗統計量　211

カイ 2 乗分布　54, 64, 292

階層的方法　151

回転行列　94

過学習　211

学習用データ　220

確率楕円　35

確率変数　3

隠れ層　256

カテゴリ　13

慣性　130, 137

【き】

規格分析　194

擬似相関　40, 283

記述統計の散布図　36

期待度数　53

機能窓　203

機能窓法　203

基本統計量　2

帰無仮説　42, 53

共分散選択　290

共変動　38

行メニュー　10

行列形式　79

局所最適解　256

寄与率　83, 96, 238, 260

【く】

クォーティミン回転　106

鎖効果　153

クラスター分析　149

グラフィカルモデリング　281

グラフメニュー　6

クロス集計表　47, 49

群平均法　155

【け】

決定分析　209

検証用データ　211, 220

【こ】

高影響点　247

交互作用　202, 263

合成指標　75

構造診断　245

構造方程式モデル　306

高てこ比　246

交絡　119

個体　10

子ノード　210

誤判別　174

コマンド　4

コマンドボタン　4

固有値　79, 95

固有値分解　82

固有値問題　79

固有ベクトル　79, 95, 192

コンジョイント分析　270

【さ】

最終的な共通性の推定値　94

最短距離法　152

最長距離法　153

最良分岐　210

残差　40, 260

残差診断　43

残差平方和　43

3次元散布図　6, 89, 92, 176

散布図　34

散布図行列　84

【し】

識別分析　187, 193

自己組織化マップ　170, 167

実験計画メニュー　6

実現値　3

実測値と予測値のプロット　236

質的データ　13

シード　157

4 分位値　23

4 分位範囲　23

ジャックナイフ法　73

重回帰分析　233

重心　72

重心法　154

自由度　54

自由度調整 R2 乗　238

周辺度数　49

周辺ヒストグラム　34

周辺比率　49

縮約モデル　291

主効果　266

種子　157

主成分　78

主成分回帰分析　253

主成分得点　79, 96

主成分分析　75

順序尺度　13

昇順　25

【す】

スクリーニング　10

スコア　138

スコア係数　192

スチューデント化された残差　247

ステップワイズ法　201

スペクトル分解　83, 96

【せ】

正規確率プロット　21

正規混合分布法　167

正規スコア　21

正規性　43

正規分位点プロット　21

正規分布　21

正規分布曲線　23

正準相関　191

正準判別分析　184, 187, 191

正の相関　35

セグメンテーション　149

説明変数　40

セル　49

線　287

線形結合　75

剪定　211, 217

尖度　26, 28

【そ】

相関係数　37

相関係数行列　79, 84

層別散布図　68

【た】

対応分析　129

対数変換　29

対立仮説　53

多群判別分析　187

多重共線性　245, 250

多重対応分析　140

多重ロジット判別　197, 202

多変量正規分布　95

多変量データ　10

単回帰モデル　40

【ち】

中央値　23

中心的傾向　26

頂点　287

直交　82, 95

直交表　270

【つ】

ツールメニュー　6

【て】

適合度検査　21

適合度指標　293

てこ比　45, 260

てこ比プロット　236

データ区間　20

データグリッド　10

データ診断　245

データテーブル　10

テーブルパネル　10

テーブルメニュー　5

デンドログラム　155

【と】

同時布置図　129

等分散性　43

特異値　130, 137

独立　47

独立グラフ　287

独立性　43

独立性の検定　51

ドットプロット　60

【な】

ナルモデル　240, 291

【に】

2 進再帰分割法　210

ニューラルネットワーク　256

【は】

バイプロット　84, 92

箱　23

箱ひげ図　23

パス係数　306

外れ値　44, 247

外れ値分析　71

馬蹄型　141

パーティション　209

バブルチャート　99

パラレルプロット　6, 71, 161

バリマックス回転　93

判定境界　175

判別関数　175, 176

判別分析　173

【ひ】

ピアソン検定　51, 129

非階層的方法　151

比較楕円　60

ひげ　23

ひし形プロット　60

ヒストグラム　2, 17, 19

索引　315

表示メニュー　6
標準 β　243
標準化距離　174
標準化スコア　32
標準化スコア係数　94
標準化変数　61
標準誤差　26, 28, 42, 239
標準誤差バー　19
標準正規分布　21
標準偏差　26, 27
標本抽出　3

【ふ】
ファイルメニュー　4
負の相関　35
不偏性　43
不偏標本分散　27
フルモデル　291
分位点　25
分岐　210, 211
分散の加法性　29
分散分析　59
分析プラットフォーム　5
分析メニュー　4, 5

【へ】
平均　26, 27
平均線　41
平均値の差の t 検定　59
平均ベクトル　73
平方和　27
ベキ変換　29
ヘルプメニュー　6
偏回帰係数　235, 260

編集メニュー　10
変数　10
変数減少法　240, 291
変数選択　182, 239
変数増加法　240
変数増減法　240, 291
変数変換　29
偏相関　284
偏相関係数　284
偏相関係数行列　285

【ほ】
望小特性　205
望大特性　205
望目特性　205
母相関係数行列 Π　288
ポップアップメニュー　4
母偏相関係数行列 Λ　288
ホームウインドウ　4

【ま】
マハラノビス距離　71, 73, 163, 179
マハラノビス平方距離　73

【む】
無向グラフ　287
無相関　35, 82, 95

【め】
名義尺度　13
名義ロジット回帰分析　65

【も】
目的変数　40

モザイク図　18, 47, 48
モデル診断　245
モニタリング　10, 15
モラルグラフ　300

【や】
役割　11
矢線　287

【ゆ】
尤度比カイ 2 乗　212
ユークリッド距離　72, 157

【よ】
予測残差　46
予測値　44
予測値と残差のプロット　238
予測平方和　46

【ら】
ラグランジュの未定係数法　78

【り】
両側 95 ％ 信頼区間　4
量的データ　13
リンク機能　17

【る】
累積　130, 138
累積寄与率　83, 96
累積ロジット回帰分析　67, 277

【れ】
列メニュー　11

連続尺度　13

【ろ】
ロジット回帰分析　59, 62
ロジット曲線　63
ロジット分析　195
ロジットモデル　202

【わ】
歪度　26, 28
割合　130, 137

■著者

廣野 元久（ひろの もとひさ）

株式会社リコー NA 事業部 SF 事業センタ所長を経て
現在 事業開発本部事業統括室シニアマネジャー
東京理科大学工学部経営工学科非常勤講師（1997〜1998）
慶応義塾大学総合政策学部非常勤講師（2000〜2004）

【著書】 目からうろこの統計学（日科技連出版社）
グラフィカルモデリングの実際（共著：日科技連出版社）
多変量解析実例ハンドブック（共著：朝倉書店）
SEM 因果分析入門（共著：日科技連出版社）
アンスコム的な数値例で学ぶ統計的方法 23 講
（共著：日科技連出版社）

ISBN978-4-303-73435-0

JMPによる多変量データ活用術

2004 年 6 月 10 日　初版発行	© M. HIRONO 2018
2018 年 8 月 10 日　3 訂版発行	

著　者　廣野元久　　　　　　　　　　　　検印省略
発行者　岡田節夫
発行所　海文堂出版株式会社

本　社　東京都文京区水道 2-5-4（〒112-0005）
電話 03（3815）3291（代）　FAX 03（3815）3953
http://www.kaibundo.jp/
支　社　神戸市中央区元町通 3-5-10（〒650-0022）

日本書籍出版協会会員・工学書協会会員・自然科学書協会会員

PRINTED IN JAPAN　　　　　　印刷　東光整版印刷／製本　誠製本

JCOPY ＜（社）出版者著作権管理機構　委託出版物＞

本書の無断複写は著作権法上での例外を除き禁じられています。複写される場合は，そのつど事前に，（社）出版者著作権管理機構（電話 03-3513-6969，FAX 03-3513-6979，e-mail: info@jcopy.or.jp）の許諾を得てください。

図 書 案 内

データマイニング手法【3訂版】

ゴードン S・リノフ／マイケル J・A・ベリー 著

上野勉／江原淳／大野知英／小川祐樹／斉藤史朗／佐藤栄作／谷岡日出男／原田慧／藤本浩司 共訳

実務と手法をつないだベストセラー、待望の3訂版を2分冊で発行。
ビッグデータへすぐに応用できるようケーススタディで解説。

〈予測・スコアリング編〉
A5・272頁・定価(本体 2,600 円＋税)
ISBN978-4-303-73427-5

〈探索的知識発見編〉
A5・320頁・定価(本体 2,800 円＋税)
ISBN978-4-303-73428-2

エクセルによる調査分析入門

井上勝雄 著
A5・208頁・定価(本体 2,000 円＋税)
ISBN978-4-303-73091-8

実践的な例題を用いて、基本的な統計的検定の考え方から、尤度関数を用いた最新の多変量解析手法、ラフ集合や区間分析の手法まで幅広く解説。難解といわれる各手法の数学的な概要も俯瞰的にわかりやすく説明。

人の考え方に最も近いデータ解析法

森典彦／森田小百合 共著
A5・184頁・定価(本体 2,000 円＋税)
ISBN978-4-303-72396-5

人はどのように思考するのか、そのしくみを述べるとともに、問題解決や目的達成の指針を見つける手段として、人の考え方に最も近いラフ集合を用いた解析法を提供する。数式を使わず、やさしく解説した実用書。分析実施例も多数掲載。

モノづくりの創造性

野口尚孝／井上勝雄 著
四六・224頁・定価(本体 1,800 円＋税)
ISBN978-4-303-72727-7

人間のモノづくりとそこに表れる創造性に関する歴史から始めて、問題解決としてのモノづくり思考、それを支援する知識運用方法について、デザイン実験などの具体例を採り上げながら述べる。

ええ、会議が楽しいですが、なにか？

林俊克 著
B5ヨコ・128頁・定価(本体 1,800 円＋税)
ISBN978-4-303-72455-9

会議やワークショップの運営に悩んでいるあなた、この本を読みましょう。望む未来を共有し、協調アクションを生み出すための方法論「フューチャーセッション」が、きっとあなたを助けてくれます。オールカラーの見開き構成で、ビジュアルに、楽しく解説。

表示価格は 2018 年 7 月現在のものです。
目次などの詳しい内容はホームページでご覧いただけます。
http://www.kaibundo.jp/